MARINETECHNIK
DES ERSTEN WELTKRIEGS
Entwicklung, Einsatz, Konsequenzen

Hans Karr

Motor buch Verlag

Einbandgestaltung: Luis dos Santos

Bildnachweis: Die zur Illustration dieses Buches verwendeten Aufnahmen stammen, wenn nicht anders vermerkt, aus dem Archiv des Autors.
Besonderer Dank für die Überlassung von weiterem Bildmaterial geht an die Bibliothek für Zeitgeschichte in Stuttgart. Auch allen anderen Bildgebern sei recht herzlich für die Überlassung des Bildmaterials gedankt.
Bei einigen Fotos konnten die Inhaber der Bildrechte nicht eindeutig ermittelt werden. Verlag und Autor bitten freundlicherweise um Kontaktaufnahme. Eine eventuelle Urheberrechtsverletzung ist nicht beabsichtigt.
Der Leser möge die Bildqualität einiger Abbildungen entschuldigen. Sie ist dem altersbedingten Zustand der Bildvorlagen geschuldet.

ISBN: 978-3-613-04696-2

1. Auflage 2025

Sie finden uns im Internet unter www.motorbuch-verlag.de

Lektorat: Redaktion Motorbuch
Innengestaltung: WS – WerbeService Linke, 76185 Karlsruhe
Druck und Bindung: Conzella, 85609 Aschheim-Dornach
Printed in Germany

INHALT

Über den Autor

Hans Karr, Jahrgang 1951, trat nach dem Abitur in die Bundesmarine ein. Nach der Offiziersausbildung war der heutige Fregattenkapitän a.D. neben Landverwendungen auch über einen langen Zeitraum an Bord schwimmender Einheiten u.a. als Wachoffizier, Schiffsoperationsoffizier und Kommandant eingesetzt.

In Fachzeitschriften veröffentlicht er Beiträge zu schiffbaulichen, waffentechnischen und marinehistorischen Themen. Karr war lange Jahre Redakteur bei einer Marinezeitschrift und ist Autor mehrerer Buchpublikationen des Motorbuch Verlages und des Pietsch Verlages.

Sein Interesse an der deutschen Marinegeschichte ist mit einer umfangreichen Fachbuchsammlung sowie Text- und Bildarchiv belegt.

VORWORT

Das vorliegende Buch gibt einen Überblick über die im Ersten Weltkrieg vorhandene und eingesetzte Marinetechnik. Eingegangen wird auf die wichtigsten Schiffe, Boote, U-Boote und Rohrwaffensysteme sowie auf die Marineluftschiffe. Beschrieben werden die technischen Entwicklungslinien mit Hinweisen und Ergänzungen zur Taktik und den Einsatzgrundsätzen sowie der technischen Daten. Besondere Kriegsereignisse werden fallweise erwähnt und sind in die Darstellungen mit eingeflochten. Der Themenschwerpunkt liegt bei der Kaiserlichen Marine.

Die Bearbeitung der Themenbereiche beginnt ab dem Jahr 1905, da hier mit der »Dreadnought« ein neues Zeitalter im Schlachtschiff- und Schlachtkreuzerbau einsetzte, was die älteren Schiffe in ihrem Gefechtswert erheblich beeinträchtigte. Bei den Großkampfschiffen werden die beiden Hauptakteure des Seekrieges im Ersten Weltkrieg – die Kaiserliche Marine und die englische Royal Navy - behandelt.

Schlachtschiff / Battleship und Schlachtkreuzer / Battlecruiser waren zu Anfang des 20. Jahrhunderts von England ausgehend die neu aufgekommenen Schiffstypen der Dreadnought-Ära, in der Kaiserlichen Marine jedoch keine offiziellen Typbezeichnungen. Die Begriffe Linienschiff und Großer Kreuzer waren in Deutschland immer die amtlich korrekten Bezeichnungen für diese beiden Schiffstypen. Der Begriff Schlachtkreuzer wurde dennoch innerhalb der Kaiserlichen Marine häufig gebraucht und wird deshalb auch in diesem Buch verwendet, allein schon deswegen, um eine zweifelsfreie und eindeutige Trennung zu den Großen Kreuzern der vorangegangen Vor-Dreadnought-Bauperiode zu haben. Die Typbezeichnung Linienschiff wird auch in diesem Buch genutzt, da hier nicht die Gefahr einer Verwechselung besteht. Für die neueren Klassen der Linienschiffe, sozusagen die »deutschen Dreadnoughts«, kam in der Kaiserlichen Marine auch Bezeichnung Großlinienschiff in Verwendung.

Wegen der besseren Lesbarkeit wurde bei den Schiffsnamen der Kaiserlichen Marine und der Royal Navy auf die Präfixe SMS und HMS - die Abkürzungen stehen für Seiner Majestät Schiff respektive Her / His Majesty Ship - verzichtet, gleichwohl sie eigentlich Bestandteil des Namens sind.

Die Angaben zur Panzerung in den Tabellen zu den Schlachtschiffen, Linienschiffen und Schlachtkreuzern sind jeweils die maximalen Panzerdicken in Millimeter in den vier Hauptbereichen zu verstehen. Im Einzelnen bedeuten die angegebenen Werte:

- vertikal ist die Höchstdicke des Seitenpanzers
- horizontal ist die in der waagerechten Ebene gemessene Dicke des Hauptpanzerdecks
- Türme ist die Dicke der Frontplatte
- Kommandostand ist die Höchstdicke des vorderen Kommandostandes.

Die Schwere Artillerie der Großkampfschiffe hatte im Ersten Weltkrieg sowohl ihren Höhepunkt als auch ihren Schlusspunkt. Die neuesten deutschen und englische Waffenentwicklungen sind mit ihren technischen Daten im Buch enthalten.

Bei der Beschaffung und beim operativen Einsatz von U-Booten pflegten die Kaiserliche Marine und die k.u.k österreich-ungarische Marine eine enge Zusammenarbeit. Deshalb wurden auch die österreichischen U-Boote mit aufgenommen. Ebenso sind die englischen U-Boote Bestandteil des Buches.

An kleineren Einheiten werden die deutschen Torpedoboote und Minensuchboote erwähnt. Erstere waren ständige Begleiter der Großkampschiffe und letztere mussten noch lange nach Kriegsende die gefährliche Tätigkeit des Minenräumens fortführen, um wieder sichere Seewege zu schaffen.

Hinsichtlich der im Ersten Weltkrieg aufkommenden Marineflieger werden nur die deutschen Marineluftschiffe angesprochen. Auf die Typen der Seeflugzeuge wird nicht eingegangen, da schon allein in Deutschland zu viele Modelle auf dem Markt waren und der im Buch zur Verfügung stehende Platz begrenzt war.

Das Buch erhebt keinen Anspruch auf eine Gesamtdarstellung. Zu zahlreich sind die vorhandenen technischen Themengebiete, die selbst in einer komprimierten Zusammenfassung den möglichen Umfang des Buches gesprengt hätten.

Hans Karr, Stuttgart, im Mai 2025

EINLEITUNG

Das deutsch-englische Flottenwettrüsten vor dem Ersten Weltkrieg

Mitte des 19. Jahrhunderts war die Wirtschaftsstruktur der deutschen Staaten überwiegend noch von der Landwirtschaft geprägt. Mit der Reichsgründung im Januar 1871 sollte sich dies aber schnell ändern. Nun begann auch in Deutschland ein groß angelegter Industrialisierungsprozess mit steigendem Export der hergestellten Produkte. So unter anderem auch zunehmend in das Vereinigte Königreich Großbritannien und Irland.

Um die eigene Industrie zu schützen beschloss das englische Parlament im August 1887 den sogenannten Merchandise Marks Act 1887. Dieser schrieb vor, dass auf Waren unmissverständlich das Herkunftsland anzugeben sei. Angeblich minderwertige Importware sollte so für jedermann erkennbar sein.

In Bezug auf das nun verpflichtende »Made in Germany« ging der Schuss allerdings nach hinten los. Die so gekennzeichneten aber entgegen der offiziellen Behauptung qualitativ guten deutschen Waren gewannen im Handel immer mehr an Beliebtheit und Bedeutung. Das beobachte die Handelsnation England sehr genau. Hier - im maritimen wirtschaftlichen Bereich - ist auch einer der Ursprünge der späteren militärischen deutsch-englischen Gegnerschaft zu sehen.

Anfang der 1890er Jahre besaß der Norddeutsche Lloyd (NDL) mit den elf gebauten Schnelldampfern der »Flüsse«-Klasse im Nordatlantikverkehr weltweit die größte Flotte an schnellen Passagierschiffen. Bis auf die beiden letzten Einheiten waren alle Schiffe Anfang bis Mitte der 1880er Jahre auf englischen Werften gebaut worden. Doch im letzten Jahrzehnt vor der Jahrhundertwende zeichneten sich grundlegende Änderungen ab. Zum Leidwesen der englischen Werften war man jetzt auch in Deutschland technologisch in der Lage anspruchsvollen Schiffbau zu betreiben und konnte auf eine leistungsfähige Werftindustrie vertrauen.

Bleiben wir beim Beispiel Norddeutscher Lloyd. Die erwähnte »Flüsse«-Klasse galt in dem sich schnell wandelnden Nordatlantik-Verkehr schon Mitte der 1890er Jahre als veraltet und überholt. Die Konkurrenzreedereien waren besser aufgestellt. Daher ließ der NDL bei der Vulcan Werft in Stettin einen Schnelldampfertyp entwickeln mit dem das sich abzeichnende wirtschaftliche Desaster vermieden werden sollte. Vier Schiffe, die späteren Schnelldampfer »Kaiser Wilhelm der Grosse«, »Kronprinz Wilhelm«, »Kaiser Wilhelm II« und - mit einem zeitlichen Abstand - »Kronprinzessin Cecilie«, gingen in Auftrag. Die Investitionen sollten sich dann auch bald für den NDL auszahlen. Die vier Schnelldampfer wurden bei den Reisenden zu den gefragtesten Schiffen auf dem Nordatlantik, die zugleich neueste Technik, Schnelligkeit und technische Höchstleistung sowie Eleganz und Luxus bieten konnten. Schlagartig hatte eine deutsche Werft und eine deutsche Reederei die Rangordnung in der bisher von England dominierten internationalen Passagierschifffahrt auf den Kopf gestellt.

Der Schnelldampfer »Kaiser Wilhelm der Grosse« trat am 19. September 1897 seine Jungfernreise von Bremerhaven über Southampton nach New York an. Damit begann sein langjähriger Liniendienst im Nordatlantik. Auf der Reise vom 30. März bis 5. April 1898 holte der »Dicke Wilhelm«, wie das Schiff an der Küste auch genannt wurde, mit 22,29 Knoten Durchschnittsgeschwindigkeit erstmals für Deutschland das begehrte Blaue Band, das bis 1900 verteidigt werden konnte und dann an die »Deutschland« der Hamburg Amerika Linie (Hamburg-Amerikanische Packetfahrt-Actien-Gesellschaft, auch kurz Hapag) abgegeben werden musste. Im September 1902 holte das Schwesterschiff »Kronprinz Wilhelm« das Blaue Band wieder für den NDL zurück, aber es blieb in deutscher Hand.

Seit 1856 war diese begehrte Trophäe ununterbrochen in englischem Besitz gewesen. Erst 1907 gelang es dem englischen Schnelldampfer »Lusitania« der Cunard Line sie wieder nach England zurückzuholen. Man nennt diesen Zeitabschnitt in der Geschichte des Blauen Bandes auch deshalb »Das Jahrzehnt der Deutschen«.

Im Marineschiffbau vollzog sich diese Entwicklung schon früher, sah aber ähnlich aus. Die am 26. Oktober 1872 vom Stapel gelaufene Panzerkorvette »Hansa« (4404 t, 73,50 m, 12,7 kn, 8 x 21 cm, 399 Mann) war das erste

Ölgemälde von Kaiser Wilhelm II als Großadmiral. Foto: Wehrgeschichtliches Ausbildungszentrum der Marineschule Mürwik

in Deutschland gebaute größere Kriegsschiff. Bauwerft war die Kaiserliche – zuvor Königliche - Werft in Danzig. Bislang wurden preußische / deutsche Kriegsschiffe in England gebaut.

Mit den vier Panzerkorvetten der »Sachsen«-Klasse (»Sachsen«, »Bayern«, »Württemberg, »Baden«), (7877 t, 98,20 m, 15 kn, 6 x 26 cm, 8 x 8,8 cm, 6 x 8,7 cm, 3 x 35-cm-ToRo, 217 Mann) entstanden auf deutschen Werften Ende der 1870er Jahre Turmschiffe mit einer recht ansehnlichen Bewaffnung und Panzerung, die bis über die Jahrhundertwende hinaus als aktive Einheiten im Bestand der Kaiserlichen Marine blieben.

Die nachfolgenden acht Küstenpanzerschiffe der »Siegfried«-Klasse (»Siegfried«, »Beowulf«, »Frithjof«, »Heimdall«, »Hildebrand«, »Hagen«, »Odin« und »Ägir«), (4436 t, 86,13 m, 15 kn, 3 x 24 cm, 10 x 8,8 cm, 4 x 35-cm-ToRo, 276 Mann) bildeten schon den Übergang zu den Linienschiffen. Die von Anfang bis Mitte der 1890er Jahre gebauten Einheiten kann man durchaus auch als frühen Ausgangspunkt zum Aufbau der späteren Hochseeflotte ansehen. Die Schiffe kamen in nachgeordneten Funktionen noch im Ersten Weltkrieg zum Einsatz.

Die ersten Linienschiffe waren dann die vier Einheiten der »Brandenburg«-Klasse (»Kurfürst Friedrich Wilhelm«, »Brandenburg«, »Weissenburg« und »Wörth«), (10.670 t, 115,7 m, 16,5 kn, 4 x 28 cm, 8 x 10,5 cm, 8 x 8,8 cm, 4 x 45-cm-ToRo, 568 Mann). Es waren die ersten und einzigen Großkampfschiffe der Kaiserlichen Marine, die zu einem operativen Einsatz ins Ausland geschickt wurden. Anlass war hierzu 1900 / 1901 der Boxeraufstand in China. Zwei Einheiten wurden 1910 an die Türkei verkauft und zwei Einheiten kamen in den beiden ersten Kriegsjahren noch im Küstenschutz zum Einsatz.

Doch zurück zu den Anfängen der Kaiserlichen Marine, die nach der Reichsgründung aus der Marine des Norddeutschen Bundes hervorgegangen ist. In der Verfassung des Deutschen Reiches hieß es: »Die Kriegsmarine des Reiches ist eine einheitliche unter dem Oberbefehl des Kaisers. Die Organisation und Zusammensetzung derselben liegt dem Kaiser ob, welcher die Offiziere und Beamten der Marine ernennt und für welchen dieselben nebst der Mannschaft eidlich in Pflicht zu nehmen sind. Der Kieler Hafen und der Jadehafen sind Reichskriegshäfen. Der zur Gründung und Erhaltung der Kriegsflotte und der damit zusammenhängenden Anstalten erforderliche Aufwand wird aus der Reichskasse bestritten. Die gesamte seemännische Bevölkerung des Reiches einschließlich des Maschinenpersonals und der Schiffshandwerker ist vom Dienst im Landheere befreit, dagegen zum Dienst in der Kaiserlichen Marine verpflichtet.« (Witthöft, »Lexikon zur deutschen Marinegeschichte, Band 1, Seite 148)

Der erste Befehlshaber wurde der General der Infanterie Albrecht von Stosch. Als Armeeoffizier fehlte ihm größtenteils die innere Bindung an die Marine, aber sein organisatorisches Können und sein politischer Weitblick kamen dem Ausbau der Marine zugute. Langsam und planmäßig wuchs sie zu einer ausgewogenen Flotte heran. Ihre Aufgabe wurde in der Küstenverteidigung, dem Schutz des deutschen Seehandels und in der Unterstützung der Landstreitkräfte gesehen. Kriegsschiffe wurden zunehmend zur Wahrnehmung und zur Durchsetzung deutscher Interessen in afrikanischen und mittelamerikanischen Gewässern stationiert.

Nachfolger wurde 1883 mit Leo Graf von Caprivi wieder ein Heeresgeneral. Ähnlich wie sein Vorgänger sah er die Aufgabe der Marine im erweiterten Küstenschutz und in einer starken Küstenverteidigung. Er hegte aber auch die Befürchtung eines Zwei-Fronten-Krieges gegen Frankreich und Russland und war der Meinung, dass in einem Krieg die Entscheidung nur von der Armee herbeigeführt werden konnte. Unter seiner Führung entstand dann in verstärktem Maße eine lebendige Küstenverteidigung. Schiffbauliche Prioritäten lagen nun beim Torpedobootsbau und der Fortentwicklung der Torpedowaffe. Der weitere Ausbau als ausgewogene Flotte, wie sie von Stosch priorisiert hatte, rückte in den Hintergrund. Die Mitte der 1880er Jahre vom Reichskanzler Otto von Bismarck forcierte Kolonialpolitik machten aber auch ein Vorantreiben des Kreuzerbaus notwendig und führten in Folge zu einem gewissen Umdenken. Kolonial- und Auslandseinsätze begannen immer mehr das Aufgabenfeld der Marine zu erweitern und maßgeblich zu bestimmen.

Im Juli 1888 wurde von Caprivi durch Kaiser Wilhelm II entlassen. Zum einen wollte der Kaiser endlich einen Marineoffizier an der Spitze seiner Marine sehen. Zum anderen wollte wiederum von Caprivi die vorgesehene Umgliederung der obersten Marineorganisation nicht mittragen. Die bisher bestehende Admiralität sollte aufgelöst werden. An ihrer Stelle waren drei Spitzenorganisationen vorgesehen. Das Oberkommando der Marine unter einem kommandierenden Admiral, das Reichsmarineamt unter einem Staatssekretär und, analog zum Militärkabinett des Heeres, ein Marinekabinett, dessen Chef zugleich Flügeladjutant des Kaisers werden sollte. Alle drei Behördenchefs erhielten das Recht des Immediatvortrags. Mit Allerhöchster Cabinetts Ordre trat diese Regelung am 1. April 1889 in Kraft.

Im Juni 1897 wurde der damalige Konteradmiral Alfred Tirpitz (ab 1900 von Tirpitz, ab 1911 Großadmiral, * 19. März 1849, † 6. März 1930) zum Staatssekretär im Reichsmarineamt ernannt. Diese Dienststellung sollte er bis zum März 1916 inne behalten. Zuvor hatte er sich be-

Der marinebegeisterte Kaiser Wilhelm II in der Brückennock der Kaiserlichen Yacht »Hohenzollern«. Foto. Theodor Jürgense

Großadmiral Alfred von Tirpitz. Foto: Archiv Autor

reits große Verdienste um den Aufbau der Torpedowaffe gemacht. In seiner Amtszeit als Staatssekretär und unter maßgeblicher Förderung durch den marinebegeisterten Kaiser Wilhelm II stieg Deutschland zur zweitstärksten Seemacht auf. Tirpitz wurde der Baumeister der Schlachtflotte, die 1907 in Hochseeflotte umbenannt wurde.

Schon vor seiner Ernennung zum Staatssekretär sah Tirpitz in England den gefährlichsten Gegner für Deutschland und hielt daher eine kampfkräftige Schlachtflotte in der Nordsee für erforderlich. Mit Hilfe der von ihm initiierten Flottengesetze setzte er deren Aufbau in Gang und damit auch zugleich das maritime Wettrüsten zwischen den beiden Ländern.

Was er allerdings scheinbar aus dem Blickfeld verlor, war die geostrategische Lage des Deutschen Reiches. England konnte mit seiner Flotte alle Zugänge zum Atlantik blockieren, dadurch Deutschland vom Welthandel und von seinen Kolonien abschneiden und so an der Ausübung von Seemacht hindern. Genau diese Situation trat dann auch 1914 ein.

Weiterhin ist anzumerken, dass im Kriegsfalle die Hochseeflotte auf Grund der geringen Reichweite ihrer Schiffe und mangels eigener überseeischer Stützpunkte außerhalb der Nordsee nicht operieren konnte.

Andererseits ist aber auch zu bedenken, dass in der deutschen Admiralität die Sorge bestand, dass England die im Aufbau befindliche deutsche Schlachtflotte in einem Überfall zerstören könnte, wie es 1807 vor Kopenhagen mit der dänischen Marine geschehen ist. England hatte nun mal per Gesetz schon 1889 im »Naval Defence Act« festgelegt, stärkste Seemacht zu bleiben. Es galt der sogenannte »Two Power Standard«. Dies bedeutete zwar keine konkrete Anzahl von Schiffen oder eine bestimmte Tonnagegröße, aber: Die Royal Navy musste stärker sein als die beiden nachfolgenden größten Seemächte zusammen. Zu dieser Zeit waren das Frankreich und Russland.

Hierzu schreibt Michael Fröhlich in seinem Buch »Imperialismus – Deutsche Kolonial- und Weltpolitik 1880-1914« auf der Seite 94: »Mit der Jahrhundertwende wurde dann die Notwendigkeit diktiert, mit Rivalen vertragliche Vereinbarungen einzugehen; dies gelang, aber eben nur zum Teil. Die USA, Japan und Frankreich entzogen sich dem Ansinnen nicht, wohl aber die Macht in der Mitte Europas. Und in London wurden keine Zeichen registriert, die im Reich auf einen Gesinnungswandel schließen ließen. Dort wurde England zwar nicht zum Kriegsfeind Nummer eins erklärt, doch wie ernst waren die wiederholten Beteuerungen der Friedfertigkeit zu nehmen, wenn mit ihnen die Forderung nach Expansion Hand in Hand ging? Deutschland war bereits stärkste Landmacht, war nun insgeheim das Ziel aufgestellt worden, die stärkste Seemacht auf Platz zwei zu verweisen?«

Mit dem am 10. April 1898 in den Reichstag eingebrachte 1. Flottengesetz begann dann die eigentliche maritime Aufrüstung in Deutschland. An großen Kriegsschiffen sah das Gesetz vor:

Heimat:	1 Linienschiff als Flottenflaggschiff
	18 Linienschiffe, davon 2 als Reserve
	8 Küstenpanzerschiffe
	9 Große Kreuzer, davon 3 als Reserve
	20 Kleine Kreuzer, davon 4 als Reserve
Ausland:	3 Große Kreuzer
	10 Kleine Kreuzer

Linien- und Küstenpanzerschiffe sollten nach 25 Jahren, Große Kreuzer nach 20 Jahren und die Kleinen Kreuzer nach 15 Jahren ersetzt werden. Dieser Schiffsbestand sollte bis 1904 erreicht werden. Bereits vorhandene oder schon im Bau befindliche Einheiten sollten auf diese Zahlen mit angerechnet werden.

Die durch die imperialistische Politik der Großmächte sich verändernde Weltlage führte im Juni 1900 zu der Verabschiedung eines 2. Flottengesetzes. Dieses sah jetzt eine erheblich stärkere Flotte vor:
- 2 Linienschiffe als Flottenflaggschiffe
- 36 Linienschiffe
- 14 Große Kreuzer
- 38 Kleine Kreuzer

Das Zeitlimit für die Umsetzung lag bei 1917. Zugleich wurde der Risikogedanke aufgegriffen. Demnach sollte Deutschland eine so starke Schlachtflotte besitzen, dass ein Gegner bei einem Angriff seine eigene Seemacht gefährden würde. Die Konfrontation mit England begann sich nun deutlich herauszukristallisieren und nahm nach und nach immer stärkere Züge an.

Die ergänzenden Novellen von 1906, 1908 und 1912 zu den Flottengesetzen erlaubten den weiteren Bau von:
- 3 Linienschiffe
- 6 Große Kreuzer
- 2 Kleine Kreuzer
- Vermehrung der Torpedoboote

Außerdem wurde die Lebensdauer der Linienschiffe auf 20 Jahre herabgesetzt. Man muss allerdings berücksichtigen, dass nicht alle Neubauten auch sogenannte Vermehrungsbauten waren. Etliche Ersatzbauten für ältere Einheiten waren in diesen Zahlen miteingeschlossen.

Für den Flottenaufbau verstand Tirpitz nicht nur auf der politischen Ebene zielorientiert zu agieren, sondern ließ auch unablässig im gesamten Deutschen Reich die Werbetrommel für die Marine rühren. Es entstanden Flottenvereine, die Verlage publizierten Bücher maritimen Inhalts und druckten Marinebeiträge in den Zeitschriften ab. Für jedes größere Marineschiff gab es künstlerisch ansprechend gestaltete Postkarten und für die Kinder Spielzeugschiffe. Die Mannschaftsuniform der Marine mutierte als sogenannter »Kieler Knabenanzug« zu einer gern und mit Stolz getragenen Kinderkleidung. Die Marine war sozusagen im Deutschen Reich allgegenwärtig. Mit der Schaumweinsteuer, auch Sektsteuer genannt, wurde 1902 vom Reichstag zur Finanzierung der Kaiserlichen Marine sogar eine eigene Steuer eingeführt.

Die Seemacht England blieb nach dem Flottengesetz von 1898 zunächst noch recht gelassen. Hatte die Royal Navy um die Jahrhundertwende doch rund 60 Schlachtschiffe in ihrem Bestand. Die Kaiserliche Marine konnte gerade mal mit neun Linienschiffen und acht Küstenpanzerschiffen aufwarten.

Aber nach dem 2. Flottengesetz reagierte England auf die mit Hartnäckigkeit betriebene deutsche Marinerüstung doch mit Argwohn. Als dann auch noch die Qualität des deutschen Flottenbaus erkennbar wurde entwickelte sich eine wachsende Besorgnis, der man die Erhöhung der eigenen Bauzahlen entgegensetzte.

Politisch geriet das Deutsche Reich immer mehr in die Isolation. Die Entente Cordiale, ein 1904 zwischen England und Frankreich geschlossenes Abkommen, entwickelte sich durch den Beitritt Russlands 1907 zur Tripelentente. Damit war Deutschland politisch und militärisch eingekreist.

In England war mit John Arbuthnot Fisher (* 25. Januar 1841, † 10. Juli 1920) ein sehr einflussreicher Admiral im Amt des Ersten Seelords (1905–1910) zum Gegenspieler von Admiral Tirpitz geworden. Er war ein engagierter Gegner des wilhelminischen Deutschlands. Allgemein bekannt wurde er unter dem Spitznamen »Jacky Fisher«.

Admiral of the Fleet John Arbuthnot Fisher. Foto: Archiv Autor

Fisher begann die Royal Navy nach seinen Vorstellungen umzugestalten. Seine Devise für ein modernes Großkampfschiff war ein Schiff mit weit reichender Schwerer Artillerie, ohne die bisher übliche Mittelartillerie, hoher Geschwindigkeit und nur unbedingt nötiger Panzerung. Fisher war überzeugt von »speed is the best protection«.

Mit der englischen »Dreadnought« entstand dann ein vollkommen neuer Typ von Kriegsschiff, das »all-big-gun-one-caliber-battleship« mit Turbinenantrieb. Ab 1906 wurde das bis dahin in allen Seestreitkräften vorherrschende Einheitslinienschiff, das bislang als Rückgrat der Kriegsflotten galt, in den Schatten gestellt. Über Nacht waren diese Einheiten technisch und artilleristisch überholt. Sie hatten kaum noch einen Gefechtswert. Nahezu jede bedeutende Marine schloss sich nun dieser neuen Entwicklung an und beschaffte Schlachtschiffe des »Dreadnought«-Typs.

Fast gleichzeitig mit der »Dreadnought« gab Großbritannien auch die ersten Schlachtkreuzer, die drei Einheiten der »Invincible«-Klasse, unter großer Geheimhaltung in Bau. Sie waren die Weiterentwicklung des bisherigen Großen Kreuzers. Eine starke Artilleriebewaffnung und eine hohe Geschwindigkeit bei etwas schwächerer Panzerung waren die besonderen Typmerkmale.

Die Originalbildunterschrift dieser amerikanischen Karikatur zum Flottenwettrüsten vor dem Ersten Weltkrieg lautet: Illustration shows a high-stakes poker game with Uncle Sam, William II, the German Emperor, Meiji, the Emperor of Japan, Armand Fallières, President of France, and Edward VII, King of Great Britain; the emperor of Japan is raising the bid by one battleship. Foto: L.M. Glackens

Fisher forcierte das Neubauprogramm der Royal Navy. Allein in seiner Amtszeit wurden dank der Produktivität der englischen Werftindustrie allein 7 Schlachtschiffe und drei Schlachtkreuzer gebaut und in Dienst gestellt. Bis 1914 kamen nochmals 15 Schlachtschiffe und sieben Schlachtkreuzer hinzu. Die Kaiserliche Marine konnte dieser Entwicklung zwar technisch und schiffbaulich größtenteils folgen und in Augenhöhe mit England bleiben, aber in der Stückzahl der abgelieferten Einheiten blieb sie abgeschlagen zurück.

Mit den vier Linienschiffen / Schlachtschiffen der »Nassau«-Klasse kam das deutsche Gegenstück zur »Dreadnought« und mit dem Großen Kreuzer / Schlachtkreuzer »Von der Tann« die Antwort auf die »Invincible«. Allerdings war es nicht möglich den im Bau von Schlachtschiffen und Großkampfschiffen bereits erreichten Vorsprung der Royal Navy auch nur annähernd aufzuholen. Von 1905 bis 1914 entstanden für die Kaiserliche Marine insgesamt 17 Linienschiffe und fünf Schlachtkreuzer. Das ergab bei den Schlachtschiffen / Linienschiffen ein Verhältnis von 22:17 und bei den Schlachtkreuzern von 10:5.

Diese umfangreichen Rüstungsmaßnahmen machten in beiden Ländern gewaltige Anstrengungen erforderlich. Die Finanzierung und die Abwicklung der Bautätigkeit auf den Werften war dabei der erste Schritt. Nach den Indienststellungen galt es den kostenintensiven laufenden Betrieb der Schiffe sicherzustellen und vor allen Dingen auch das notwendige Personal zu rekrutieren, auszubilden und fachlich zu qualifizieren.

Bei Kriegsausbruch 1914 erweist sich Tirpitz´ Konzept der Risikoflotte als Fehlschlag. Die Abschreckende Wirkung der deutschen Schlachtflotte hatte versagt. Die Royal Navy suchte weder die erwartete große Entscheidungsschlacht in der Nordsee noch kam es zu einer Nahblockade in der Deutschen Bucht. Vielmehr ging man über zu einer Fernblockade und riegelte im Ärmelkanal und in der nördlichen Nordsee zwischen Schottland und Norwegen Deutschland vollkommen vom überseeischen Schiffsverkehr ab. Mangels eines ausreichenden Aktionsradius der Hochseeflotte konnte dieser Zustand während des gesamten Ersten Weltkriegs nicht gebrochen werden. Einigen Hilfskreuzern gelang zwar der Durchbruch in den Atlantik, aber das waren Einzelfälle, die an der strategisch äußerst ungünstigen Lage des Deutschen Reiches nichts ändern konnten.

Reichskriegsflagge von 1903 bis 1921. Foto: Archiv Autor

Das White Ensign, die Seekriegsflagge des Vereinigten Königreichs von Großbritannien. Foto: Archiv Autor

Die Kaiserliche Yacht »Hohenzollern« auf einer Postkartendarstellung. Unten links im Bild die »Standarte seiner Majestät des Deutschen Kaisers«, die immer dann am Topp des Großmastes gehisst wurde, wenn sich der Kaiser an Bord eines Schiffes aufhielt. Alle anderen Kommandozeichen mussten dann niedergenommen werden.

Foto: Bibliothek für Zeitgeschichte

Kapitel 1

ÜBERWASSERSCHIFFE

1.1 Schlachtschiffe / Linienschiffe

1.1.1 Schlachtschiffe, England

Schlachtschiff »Dreadnought«

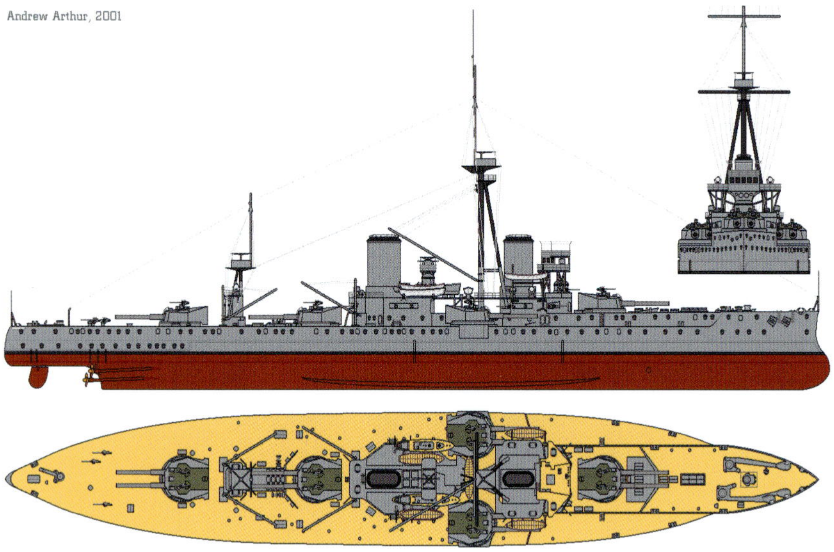

Seiten- und Decksriss des Schlachtschiffes »Dreadnought«. Foto: Emoscopes / CC-BY-SA 3.0

Mit dem Schlachtschiff »Dreadnought« begann – nicht nur in der Royal Navy, sondern weltweit bei allen bedeutenden Seemächten, die sich in ihren Bauvorhaben dem neuen Standard schnell anpassten – eine neue Ära im Schlachtschiffbau. Die bisher im Dienst und in der Verwendung befindlichen Schlachtschiffe – als Sammelbegriff kam schon bald die Bezeichnung »Pre-Dreadnoughts« in Verwendung – verloren sozusagen über Nacht ihren hohen Gefechtswert und mussten in ihrer Bedeutung in die zweite Reihe zurücktreten. Zwangsläufig begann nun ein weltweites Flottenwettrüsten, das bis zum Kriegsbeginn andauerte und erst durch internationale Konferenzen und Flottenverträge ab 1922 vorübergehend zum Stillstand kam. Für die Typen der nun neuen Schlachtschiffgenerationen gebrauchte man bald die allgemeine Sammelbezeichnung »Dreadnoughts«.

Der Bau der »Dreadnought« ging hauptsächlich zurück auf die Initiative von Admiral John Arbuthnot Fisher, allgemein bekannt wurde er unter seinem Spitznamen »Jacky Fisher«. Als damaliger Erster Seelord (1904–1910 und 1914–1915) prägte er wesentlich die Royal Navy. Seine Devise für ein modernes Großkampfschiff war ein Schiff mit weit reichender Schwerer Artillerie, ohne die bisher übliche Mittelartillerie und hoher Geschwindigkeit. Der Panzerschutz konnte relativ schwach gehalten werden. »speed is the best protection« war Admiral Fishers Meinung. Mit der weitreichenden Schweren Artillerie und der hohen Geschwindigkeit war man in der Lage, den Gefechtsabstand selbst zu wählen. In einem solchen Ferngefecht blieb man zudem außerhalb der Reichweite der von Torpedobooten eingesetzten Torpedos.

Insgesamt sechs Entwurfsstudien dieses auch als »all-big-gun-one-caliber-battleship« bezeichneten Neubauvorhabens wurden angefertigt. Diese Vorbereitungen und das eigentliche Bauvorheben selbst liefen unter striktester Geheimhaltung ab. Um Admiral Fishers Ziel, das Schiff in einem einzigen Jahr fertigzustellen, zu erreichen, wurde das Material im Voraus bereitgestellt und gelagert.

Die offizielle Kiellegung des Schiffes fand am 2. Oktober 1905 in Portsmouth auf der Portsmouth Dockyard statt. Schon am 10. Februar 1906 konnte der Stapellauf durchgeführt werden. King Eduard VII – der englische Onkel und Bruder der Mutter von Kaiser Wilhelm II – hatte den Neubau höchstpersönlich auf den Namen »Dreadnought« (»Fürchtenichts«) getauft. Nach nur 14 Monate Bauzeit stellte das neue Schlachtschiff am 3. Dezember 1906 bei der Royal Navy in Dienst.

Bei den ersten Probefahrten musste man jedoch zur Kenntnis nehmen, dass - vermutlich infolge der allzu schnell durchgeführten Konstruktionsarbeiten und des hektischen Vorgehens in der Bauvorlaufphase - die »Dreadnought« doch eine Reihe von Schwächen und Mängel aufwies. Die Standfestigkeit war geringer als er-

Das Schlachtschiff »Dreadnought« im Trockendock. Foto: Nationaal Archief Niederlande / CC-BY-SA 1.0

hofft, der Unterwasserschutz war schlecht und das Schiff lag tiefer im Wasser als vorgesehen. Der Großmast mit dem Gefechtsmars und dem Artillerieleitstand war als Dreibeinmast direkt hinter dem vorderen Schornstein angeordnet. Eine unglückliche Lösung, denn dessen Ausstoß an Funken, Rauch und Hitze erschwerte folglich die Arbeit des Feuerleit- und Ausguckpersonals. Insgesamt überwogen aber die Stärken und die Neuerungen.

Der erstmals auf einem Kriegsschiff dieser Größe - die »Dreadnought« hatte eine Konstruktionsverdrängung von 18.110 Tonnen - durchgeführte Einbau einer neuartigen aus Turbinen bestehenden Antriebsanlage war seiner Zeit ein großes Wagnis. Aber hier hatte die Royal Navy Glück. Die Anlage arbeitete zufriedenstellend. Sie bestand aus vier Satz Parsons-Turbinen, die jeweils auf eine Welle wirkten. Insgesamt 18 kohlebefeuerte und mit Ölzusatzfeuerung ausgestattete Babcock-Kessel erzeugten den nötigen Dampf. Mit ihren 23.000 PS erreichte die »Dreadnought« eine Geschwindigkeit von 21 Knoten. Das waren immerhin zwei Knoten mehr, als die vorherigen Schlachtschiffe, die sogenannten »Pre-Dreadnoughts«, in der Regel erreichten. Bei einer Probefahrt konnten sogar 24.700 PS und eine Geschwindigkeit von 22,4 Knoten erzielt werden.

Neben der Antriebsanlage war auch die Bewaffnung der »Dreadnought« eine Art von Revolution. In fünf Zwillingstürmen waren zehn 30,5-cm-Geschütze des Typs 12 inch Mk X Naval Gun eingerüstet. Ein Zwillingsturm stand mittschiffs vorne und zwei mittschiffs achtern. Direkt hinter dem vorderen Schornstein war beidseitig je ein Seitenturm platziert. Von Nachteil war bei dieser Anordnung, dass für eine Breitseite nur vier Türme gleichzeitig eingesetzt werden konnten. Die maximale Schussweite der Geschütze wird mit 18.630 yards angegeben, das entspricht 17.035 Meter.

Geschütze eines mittleren Kalibers waren keine eingerüstet. Für den Schutz gegen Torpedoboote waren 24

7,6-cm-Geschütze vorhanden, deren Anzahl sich im Laufe der Dienstzeit veränderte und im Laufe des Ersten Weltkriegs auch teilweise gegen Flugabwehrgeschütze des gleichen Kalibers ausgetauscht wurde. Die 7,6-cm-Geschütze standen ungeschützt über das Schiff verteilt einzeln oder auch paarweise und zum Teil auch auf den Turmdecken der Schweren Artillerie. Fünf im Unterwasserschiff angeordnete 45,7-cm-Torpedorohre (4 x Seite, 1 x Heck) ergänzten die Bewaffnung.

Nach einer ausgiebigen Erprobungszeit, in der sich das Schiff auch im Mittelmeer und in der Karibik aufhielt, wurde die »Dreadnought« dann nur noch im allgemeinen Flottendienst in den heimischen Gewässern eingesetzt. Dabei diente sie auch als Flaggschiff der Home Fleet. Bei Kriegsbeginn war sie jedoch schon nicht mehr auf dem modernsten Stand der Technik. Ihr einziger erfolgreicher Kriegseinsatz war von rein zufälliger Art. Am 18. März 1915 stieß sie in der Nordsee vor Schottland auf das deutsche U-Boot »U 29« (Kapitänleutnant Otto Weddigen) und versenkte es durch Rammstoß. Sie wurde damit zum einzigen Schlachtschiff, das jemals ein feindliches U-Boot gezielt versenkt hat. An der Skagerrakschlacht nahm die »Dreadnought« nicht teil, da sie im Frühjahr 1916 zur Überholung in der Werft lag. Das all-big-gun-one-caliber-battleship hatte mit seiner Schweren Artillerie nie ein Gefecht geführt. Die »Dreadnought« wurde im Juli 1918 außer Dienst gestellt und in den Reservestatus überführt. Im Mai 1921 wurde das Schiff, das einer ganzen Generation von Schlachtschiffen seinen Namen gab, verkauft und im Jahre 1923 abgewrackt.

Schlachtschiffe der »Bellerophon«-Klasse

Mit der »Bellerophon«-Klasse setzte die Royal Navy ihre Beschaffung von Schlachtschiffen des »Dreadnought«-Typs fort. Drei Einheiten - »Bellerophon«, »Superb« und »Termeraire« - wurden in den Jahren 1906 bis 1909 auf Kiel gelegt und in Dienst gestellt. Die Kiellegung des Typschiffes »Bellerophon« fand am Tag der Indienststellung der »Dreadnought« statt.

Der Schiffsentwurf schloss eng an die »Dreadnought« an. Der Seitenpanzer war etwas schwächer ausgelegt. Allerdings hatten die Schiffe, und das war ein Novum in der Royal Navy, mit dem Einbau eines durchgehenden Torpedoschotts im Zitadellbereich einen verbesserten Unterwasserschutz erhalten. Die äußere Architektur hatte sich etwas gewandelt. Die Anordnung der Schornsteine und der Masten war optimiert worden. Die Brückenaufbauten wurden etwas vergrößert. Die Verdrängung war auch etwas größer ausgefallen und betrug 18.800 Tonnen bei der Konstruktionsverdrängung. Ein weiteres Charakteristikum war, wie auch auf der »Dreadnought« der Fall, die meist senkrecht aufgetoppten Ladebäume beiderseits der achteren Aufbauten.

Name	Bauwerft	Kiellegung	Stapellauf	in Dienst
»Bellerophon«	Dockyard, Portsmouth	03.12.06	27.07.07	20.02.09
»Termeraire«	Dockyard, Devonport	01.01.07	24.08.07	15.05.09
»Superb«	Armstrong, Elswick	06.02.07	07.11.07	09.06.09

Der Turbinenantrieb war identisch mit dem der »Dreadnought«, wobei die »Tremeraire« an Stelle der 18 Babcock-Kessel die gleiche Anzahl an Yarrow-Kessel eingebaut hatte. Die Befeuerung geschah mit Kohle und zusätzlich mit Öl. Trotz gleicher Leistungsdaten von 23.000 PS sank die Geschwindigkeit geringfügig auf 20,75 Knoten. Der geringere Bunkervorrat an Kohle und Öl hatte auch eine kürzere Reichweite zur Folge.

Die Schwere Artillerie bestand wieder aus zehn 30,5-cm-Geschützen des Typs 12 inch Mk X Naval Gun, die in fünf Zwillingstürmen wie auf der »Dreadnought« angeordnet waren. Die Leichte Artillerie zur Abwehr der Torpedoboote war hingegen in der Anzahl geringer, aber im Kaliber größer. Vorhanden waren 16 10,2-cm-Geschütze. Während des Krieges wurde die Anzahl schrittweise auf zwölf reduziert. Drei im Unterwasserschiff angeordnete 45,7-cm-Torpedorohre (2 x Seite, 1 x Heck) ergänzten die Bewaffnung.

Alle drei Einheiten der »Bellerophon«-Klasse waren Teilnehmer in der Skagerrakschlacht. Schäden erlitt dabei keines der Schiffe. Nach dem Krieg wurden sie allerdings ziemlich zügig ausgesondert, verkauft und verschrottet.

»Bellerophon« ging 1919 in den Reservestatus und wur-

Das Schlachtschiff »Bellerophon« war Typschiff einer Klasse von drei Einheiten. Foto: Archiv Autor

de im November 1921 zum Abbruch verkauft. »Superb« war ebenfalls ab 1919 in der Reserve, fungierte ab 1920 als Artilleriezielschiff und wurde dann im Dezember 1922 zum Abbruch verkauft. »Tremeraire« war ab 1919 zunächst noch als seegehendes Kadettenschulschiff in Verwendung, bevor das Schiff im Dezember 1921 - nach anderer Quelle im Dezember 1922 - zum Abbruch verkauft wurde.

Schlachtschiffe der »St. Vincent«-Klasse

Noch vor dem Stapellauf des Schlachtschiffes »Bellerophon« begann schon mit der Kiellegung der »Collingwood« der Bau einer neuen Klasse von »Dreadnought«-Schlachtschiffen. Diese neue »St. Vincent«-Klasse, benannt nach dem zuerst in Dienst gestellten Schiff, bestand aus drei Einheiten. Neben der schon genannten »Collingwood« waren dies noch die Schwesterschiffe »St. Vincent« und »Vanguard«.

Insgesamt gesehen baute dieser sorgsam durchkonstruierte Entwurf wieder auf dem Schlachtschiff »Dreadnought« bzw. der »Bellerophon«-Klasse auf. Die Unterschiede waren nicht allzu groß. In einer englischen Quelle wird hierzu angemerkt: »However, these were minor, as speed of construction was more important than innovatiove design.« (Konstam, »British Battleships 1914-18 (1)«, Seite 17). Wesentliche Verbesserungen gab es aber in den Schutzeinrichtungen. Die drei Einheiten hatten im Vorschiff ein Panzerquerschott, wodurch lebenswichtige Einrichtungen mehr Sicherheit erhielten. In ihrem Aussehen glichen sie der »Bellerophon«-Klasse. Auf größere Entfernungen waren die beiden Klassen optisch schwer zu unterscheiden. Die Verdrängung hatte sich gegenüber den Vorgängern nochmals leicht erhöht. Als Konstruktionsverdrängung werden 19.560 Tonnen angegeben.

Name	Bauwerft	Kiellegung	Stapellauf	in Dienst
»St. Vincent«	Dockyard, Portsmouth	30.12.07	10.09.08	03.05.09
»Collingwood«	Dockyard, Devonport	03.02.07	07.11.08	19.04.10
»Vanguard«	Vickers, Barrow-in-Furness	02.04.08	22.02.09	01.03.10

Das Schlachtschiff »St. Vincent« lief am 10. September 1908 auf der Portsmouth Dockyard vom Stapel. Foto: Archiv Autor

Die Maschinenanlage bestand wieder aus vier Satz Parsons-Turbinen, die jeweils auf eine Welle wirkten. Ihr Dampfbedarf wurde in 18 Kesseln mit Kohlefeuerung und Ölzusatzfeuerung erzeugt. Bei der »St. Vincent« und der »Vanguard« waren dies Babcock-Kessel. Die »Collingwood« war mit Yarrow-Kesseln ausgerüstet. Mit einer auf 24.500 PS vergrößerten Antriebsleistung erreichten die Schiffe wieder 21 Knoten an Geschwindigkeit.

Die Anordnung der zehn 30,5-cm-Geschütze war unverändert. Allerdings war mit der 12 inch Mk XI Naval Gun ein leistungsfähigeres Geschütz mit gesteigerter Kaliberlänge L 50 eingerüstet, das eine Schussweite von 20.960 yards bzw. 19.165 Meter aufwies. Eine Mittelartillerie war wieder nicht vorhanden. Zur Abwehr von Torpedobooten waren bei der Indienststellung 20 10,2-cm-Geschütze eingerüstet, deren Anzahl im Laufe der Zeit reduziert wurde. Zur Flugabwehr standen ab 1917 drei 7,6-cm-Geschütze zur Verfügung. Drei 45,7-cm-Unterwassertorpedorohre (2 x Seite, 1 x Heck) ergänzten die Bewaffnung.

Alle drei Einheiten der »St. Vincent«-Klasse waren Teilnehmer in der Skagerrakschlacht. Schäden erlitt dabei keines der Schiffe. Das Schlachtschiff »Vanguard« hatte jedoch später ein tragisches Endschicksal. Am 9. Juli 1917 explodierte das Schiff in Scapa Flow. Ursache war vermutlich eine vorangegangene Magazinexplosion infolge von Selbstentzündung von Cordit-Kartuschpulver.
»St. Vincent« war ab 1919 in der Reserve und stationäres Schulschiff (turret drill ship) in Portsmouth. Im Dezember 1921 erfolgte der Verkauf zum Abbruch. »Collingwood« diente in den Jahren 1919 / 1920 als Artillerieschulschiff, ging im Sommer 1920 in die Reserve, wurde im März 1922 endgültig gestrichen und Ende des Jahres zur Verschrottung verkauft.

Das Schlachtschiff »Vanguard« hatte ein tragisches Endschicksal. Am 9. Juli 1917 explodierte das Schiff in Scapa Flow infolge einer vorangegangenen Magazinexplosion. Foto: Archiv Autor

Schlachtschiff »Neptune«

Das Schlachtschiff »Neptune« war eine verbesserte Version der vorangegangenen »St.-Vincent«-Klasse. Es war zusätzlich gepanzert und die Bewaffnung war im Hinblick auf eine größere Effizienz neu angeordnet worden.

Gebaut wurde die »Neptune« bei der Portsmouth Dockyard, wo am 19. Januar 1909 die Kiellegung erfolgte. Der Stapellauf konnte bereits am 30. September 1909 durchgeführt werden. Die Indienststellung zog sich allerdings bis zum 11. November 1911 hin.

Im äußeren Erscheinungsbild war, neben der neuen Aufstellungsweise der Schweren Artillerie, auffallend, dass der zweite Mast weiter nach achtern gerückt war und der zweite Schornstein ziemlich mittig zwischen den beiden Masten platziert war. Die Konstruktionsverdrängung betrug 19.680 Tonnen.

Der Antrieb der »Neptune« bestand aus vier Satz Parsons-Turbinen, die auf vier Wellen wirkten. Der Dampf wurde in 18 kohlebefeuerten und mit Ölzusatzfeuerung ausgelegten Yarrow-Kesseln erzeugt. Mit den zusätzlich vorhandenen Marschturbinen konnten Einsparungen beim Verbrauch von Kohle und Öl erreicht werden. Die Antriebsleistung war gegenüber den Vorgängern wieder leicht erhöht und betrug 25.000 PS.

Der größte Kritikpunkt an dem Schlachtschiff »Dreadnought« und den beiden Folgeklassen war die Tatsache, dass bei einer Breitseite nur acht Geschütze zum Einsatz kommen konnten. Mit dem Einzelschiff »Neptune« wich die Royal Navy von dem bisher praktizierten Aufstellungsschema der Schweren Artillerie ab, sodass jetzt eine volle Breitseite möglich wurde. Die beiden Seitentürme waren jetzt diagonal zueinander angeordnet und konnten durch die freien Zwischenräume in den Aufbauten auf die jeweils gegenüberliegende Seite wirken. Allerdings war das Feuern der Seitentürme quer über das Oberdeck nicht ganz problemlos. Durch das Mündungsfeuer und durch die beim Schießen auftretenden Druckwellen konnten an den Aufbauten Schäden entstehen. Zum Stauen der Beiboote waren die beiden Seitentürme mit brückenartigen Überbauten überspannt. Auch an den darauf gelagerten Booten waren beim Schießen größere Schäden zu erwarten.

Weiterhin wurde als weiteres Novum der Abstand der beiden achteren Türme verringert. Damit wurde die »Neptune« das erste englische Schlachtschiff, bei dem der vorletzte Turm den letzten Turm überschoss.

Mit diesen Änderungen in der Artillerieaufstellung war es auf der »Neptun« erstmals möglich mit der gesamten Schweren Artillerie nach beiden Seiten zu schießen.

Eingerüstet waren in fünf Zwillingstürmen zehn 30,5-cm-Geschütze des Typs 12 inch Mark XI Naval Gun. Wie bei den »Dreadnought«-Schlachtschiffen üblich, war keine Mittelartillerie vorhanden. Zur Abwehr von Torpedobooten waren bei Indienststellung 16 10,2-cm-Geschütze eingerüstet, deren Anzahl im Laufe der Zeit reduziert wurde. Zur Flugabwehr stand ab 1917 ein 7,6-cm-Geschütz zur

Deutlich sind auf dieser Aufnahme der »Neptune« die Anordnung der Schweren Artillerie und die brückenartigen Lagerungen für die Beiboote im Bereich der beiden Seitentürme zu erkennen. Foto: Archiv Autor

Verfügung. Drei 45,7-cm-Unterwassertorpedorohre (2 x Seite, 1 x Heck) ergänzten die Bewaffnung. Die »Neptune« war außerdem das erste englische Schlachtschiff, das mit einem experimentellen Feuerleitrechner ausgestattet war.

Das Schlachtschiff »Neptune« nahm ohne Schaden zu nehmen an der Skagerrakschlacht teil. Bereits im April 1919, nach gerade mal etwas über sieben Dienstjahren, ging das Schiff schon in das Reserveverhältnis über. Im September 1922 wurde die »Neptune« zum Verschrotten verkauft.

Schlachtschiffe der »Colossus«-Klasse

Nachdem im Haushalt 1908 mit der »Neptune« nur ein Schlachtschiff auf den Weg gebracht wurde, konnten im Haushalt 1909 mit der »Colosus«-Klasse wieder zwei Einheiten, die Schlachtschiffe »Colossus« und »Hercules«, eingestellt werden. Diese beiden Schiffe entsprachen im Gesamtentwurf weitestgehend der »Neptune«, hatten aber einen stärkeren Panzerschutz. Außerdem war ein neuer Torpedotyp eingerüstet. In einigen Quellen werden die drei Schiffe auch zu einer einzigen Klasse zusammengefasst.

Im äußeren Erscheinungsbild war ein Rückfall auf die »Dreadnought« zu erkennen. Der vordere Schornstein war wieder vor dem Mast platziert. In Folge war nicht nur die Brücke stark verqualmt, sondern auch der am Mast befindliche Feuerleitstand kaum rauchfrei zu bekommen. Dies führte schon auf der »Dreadnought« zu heftiger Kritik und schien mit der Anordnung auf den Folgeschiffen als erledigt. Nun ein Rückfall, der auch nicht mehr behoben wurde bzw. behoben werden konnte. Es blieb bei dieser ungünstigen Lösung. Der achtere Dreibeinmast entfiel komplett.

Schlachtschiff »Hercules«. Foto: Bibliothek für Zeitgeschichte

Name	Bauwerft	Kiellegung	Stapellauf	in Dienst
»Colossus«	Scotts, Greenock	06.07.09	09.04.10	08.08.11
»Hercules«	Palmers, Newcastle	30.07.09	10.05.10	31.07.11

Hinsichtlich der Panzerung wurde der Seitenpanzer verstärkt und dafür aber auf die Panzerung der Schiffsenden verzichtet. Auf ein durchgehendes Torpedoschott, wie es auf der »Bellerophon«-Klasse vorhanden war, wurde ebenfalls verzichtet. Die Munitionskammern der Schweren Artillerie erhielten gepanzerte Längsschotts wie es auch schon auf der »Dreadnought« der Fall war. Mit den beiden letzteren Maßnahmen wurde allerdings der Unterwasserschutz geschwächt. Die Konstruktionsverdrängung wird mit 20.225 Tonnen angegeben.

Die Antriebsanlage der Vierwellenschiffe entsprach den bisherigen Auslegungen mit vier Satz Parsons-Turbinen und 18 Kesseln, wobei »Colossus« Babcock- und »Hercules« Yarrow-Kessel hatte. Betrieben wurden sie mit einer Kohlebefeuerung und Ölzusatzbefeuerung.

Die Anordnung und der Typ der Schweren Artillerie entsprach derjenigen der »Neptune«. Anzumerken ist, dass die beiden Schiffe die letzten englischen Schlachtschiffe mit 30,5-cm-Geschützen waren. Zur Abwehr von Torpedobooten waren anfangs 16 und später nur noch 13 10,2-cm-Geschütze eingerüstet. Sie standen einzeln ungeschützt in den Aufbauten. Im Jahr 1917 kamen zur Flugabwehr je ein 10,2-cm- und ein 7,6-cm-Geschütz an Bord. Die Torpedowaffe hatte sich gegenüber den Vorgängern geändert und bestand jetzt aus drei 53,3-cm-Unterwasserrohren (2 x Seite, 1 x Heck).

Das Schlachtschiff »Colossus« erhielt in der Skagerrakschlacht zwei mittelschwere Treffer im Vorschiff, war aber im Juni 1916 schon wieder einsatzbereit. Ab 1919 Überstellung in die Reserve und Verwendung als stationäres Ausbildungsschiff in Devonport. Im Jahr 1928 wurde

Das Schlachtschiff »Colossus« mit anderen Einheiten der Grand Fleet 1916 in Scapa Flow. Foto: Royal Navy

das Schiff zum Abbruch verkauft. Die »Hercules« überstand die Skagerrakschlacht unbeschädigt. Im Dezember 1918 brachte sie die alliierte Waffenstillstandskommission nach Kiel, nach anderer Quelle nach Wilhelmshaven. Im September 1922 wurde die »Hercules« zum Abbruch verkauft.

Schlachtschiffe der »Orion«-Klasse

Deutschland begann im Jahr 1908 mit dem Bau der Linienschiffe der »Helgoland«-Klasse und hatte auf diesen Einheiten erstmals eine Kalibervergrößerung auf 30,5-cm-Geschütze vorgenommen. Die englische Reaktion und Antwort war die Entwicklung der »Orion«-Klasse, die nun bei der Schweren Artillerie mit dem 13,5-inch- / 34,3-cm-Kaliber ausgerüstet wurde. Man war mittlerweile in der Hochphase des deutsch-englischen Flottenrüstens angekommen, was für beide Länder neue volkswirtschaftlich schwer zu verkraftende Lasten bedeutete, aber dennoch im Rahmen des Flottenwettrüstens zum Bau vom immer größeren Schiffen führte.

Die »Orion«-Klasse bestand aus den Einheiten »Orion«, »Conquereor«, »Monarch« und »Thunderer«. Damit wurde erstmals bei den Schlachtschiffen eine Viererbauserie in Auftrag gegeben. Diese auch als »Super-Dreadnoughts« bezeichneten Schlachtschiffe leiteten generell eine neue Periode im Schlachtschiffbau ein. Sie entstanden in den Jahren 1909 bis 1912.

Die Kalibervergrößerung bedeutete einerseits eine qualitative Steigerung des Gefechtswertes, hatte aber andererseits zwangsläufig auch ein Anwachsen der Verdrängung zur Folge. Bei der Konstruktionsverdrängung war man

Name	Bauwerft	Kiellegung	Stapellauf	in Dienst
»Orion«	Dockyard, Portsmouth	29.11.09	20.08.10	02.01.12
»Thunderer«	Thames Iron Works, London	13.04.10	02.02.11	15.06.12
»Monarch«	Armstrong, Elswik	01.04.10	30.03.11	06.04.12
»Conquereor«	Beardmore, Glasgow	05.04.10	01.05.11	25.02.13

Schlachtschiff »Orion«. Foto: US Navy

bei 22.200 Tonnen angekommen. Äußerlich war wieder auffallend, dass der vordere Schornstein bei der »Orion«-Klasse erneut vor dem Mast zum Einbau kam. Die Nachteile dieser Anordnung wurden bereits oben beschrieben.

Bei der Aufstellung der gesamten Schweren Artillerie ging man neue Wege. Man verzichtete auf die bislang üblichen Seitentürme und ordnete alle fünf Geschütztürme in der Mittschiffslinie an. Damit konnten für eine Breitseite alle Türme genutzt werden. Erstmals waren auch im Vorschiff zwei Türme eingerüstet.

Die »Orion«-Klasse erhielt gegenüber den Vorgänger-Klassen einen erhöhten Panzerschutz. Die Seitenpanzerung stieg auf 305 Millimeter. Allerdings blieb der Unterwasserschutz weiterhin schwach. Es waren keine Torpedoschotts vorhanden, sondern lediglich gepanzerte Längsschotts im Bereich der Munitionskammern der Schweren Artillerie.

Hinsichtlich der Antriebsanlage schloss sich die »Orion«-Klasse eng an die bisher auf den englischen Schlachtschiffen eingebaute Antriebstechnik an. Vorhanden waren wieder vier Satz Parsons-Turbinen, die auf je eine Welle wirkten. In 18 Babcock-Kesseln wurde der benötigte Dampf erzeugt. »Monarch« hatte Yarrow-Kessel eingebaut. Die Kessel waren kohlebefeuert mit Ölzusatzfeuerung. Um bei den größeren Schiffen eine Geschwindigkeit von 21 Knoten halten zu können, musste die Maschinenleistung auf 27.000 PS erhöht werden.

An Schwerer Artillerie waren auf der »Orion«-Klasse in fünf Zwillingstürmen zehn 34,3-cm-Geschütze des Typs 13,5 inch Mk V Naval Gun eingerüstet. Die maximale Schussweite der erstmals auf englischen Schlachtschiffen eingerüsteten Geschütze wird mit 23.820 yards angegeben, das entspricht 21.781 Meter. Die Aufstellung erfolgte in der Symmetrieachse des Schiffes. Vorne und achtern waren jeweils zwei Türme aufgestellt, davon einer überhöht. Mittschiffs in der Aufbautenlücke stand hinter dem zweiten Schornstein der fünfte Turm. Eine Mittelartillerie war nicht eingerüstet. Für die Abwehr von Torpedobooten standen in den Aufbauten verteilt 16 10,2-cm-Geschütze. Während des Krieges fand hier eine Reduzierung statt. Außerdem wurde zur Flugabwehr ein 7,6-cm-Geschütz eingerüstet. Die Torpedowaffe bestand aus drei 53,3-cm-Unterwasserrohren (2 x Seite, 1 x Heck).

Alle vier Einheiten der »Orion«-Klasse nahmen an der Skagerrakschlacht teil. Keines erlitt dabei Beschädigungen. »Orion« und »Conquereor« gingen 1922 außer Dienst und wurden Ende des Jahres zum Abbruch verkauft. »Monarch« holte ebenfalls 1922 Flagge und Wimpel nieder und diente danach der Royal Navy als Zielschiff. Als solches wurde das ehemalige Schlachtschiff am 20. Januar 1925 durch Flugzeugangriffe und Artilleriebeschuss versenkt. Die »Thunderer« kam nach dem Krieg als seegehendes Schulschiff in Verwendung. Ende 1926 wurde das Schiff zum Abbruch verkauft.

Schlachtschiffe der »King George V«-Klasse

Name	Bauwerft	Kiellegung	Stapellauf	in Dienst
»King George V«	Dockyard, Portsmouth	16.01.11	09.10.11	16.11.12
»Centurion«	Dockyard, Devonport	16.01.11	18.11.11	22.05.13
»Ajax«	Scotts, Greenock	27.02.11	21.03.12	31.10.13
»Audacious«	Cammell Laired, Birkenhead	23.03.11	14.09.12	21.10.13

Der Marinehaushalt von 1910 sah bereits eine weitere Viererserie von »Super-Dreadnought«-Schlachtschiffen vor. Alle Schiffe wurden nach Jahresanfang 1911 im Bau begonnen und befanden sich bis zum Oktober 1913 im Dienst. Es handelte sich dabei um die Einheiten »King George V«, »Centurion«, »Audacious« und »Ajax«.

Mit den Einheiten der »King George V«-Klasse wurde die technische Konzeption der »Orion«-Klasse fortgesetzt. Panzerung, Schutzeinrichtungen, Antriebsanlage, Geschwindigkeit und Bewaffnung blieben praktisch identisch. Die Schiffe waren um fünf Meter länger und hatten eine Konstruktionsverdrängung von 23.300 Tonnen. Es änderte sich jedoch das äußere Bild. Der vordere Mast mit dem Feuerleitstand war jetzt wieder vor dem vorderen Schornstein platziert und achtern waren wieder etwas größere Aufbauten vorhanden. Die Schornsteine waren in ihrer Formgebung schlanker und länger ausgelegt.

Die Maschinenanlage bestand aus vier Satz Parsons-Turbinen, die von 18 gemischt befeuerten Kesseln ihren Dampf erhielten. Auf »King George V« und »Ajax« waren dies Babcock-Kessel und auf den beiden anderen Schiffen Yarrow-Kessel. Der Vortrieb der Schiffe erfolgte über vier Wellen.

Das Schlachtschiff »King George V« auf einer deutschen Postkartendarstellungen. Hintergrund hierfür war wohl der von allen vier Schiffe der »King George V«-Klasse im Juni 1914 durchgeführte Besuch der Kieler Woche. Fotos: Archiv Autor

Das im Oktober 1914 nach einem Minentreffer schwer beschädigte Schlachtschiff »Audacious«. Foto: US Navy

Schlachtschiff »Ajax«. Foto: Bibliothek für Zeitgeschichte

Als Schwere Artillerie waren wieder zehn 34,3-cm-Geschütze des Typs 13,5 inch Mk V Naval Gun in fünf Zwillingstürmen vorhanden. Erstmals wurden in den Türmen Entfernungsmesser eingebaut, sodass auch im Turm eine Feuerleitung durchgeführt werden konnte. Der Einbau einer ursprünglich vorgesehenen Mittelartillerie im 15-cm- bzw. 6-inch-Kaliber musste aus finanziellen Gründen unterbleiben. Zur Abwehr von Torpedobooten waren 16, später nur noch zwölf, 10,2-cm-Geschütze vorhanden. Im Jahre 1917 wurden zusätzlich noch zwei 7,6-cm-Flugabwehrgeschütze eingerüstet. Wie auf den englischen Schlachtschiffen bislang üblich, war auch auf der »King George V«-Klasse eine Torpedobewaffnung aus drei 53,3-cm-Unterwasserrohren (2 x Seite, 1 x Heck) vorhanden.

Das Schlachtschiff »Audacious« geriet bereits am 27. Oktober 1914 vor der Nordküste von Irland in eine von dem deutschen Hilfskreuzer »Berlin« gelegte Minensperre und erhielt einen Minentreffer. Es gelang zunächst das schwer beschädigte Schiff abzuschleppen, aber nach einer inneren Explosion ging das Schlachtschiff am Folgetag unter. Es war das erste englische Schlachtschiff, das im Ersten Weltkrieg verloren ging.

Die drei Schwesterschiffe nahmen an der Skagerrakschlacht teil, die sie unbeschädigt überstanden. Nach dem Krieg wurden die Schiffe zunächst der Mittelmeerflotte zugeteilt. »King Goerge V« war von 1923 bis 1926 als Artillerieschulschiff aktiv, wurde 1926 ausgesondert und abgewrackt. »Centurion« befand sich von 1924 bis 1926 im Reserveverhältnis und wurde ab 1927 als Fernlenkzielschiff verwendet. Sie endete 1944 anlässlich der Invasion in der Normandie als Wellenbrecher und wurde später vor Ort abgewrackt. »Ajax« gehörte ab 1924 zur Reserveflotte und wurde im November 1926 zum Abbruch verkauft.

Schlachtschiffe der »Iron Duke«-Klasse

Die dritte aus den Einheiten »Iron Duke«, »Marlborough«, »Benbow« und »Emperor of India« bestehende Vierergruppe im englischen Schlachtschiffbau waren Bestandteil des Haushalts von 1911. Alle vier Schiffe dieser »Iron Duke«-Klasse wurden in der ersten Jahreshälfte von 1912 auf Kiel gelegt und kamen alle im Jahr 1914 zur Ablieferung. Dabei waren »Iron Duke« und »Marlborough« die letzten englischen Schlachtschiffe, die noch in Friedenszeiten in Dienst stellten.

Name	Bauwerft	Kiellegung	Stapellauf	in Dienst
»Iron Duke«	Dockyard, Portsmouth	12.01.12	12.10.12	10.03.14
»Marlborough«	Dockyard, Devonport	25.01.12	24.10.12	02.06.14
»Benbow«	Beardmore, Glasgow	30.05.12	12.11.13	07.10.14
»Emperor of India«	Vickers, Barrow-in-Furness	31.05.12	27.11.13	12.10.14

Der Schiffsentwurf der »Iron Duke«-Klasse knüpfte an die »Orion«- und »King George V«-Klassen an. Diesen beiden Vorgängern gegenüber war die Konstruktionsverdrängung jedoch erheblich angewachsen und betrug jetzt 25.820 Tonnen. Ebenso hatte man die Schiffslänge um rund sieben Meter verlängert, wogegen die Schiffsbreite nahezu konstant blieb. Die Vergrößerung war der Wiedereinführung einer vollwertigen Mittelartillerie geschuldet. Vom all-big-gun-one-caliber-battleship war man mittlerweile wieder abgekommen. Das war der Tatsache geschuldet, dass mittlerweile die Torpedoboote größer und standfester wurden und man diesbezüglich eine leistungsfähigere Abwehr brauchte. Weiterhin waren die Schlachtschiffe der »Iron Duke«-Klasse die ersten, die von Anfang an mit Flugabwehrgeschützen ausgerüstet wurden.

Die Antriebsanlage der Vierwellenschiffen entsprach derjenigen der »King George V«-Klasse und bestand wieder aus vier Satz Parsons-Turbinen, die von 18 gemischt befeuerten Kesseln ihren Dampf erhielten. »Iron Duke« und »Benbow« hatten Babcock-Kessel und die beiden anderen Einheiten Yarrow-Kessel. Die vier Schlachtschiffe der »Iron Duke«-Klasse waren die letzten der Royal Navy, deren Kessel noch mit Kohle beheizt wurden.

Die Hauptbewaffnung der »Iron-Duke«-Klasse bestand aus zehn 34,3-cm-Geschützen des Typs 13,5 inch Mk V Naval Gun. In fünf Zwillingstürmen waren sie auf der Mittellinie in identischer Aufstellung wie auf den beiden Vorgängerklassen eingerüstet. Dieses Geschützkaliber fand bei der »Iron Duke«-Klasse letztmalig Verwendung. Die nachfolgenden Schlachtschiffe hatten bei der Schweren Artillerie bereits ein Kaliber von 38,1 Zentimeter. Mit den zwölf 15,2-cm-Geschützen des Typs 6 inch Mk VII Naval Gun waren wieder Geschütze der Mittelartillerie als Sekundärbewaffnung in Kasemattenaufstellung an Bord. Auf jeder Seite standen fünf im vorderen Teil des Rumpfes. Je ein Geschütz war beidseitig am hinteren Ende der vorderen Aufbauten platziert. Diese Anordnung zeigte sich im laufenden Betrieb als etwas ungünstig. Die vorderen Geschütze litten im Seebetrieb unter der Gischt der Bugwelle und waren bei starkem Seegang Wassereinbrüchen ausgesetzt. Abhängig von der verwendeten Munition hatten die 15,2-cm-Geschütze eine Schussweite von 12.500 bis 14.400 Meter sowie eine Kadenz von acht Schuss / Minute. Das Geschützmodell kam in England auch bei der Küstenartillerie und als Feldgeschütz in Verwendung. An weiterer Artillerie waren zwei 7,6-cm-Flugabwehrgeschütze vorhanden. Die Torpedowaffe hatte sich gegenüber den Vorgängern in der Anzahl geändert. Sie bestand jetzt aus vier 53,3-cm-Unterwasserrohren, die nach den Seiten ausgerichtet waren.

Alle vier Einheiten der »Iron Duke«-Klasse nahmen an der Skagerrakschlacht teil. Die »Marlborough« erhielt in dem Seegefecht einen Torpedotreffer durch vermutlich den Kleinen Kreuzer »Wiesbaden«. Trotz eines 20 x 6 Meter großen Lecks konnte sie ihre Fahrt halten und beim Verband bleiben. Die drei Schwesterschiffe blieben hingegen unbeschädigt.

Die Schlachtschiffe der »Iron Duke«-Klasse blieben bis Anfang der 1930er Jahre im Dienst und wurden dann gemäß dem Londoner Flottenvertrag (Treaty for the Limitation and Reduction of Naval Armament) vom 22. April 1930 abgewrackt. Ausnahme hierbei bildete das Typschiff. Die »Iron Duke« wurde 1931 / 1932 zum Artillerieschulschiff umgebaut und später als Depotschiff verwendet. Als solches erhielt sie im Oktober 1939 schwere Schäden durch Bombentreffer. Im Jahre 1946 wurde das ehemalige Schlachtschiff abgewrackt.

Schlachtschiff »Iron Duke«. Foto: Archiv Autor

Schlachtschiff »Marlborough«. Foto: Bibliothek für Zeitgeschichte

Das Schlachtschiff »Agincourt« als »Sultan Osman I« während der Bauphase. Foto: Autor

Das Schlachtschiff »Agincourt« wurde am 14. September 1911 bei der Armstrong-Werft in Newcastle auf Kiel gelegt. Auftraggeber war allerdings nicht die Royal Navy, sondern die brasilianische Marine. Der Neubau sollte den Namen »Rio de Janeiro« erhalten. Unter diesem Namen lief das Schiff auch noch am 22. Januar 1913 vom Stapel. Finanzielle Schwierigkeiten veranlassten die brasilianische Marine das unfertige Schlachtschiff zu verkaufen. Am 9. Januar 1914 übernahm die türkische Marine den Neubau. Unter dem Namen »Sultan Osman I« sollte er nach Abschluss der Arbeiten in Dienst gestellt werden. Die Übergabe war für Juli 1914 vorgesehen. Doch soweit sollte es nicht mehr kommen.

Angesichts der angespannten politischen Lage in Europa verzögerten die Engländer die Übergabe an die bereits in England befindliche türkische Besatzung. Nach Kriegsausbruch wurde das Schiff am 2. August 1914 beschlagnahmt und am 20. August 1914 als »Agincourt« für die Royal Navy in Dienst gestellt.

Das besondere an dem Schiffsentwurf war die weltweit einmalige Einrüstung von 14 30,5-cm-Geschützen. Es war sozusagen eine Überzüchtung des all-big-gun-one-caliber-battleships. Diese Vielzahl der Türme und die dazu notwendigen Decksdurchbrechungen mussten zwangsläufig zu Lasten der Festigkeit der Verbände und der Widerstandskraft des Schiffes gehen. Die Konstruktionsverdrängung des Schlachtschiffes wird mit 27.500 Tonnen angeben.

Die Antriebsanlage bestand aus Vier Satz Parsons-Turbinen, die auf vier Wellen wirkten und aus 22 kohlebefeuerten und mit Ölzusatzbefeuerung ausgestatteten Babcock-Kesseln ihren Dampf erhielten.

Die Schwere Artillerie bestand aus vierzehn 30,5-cm-Geschützen des Typs 12 inch Mk XI Naval Gun in sieben Zwillingstürmen, von denen sich in drei Gruppen zwei vor, zwei zwischen und drei hinter den Aufbauten befanden. Die Türme waren alle in der Mittschiffslinie aufgestellt. Als Mittelartillerie waren 20 15,2-cm-Geschütze vorhanden. Sie waren in den Aufbauten in Kasematten eingebaut. Zur Verteidigung gegen Torpedoboote befanden sich zehn 7,6-cm-Geschütze an Bord. Im Jahr 1918 kamen nochmals zwei 7,6-cm-Flugabwehrgeschütze zur Einrüstung. Außerdem hatte das Schiff eine Torpedobewaffnung von drei 53,3-cm-Unterwasserrohren (2 x Seite, 1 x Heck).

Das Schlachtschiff »Agincourt« nahm an der Skagerrakschlacht teil, wo es keine Schäden davontrug. Bereits im Jahre 1919 ging das Schiff in das Reserveverhältnis über. Nach dem erfolglosen Versuch im Jahr 1921 das Schiff an Brasilien zu verkaufen, sollte die »Agincourt« in ein Depotschiff umgebaut werden. Diese Arbeiten wurden jedoch bald wieder gestoppt und im Jahr 1922 erfolgte der Verkauf zum Abbruch.

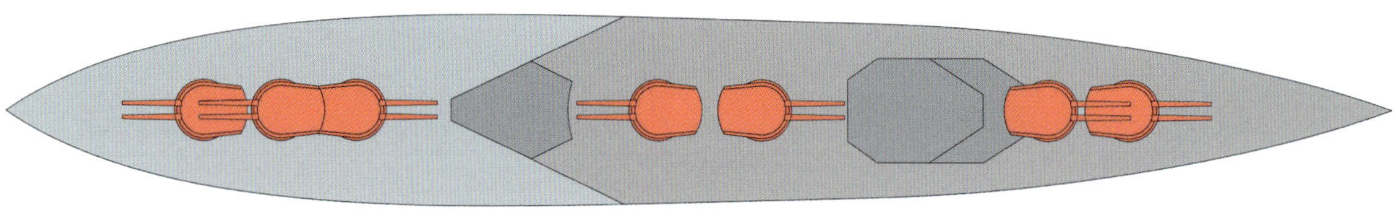

Die Anordnung der Schweren Artillerie auf der »Agincourt«. Foto: user sas1975kr

Das Schlachtschiff »Agincourt« im Flottenverband. Foto: US Navy

Schlachtschiff »Erin«

In den letzten Julitagen des Jahres 1914 war die türkische Marine im Begriff ihr in England bei Vickers-Werft in Barrow-in-Furness gebautes Schlachtschiff »Reshadije« zu übernehmen. Es war am 6. Dezember 1911 auf Kiel gelegt worden und am 3. September 1913 vom Stapel gelaufen. Wie schon im Abschnitt zur »Agincourt« beschrieben, verzögerte auch hier die englische Regierung auf Betreiben des First Lord of the Admiralty (Marineminister) Winston Churchill die Übergabe an die bereits an Bord befindliche türkische Besatzung. Am 2. August 1914 wurde das Schiff beschlagnahmt und am 22. August 1914 als »Erin« in Dienst gestellt und in die Royal Navy eingegliedert.

Das Schlachtschiff »Erin« ex »Reshadije« entsprach in seiner konzeptionellen Auslegung in etwa den englischen Baureihen »Orion - King George V - Iron Duke«. Es fiel aber mit einer Konstruktionsverdrängung von 22.780 Tonnen etwas kleiner aus.

Die Maschinenanlage der »Erin« bestand aus vier Satz Parsons-Turbinen, die auf vier Wellen wirkten. In 15 kohlebefeuerten und mit Ölzusatzfeuerung versehenen Babcock-Kesseln wurde der benötigte Dampf erzeugt.

Die Schwere Artillerie bestand aus zehn 34,3-cm-Geschützen des Typs 13,5 inch Mk V Naval Gun . Weiterhin war eine Mittelartillerie von 16 15,2-cm-Geschützen Kasemattenaufstellung eingerüstet. In dem Jahr 1917 kamen noch zwei 7,6-cm-Flugabwehrgeschütze an Bord. Die Torpedobewaffnung bestand aus vier 53,3-cm-Unterwasserrohre, die nach den Seiten ausgerichtet waren.

Das Schlachtschiff »Erin« nahm ohne Schaden zu nehmen an der Skagerrakschlacht teil. Im Jahr 1919 ging das Schiff in Reserve und wurde dann im Dezember 1922 den Abrüstungsbestimmungen des Washingtoner Flottenabkommens folgend zum Abbruch verkauft.

Das Schlachtschiff »Erin« im Jahr 1918 im Firth of Forth unterwegs mit einem achtern befestigten Drachenballon. Foto: Archiv Autor

Das Schlachtschiff »Erin« im Jahr 1918 in einem Schwimmdock. Foto: US Navy

Schlachtschiff »Canada«

Das Schlachtschiff »Canada« war die dritte auf ausländische Rechnung in England begonnene und auf Kiel gelegte Einheit, die statt vom Auftraggeber übernommen zu werden, bei der Royal Navy in Dienst gestellt wurde.

Die chilenische Marine bestellte in 1911 bei der Armstrong-Werft in Elswik die beiden Schlachtschiffe »Almirante Latorre« und »Almirante Cochrane«, die am 27. November 1911 bzw. am 22. Januar 1913 auf Kiel gelegt wurden. Der Schiffsentwurf orientierte sich an der »Iron Duke«-Klasse, allerdings waren die Einheiten artilleristisch deutlich stärker ausgelegt. Der Bau des ersten am 27. November 1913 vom Stapel gelaufenen Schiffes kam gut voran und hatte im Sommer 1914 die Ausrüstungsphase erreicht.

Beide unfertigen Schiffe wurden nach Kriegsbeginn von England übernommen. Im Gegensatz zu den beiden türkischen Schlachtschiffneubauten (siehe »Agincourt« und »Erin«) verzichtete England auf eine Beschlagnahmung und nahm mit Chile Verhandlungen auf, um die beiden Schiffe käuflich zu erwerben. Dieses Geschäft konnte im September 1914 abgeschlossen werden.

Die »Almirante Latorre« stellte nach ihrem Fertigbau am 30. September 1915 als Schlachtschiff »Canada« in Dienst. Über die »Almirante Cochrane« wurde zunächst ein Baustopp verfügt, der bis 1917 anhielt. Der vorübergehend angedachte Fertigbau als Schlachtschiff »India« fand nicht statt. An Stelle dessen folgte eine Umklassifizierung und der Fertigbau als Flugzeugträger. Am 8. Juni 1918 war dann der Stapellauf und am 13. April 1920 stellte das Schiff als Flugzeugträger »Eagle« provisorisch zu Erprobungen in Dienst. Am 20. Februar 1924 erfolgte dann die endgültige Indienststellung.

Das Schlachtschiff »Canada« entsprach in seiner technischen Grundkonzeption der »Iron Duke«-Klasse, war aber größer und länger. Die Konstruktionsverdrängung betrug 28.600 Tonnen. Der Schiffskörper war im Hinblick auf die gewünschte höhere Geschwindigkeit etwas schlanker gestaltet.

Die auf Geschwindigkeit ausgelegte Antriebsanlage bestand aus vier Satz Brown-Curtis-Turbinen, die auf vier Wellen wirkten. 21 Yarrow-Kessel mit Kohlelebefeuerung und Ölzusatzbefeuerung erzeugten den notwendigen Dampf. Mit seiner Maschinenleistung von 37.000 PS erreichte das Schlachtschiff eine Geschwindigkeit von 22,75 Knoten. Es war damit das bislang schnellste englische Schlachtschiff. Die Fahrstrecke bei 10 Knoten war mit 4400 Seemeilen allerdings nicht so berauschend.

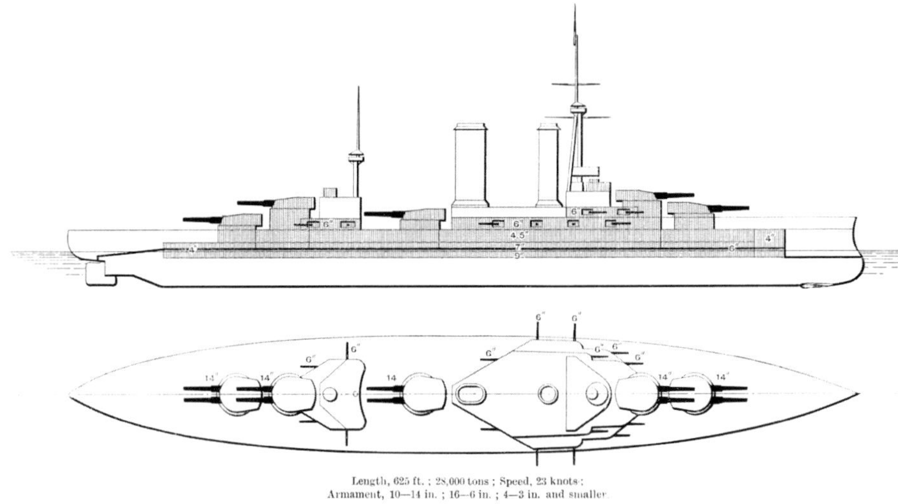

Risszeichnungen vom Schlachtschiff »Canada«. Foto: Sydney Walker Barnaby

Als einziges englisches Schlachtschiff der Vorkriegsperiode hatte die »Canada« eine Schwere Artillerie von 10 35,6-cm-Geschützen des Typs 14 inch Mk I Naval Gun. Die fünf Zwillingstürme hatten die gleiche Anordnung und Aufstellung wie auf der »Iron Duke«-Klasse. Die Mittelartillerie war mit 16 15,2-cm-Geschützen in Kasematten recht stark ausgelegt. Zur Flugabwehr waren zwei 7,6-cm-Geschütze an Bord. Die Torpedobewaffnung bestand aus vier 53,3-cm-Unterwasserrohre, die nach den Seiten ausgerichtet waren.

Nach dem Ersten Weltkrieg wurde das Schlachtschiff »Canada« im April 1920 von Chile zurückgekauft. Es erhielt dort den ursprünglich vorgesehenen Namen »Almirante Latorre«. Erst im Oktober 1958 wurde das zwischenzeitlich mehrmals überholte und modernisierte Schiff außer Dienst gestellt und zum Abwracken nach Japan verkauft.

Schlachtschiff »Canada«. Foto: Oscar Parkes

Schlachtschiffe der »Queen Elizabeth«-Klasse

Schlachtschiff »Queen Elizabeth«. Foto: Royal Navy

Die fünf Schlachtschiffe der »Queen Elizabeth«-Klasse - »Queen Elizabeth«, »Warspite«, »Barham«, »Valiant« und »Malaya« - wurden zwischen 1912 und 1916 gebaut und in Dienst gestellt. Das Schlachtschiff »Malaya« war ein Geschenk der malaysischen Staaten. Ein sechstes Schiff, das den Namen »Agincourt« erhalten sollte, wurde im Haushalt 1914 bewilligt, doch wurde seine Beschaffung nach Kriegsausbruch annulliert. Die »Queen Elizabeth«-Klasse bildete den Höhepunkt des »Dreadnought«-Wettrüstens. Die Schlachtschiffe wurden zunächst als die ersten Vertreter des neuen Typs des Schnellen Schlachtschiffs gesehen. Allerdings blieben sie auch die einzigen Schlachtschiffe dieser Entwicklungsrichtung.

Name	Bauwerft	Kiellegung	Stapellauf	in Dienst
»Queen Elizabeth«	Dockyard, Portsmouth	21.12.12	16.10.13	19.01.15
»Warspite«	Dockyard, Devonport	31.10.12	26.11.13	19.03.15
»Barham«	J. Brown, Clydebank	24.02.13	31.10.14	19.10.15
»Valiant«	Fairfield, Glasgow	31.01.13	04.11.14	19.02.15
»Malaya«	Armstrong, Newcastle	20.10.13	18.03.15	19.02.16

Der neue Trend im Schlachtschiffbau war charakterisiert durch ein großes Kaliber bei der Schweren Artillerie, durch einen stärkst möglichen Panzerschutz und hoher Geschwindigkeit. Letztere lag zwar unter der Geschwindigkeit der Schlachtkreuzer, war aber immer noch so hoch, um im Rahmen der Flotte als »Schnelle Schlachtschiff-Division« eingesetzt werden zu können.

»Mit diesen fünf Einheiten sollte ein schneller Flügel der Schlachtflotte geschaffen werden, der es erstens einem bereits gestellten Gegner unmöglich machte, sich aus dem Gefecht zu lösen, und zweitens in der Lage ist, einen widerstrebenden Gegner zum Kampf zu zwingen«, schreibt Siegfried Breyer in seinem Buch »Schlachtschiffe 1905-1992« Band 1 auf der Seite 96.

Die Konstruktionsverdrängung der »Queen Elizabeth«-Klasse lag mit 29.200 Tonnen um 3380 Tonnen über derjenigen der unmittelbaren Vorgänger-Klasse, der »Iron Duke«-Klasse. Auch die Schiffslänge verzeichnete einen Zuwachs von rund fünf Meter. Die Panzerung war gegenüber den früheren Schlachtschiffen stärker ausgeführt worden, was zu einer höheren Standfestigkeit beitrug.

In der weiteren Beschreibung der Schiffsklasse führt Breyer aus: »Die Festlegung auf acht 38,1-cm-Geschütze in je zwei Turmgruppen in den Endpositionen bedeutete

Das Schlachtschiff »Warspite« feuert mit den vorderen Türmen der Schweren Artillerie. Foto: Royal Navy

den Verzicht auf einen Turm im Mittelschiff; dies wiederum ließ es zu, die Antriebsanlage soweit zu vergrößern und leistungsstärker zu machen, dass die geforderte Geschwindigkeit erreicht werden konnte. Um für sie möglichst viel Gewicht freizumachen, musste nach Einsparmöglichkeiten gesucht werden. Eine solche bot sich beim Brennstoff an: Diese Schlachtschiffe waren die ersten, die ausschließlich ölbeheizte Kessel bekamen.« Letzteres stand allerdings in der Kritik, weil man befürchtete, die Ölversorgung könnte gefährdet sein.

Die Antriebsanlage der »Queen Elizabeth«-Klasse bestand aus vier Satz Parsons-Turbinen (»Barham« und »Valiant« vier Brown-Curtis-Turbinen). Die Dampferzeugung geschah bei »Barham« und »Warspite« in 24 ölbeheizten Yarrow-Kessel, bei den anderen drei Einheiten in 24 ölbeheizten Babcock-Kessel. Die Gesamtmaschinenleistung betrug 75.000 PS und war damit mehr als doppelt so hoch wie bei der »Iron Duke«-Klasse. Bei Probefahrten erreichte die »Warspite« mit 77.510 PS den höchsten Leistungswert von den fünf Schiffen. Jedoch ist anzumerken, dass keines die Konstruktionsgeschwindigkeit von 25 Knoten nachweisen konnte. Das beste Ergebnis lag bei knapp über 24 Knoten. Bei zehn Knoten an Geschwindigkeit ergab sich eine Fahrstrecke von 4500 Seemeilen.

Die Schlachtschiffe der »Queen Elizabeth«-Klasse waren erstmals mit 38,1-cm-Geschützen des Typs 15 inch Mk I Naval Gun ausgerüstet. In jeweils zwei Zwillingstürmen standen sie vor und hinter den Aufbauten in der Mittschiffslinie. Diese Kalibererhöhung hat ihre Ursache in der Tatsache, dass bereits die USA und Japan Schlachtschiffe mit 35,6-cm-Geschützen bauten. Auch aus Deutschland gab es Anzeichen für den Übergang zu einem höheren Kaliber. Zwangsläufig musste sich die Royal Navy ebenfalls diesem Trend bei der Schweren Artillerie anpassen. Allerdings reduzierte man dabei die Rohranzahl auf acht. Die Schussweite der neu eingeführten Geschütze betrug 33.550 yards bzw. 30.678 Meter. Die Sekundärbewaffnung setzte sich aus 16 15,2-cm-Geschützen zusammen, von denen zwölf in Kasematten in der vorderen Schiffshälfte montiert waren. Die restlichen vier waren in Kasematten im Achterschiff untergebracht. Die Flugabwehr war bei Baubeginn auf zwei 7,6-cm-Geschütze begrenzt, die sich freistehend in Schiffsmitte auf Höhe der beiden Schornsteine befanden. Außerdem war das Schiff mit vier im Rumpf eingelassenen 53,3-cm-Unterwassertorpedorohre ausgerüstet, die nach den Seiten ausgerichtet waren.

Die Lebensläufe der fünf Schlachtschiffe der »Queen Elizabeth«-Klasse fasst Breyer wie folgt zusammen: »Die »Queen Elizabeth« wurde gleich nach der Indienststellung in das Mittelmeer beordert, um dort an den Operationen gegen die Dardanellen teilzunehmen. Ab Mai 1915 gehörte sie der 5. Battle Squadron der Grand Fleet an, nahm aber wegen Werftliegezeit nicht an der Skagerrakschlacht teil. »Barham«, »Malaya«, »Valiant« und »Warspite« gehörten von Anfang an zur 5. Battle Squadron und nahmen am 31. Mai 1916 an der Skagerrakschlacht teil. Dabei erhielt »Barham« sechs, »Malaya« acht und »Warspite« dreizehn teils schwere Treffer, nur »Valiant« erlitt keine Schäden. Zwischen den beiden Weltkriegen sind alle fünf Schiffe mehrfach umgebaut und grundmodernisiert worden. Im Zweiten Weltkrieg nahmen sie aktiv an zahlreichen Kampfhandlungen teil. Von ihnen ging allein die »Barham« verloren: im November 1941 fiel sie dem Torpedoangriff eines deutschen U-Bootes (Anm.d.Verf.: 25. November 1941, »U 331«, Kapitänleutnant Hans-Diedrich Freiherr von Tiesenhausen) zum Opfer. Die »Warspite« wurde 1945 außer Dienst gestellt und lief 1947 auf dem Weg zur Abwrackwerft auf eine Untiefe auf; 1950 wurde sie abgeborgen und in flachem Wasser aufgesetzt, wo sie alsbald abgebrochen wurde. Ihre Schwesterschiffe sind 1948 außer Dienst gestellt worden und endeten unter den Schneidbrennern.«

Das Schlachtschiff »Barham« 1917 im Flottenstützpunkt von Scapa Flow. Foto: tormentor4555 / CC-BY-SA 1.0

Schlachtschiffe der »Revenge«-Klasse

Die »Revenge«-Klasse, so die Festlegung der Admiralität, wird auch häufig als »Royal Sovereign«-Klasse bezeichnet. Sie war eine Klasse von Schlachtschiffen, die in den Jahren 1913 / 1914 auf Kiel gelegt wurden. Insgesamt acht Schiffe waren vorgesehen. Die tatsächlichen Ablieferungen und Indienststellungen beschränkten sich dann jedoch auf nur fünf Einheiten. Das als »Resistance« geplante Schiff wurde nach Kriegsausbruch annulliert. Die ebenfalls noch geplanten Einheiten »Renown« und »Repulse« wurden aus dem Schlachtschiffprogramm gestrichen und dann als Schlachtkreuzer gebaut.

Schiffbaulich gesehen war die »Revenge«-Klasse wieder eine Rückkehr zum Standard-Schlachtschifftyp. Sie knüpften wieder an die »Iron Duke«-Klasse konzeptionell an. Eine hohe Geschwindigkeit stand nicht mehr im Vordergrund. Die Schiffe sollten wieder mit dem Gros der Flotte verwendet werden. Die Panzerung und die Schutzeinrichtungen entsprachen der vorangegangenen »Queen Elizabeth«-Klasse, waren aber etwas besser ausgebildet. In der Schiffsgröße waren sie mit 29.590 Tonnen Konstruktionsverdrängung kleiner. Auch die Schiffslänge war zurückgegangen und entsprach mit rund 190 Meter in etwa der »Iron Duke«-Klasse.

Schlachtschiff »Ramillies«. Foto: Archiv Autor

Die Antriebsanlage bestand aus vier Satz Parsons-Turbinen, die auf vier Wellen wirkten. Den Dampf lieferten 18 Babcock-Kessel. Auf »Ramillies« und »Royal Oak« waren Yarrow-Kessel vorhanden. Ursprünglich sah die Planung vor, die Kessel gemischt aus Kohle- und Ölbefeuerungen zu betreiben, womit eine Geschwindigkeit von 21 Knoten erreichbar gewesen wäre. Nachdem Admiral Fisher im Oktober 1914 seine zweite Amtszeit als Erster Seelord antrat, veranlasste er eine Änderung des Antriebskonzepts. Getreu seinem Motto »speed is the best protection« wurde für die Mehrzahl der Kessel auf Ölfeuerung umgestellt. Durch diese Maßnahme sollte jetzt eine Konstruktionsgeschwindigkeit von 23 Knoten möglich sein, was sich aber später in der Praxis bei keinem der Schiffe bestätigte. Bei einer Antriebsleistung von 40.000 PS war bei gemessenen 21,9 Knoten das Maximum an Geschwindigkeit erreicht.

Die Armierung entsprach in der Aufstellung, im Kaliber und in der Anzahl der Rohre - lediglich die 15,2-cm-Geschütze waren auf 14 reduziert worden - der »Queen Elizabeth«-Klasse. Die Torpedobewaffnung war ebenfalls identisch. Im Laufe der langen Indiensthaltung kam es jedoch im Rahmen von Umbauten und Modernisierungen zu Abweichungen.

Im Ersten Weltkrieg kamen nur die beiden zuerst in Dienst gestellten Schiffe »Revenge« und die »Royal Oak«

Das am 14. Oktober 1939 durch »U 47« versenkte Schlachtschiff »Royal Oak«. Foto: Bibliothek für Zeitgeschichte

Name	Bauwerft	Kiellegung	Stapellauf	in Dienst
»Royal Oak«	Dockyard, Devonport	15.01.14	17.11.14	01.05.16
»Resolution«	Palmers, Newcastle	29.12.13	14.01.15	30.12.16
»Royal Sovereign«	Dockyard, Portsmouth	15.01.14	29.04.15	25.05.16
»Revenge«	Vickers, Barrow	22.12.13	29.05.15	29.03.16
»Ramillies«	Beardmore, Glasgow	12.11.13	12.09.16	01.09.17

in der Skagerrakschlacht zum Einsatz. Beide blieben dabei schadlos. In der Zwischenkriegszeit wurden die Schlachtschiffe der »Revenge«-Klasse umfangreich modernisiert. Während des Zweiten Weltkrieges wurde die »Royal Oak« in Scapa Flow liegend am 14. Oktober 1939 in einer spektakulären Aktion durch »U 47« (Kapitänleutnant Günther Prien) versenkt. Alle Schiffe nahmen an zahlreichen Kampfhandlungen teil. Die »Royal Sovereign« wurde 1944 an die sowjetische Marine übergeben, die sie in »Arkhangelsk« umbenannte. Nach dem Krieg wurde das Schiff zurückgegeben und 1949 abgewrackt. Auch die anderen Einheiten der »Revenge«-Klasse wurden 1948 / 1949 abgewrackt.

Schlachtschiff »Resolution«. Foto: Royal Navy

Schlachtschiffe, England, Tabelle 1					
Name	**»Dreadnought«**	**»Bellerophon«-Klasse**	**»St. Vincent«-Klasse**	**»Neptune«**	**»Colossus«-Klasse**
Haushaltsjahr	1905	1906	1907	1908	1909
Anzahl der Schiffe	1	3	3	1	2
Verdrängung (max) (t)	21.845	22.102	23.030	22.720	23.050
Länge x Breite x Tiefgang (m)	160,32 x 24,99 x 8,10	160,30 x 25,00 x 8,40	163,30 x 25,60 x 8,70	166,42 x 25,90 x 8,68	166,42 x 25,90 x 8,76
Besatzungsstärke	695	784	758	759	755
Antrieb	4 x Dampfturbine	4 x Dampfturbine	4 x Dampfturbine	4 x Dampfturbine, 4 x Marschturbine	4 x Dampfturbine
Antriebsleistung (PS)	23.000	23.000	24.500	25.000	25.000
Wellen / Ruder	4 / 2	4 / 2	4 / 2	4 / 2	4 / 2
Geschwindigkeit (kn)	21,00	20,75	21,00	21,00	21,00
Bunkerkapazität Kohle (t)	2900	2638	2800	2710	2900
Bunkerkapazität Öl (t)	1120	842	940	790	800
Fahrstrecke (sm / kn))	6620 / 10	5720 / 10	6900 / 10	6330 / 10	6680 / 10
Artillerie (cm)	10 x 30,5 / 24 x 7,6	10 x 30,5 / 16 x 10,2	10 x 30,5 / 20 x 10,2 / 3 x 7,6	10 x 30,5 / 16 x 10,2 / 1 x 7,6,	10 x 30,5 / 16 x 10,2 / 1 x 7,6
Torpedorohre (cm)	5 x 45,7	3 x 45,7	3 x 45,7	3 x 45,7	3 x 53,3
Panzerung (max) (mm) vertikal / horizontal / Türme / Kommandostand	279 / 76 / 279 / 279	254 / 76 / 279 / 279	254 / 76 / 279 / 254	254 / 76 / 279 / 279	279 / 102 / 279 / 279

Schlachtschiffe, England, Tabelle 2			
Name	»Orion«-Klasse	»King George V«-Klasse	»Iron Duke«-Klasse
Haushaltsjahr	1909	1910	1911
Anzahl der Schiffe	4	4	4
Verdrängung (max) (t)	25.870	25.700	30.380
Länge x Breite x Tiefgang (m)	177,10 x 26,90 x 8,70	182,10 x 27,10 x 8,70	189,58 x 27,43 x 9,00
Besatzungsstärke	752	782	942
Antrieb	4 x Dampfturbine	4 x Dampfturbine	4 x Dampfturbine
Antriebsleistung (PS)	27.000	27.000	29.000
Wellen / Ruder	4 / 2	4 / 2	4 / 2
Geschwindigkeit (kn)	21	21	21
Bunkerkapazität Kohle (t)	3300	3150	3250
Bunkerkapazität Öl (t)	800	800	1050
Fahrstrecke (sm / kn))	6730 / 10	6730 / 10	7780 / 10
Artillerie (cm)	10 x 34,3 / 16 x 10,2 / 1 x 7,6	10 x 34,3 / 16 x 10,2 / 2 x 7,6	10 x 34,3 / 12 x 15,2 / 2 x 7,6
Torpedorohre (cm)	3 x 53,3	3 x 53,3	4 x 53,3
Panzerung (max) (mm) vertikal / horizontal / Türme / Kommandostand	305 / 38 / 279 / 279	305 / 38 / 279 / 279	305 / 38 / 279 / 279

Schlachtschiffe, England, Tabelle 3					
Name	»Agincourt«	»Erin«	»Canada«	»Queen Elizabeth«-Klasse	»Revenge«-Klasse
Haushaltsjahr	-----	-----	-----	1912	1913
Anzahl der Schiffe	1	1	1	5	5
Verdrängung (max) (t)	30.250	25.250	32.120	33.750	32.820
Länge x Breite x Tiefgang (m)	204,50 x 27,10 x 8,20	170,50 x 27,70 x 8,70	201,50 x 28,00 x 8,90	195,47 x 27,60 x 9,30	189,24 x 30,93 x 8,93
Besatzungsstärke	1115	1070	1167	951	997
Antrieb	4 x Dampfturbine	4 x Dampfturbine	4 x Dampfturbine	4 x Dampfturbine	4 x Dampfturbine
Antriebsleistung (PS)	34.000	26.500	37.000	75.000	40.000
Wellen / Ruder	4 / 1	4 / 2	4 / 1	4 / 2	4 / 1
Geschwindigkeit (kn)	22,00	21,00	22,75	24	22
Bunkerkapazität Kohle (t)	3200	2120	3300	-----	140
Bunkerkapazität Öl (t)	620	720	520	3500	3400
Fahrstrecke (sm / kn))	4500 / 10	5300 / 10	4400 / 10	4500 / 10	4200 / 10
Artillerie (cm)	14 x 30,5 / 20 x 15,2 / 10 x 7,6	10 x 34,3 / 16 x 15,2 / 2 x 7,6	10 x 35,6 / 16 x 15,2 / 2 x 7,6	8 x 38,1 / 16 x 15,2 / 2 x 7,6	8 x 38,1 / 14 x 15,2 / 2 x 7,6
Torpedorohre (cm)	3 x 53,3	4 x 53,3	4 x 53,3	4 x 53,3	4 x 53,3
Panzerung (max) (mm) vertikal / horizontal / Türme / Kommandostand	229 / 38 / 305 / 305	305 / 38 / 279 / 305	229 / 38 / 254 /279	330 / 51 / 330 / 279	330 / 51 / 330 / 279

1.1.2 Linienschiffe, Deutschland

Linienschiffe der »Nassau«-Klasse

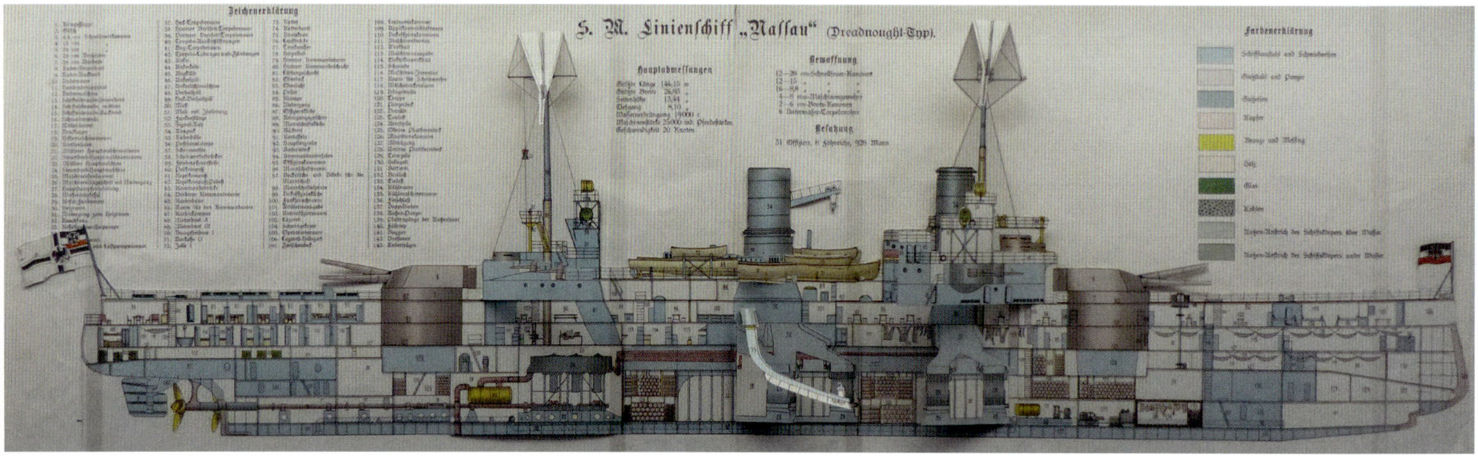

Ein zeitgenössisches Klappmodell der »Nassau«-Klasse. Foto: Hans Karr

Die vier Linienschiffe der »Nassau«-Klasse sollten ältere Einheiten der Flotte ersetzen. Mit dieser Klasse begann in Deutschland auch ein vollkommen neuer Abschnitt im Marineschiffbau. Die Kiellegungen der Einheiten erfolgten in der zweiten Jahreshälfte von 1907. Die Indienststellungen waren im Mai 1910 abgeschlossen.

Die Klasse war der Übergang vom bisher üblichen Einheitslinienschiff zum modernen Schlachtschiff. England hatte hierzu mit dem Bau der 1906 in Dienst gestellten »Dreadnought« den Anfang gemacht. Alle bedeutenden Seemächte folgten diesem Beispiel. Schlagartig waren die bis dahin gebauten Schlachtschiffen / Linienschiffe, von nun an auch als »Pre-Dreadnoughts« bezeichnet, überholt und als Kampfschiffe so gut wie entwertet. Die neuen Großkampfschiffe waren größer, schwerer bewaffnet, besser durch Panzerung geschützt und mit ihren leistungsfähigeren Maschinenanlagen auch schneller, was sich natürlich auch im höheren Stückpreis der Schiffe niederschlug. Ab der »Nassau«-Klasse wird auch häufig die Bezeichnung Großlinienschiff verwendet.

Name	Bauwerft	Kiellegung	Stapellauf	in Dienst
»Nassau«	Kaiserliche Werft, Wilhelmshaven	22.07.07	07.03.08	01.10.09
»Westfalen«	A.G. Weser, Bremen	12.08.07	01.07.08	16.11.09
»Rheinland«	A.G. Vulcan, Stettin	01.06.07	26.09.08	30.04.10
»Posen«	Germaniawerft, Kiel	11.06.07	12.12.08	31.05.10

Die deutsche Marineleitung war von der englischen »Dreadnought«-Entwicklung nicht überrascht. Frühzeitig hatte man sich auf den Bau von größeren und kampfstärkeren Linienschiffen eingestellt. Neben den zu schaffenden finanziellen Voraussetzungen und den Entwurfsarbeiten, die bis in das Jahr 1904 zurückgingen, galt es noch zu berücksichtigen, dass der Kaiser-Wilhelm-Kanal (heute Nord-Ostsee-Kanal) als Verbindungs- und Verlegungsweg der Flotte von der Ostsee in die Nordsee für die geplanten neuen Großkampfschiffe ausfiel.

Nahezu parallel zum Bau der »Nassau«-Klasse begann deshalb, aber auch wegen des allgemein zunehmenden Verkehrsaufkommens, 1907 dessen Ausbau durch Verbreiterung und Vertiefung sowie des Baues neuer Schleusenanlagen. Der frühere strategische Zustand war mit den Abschlussarbeiten kurz vor Kriegsbeginn wieder erreicht. Zusätzlich bedurfte es aber auch größerer Schleusen im Nordseestützpunkt Wilhelmshaven, was mit dem Bau der sogenannten III. Einfahrt umgesetzt wurde. Auch die Bauwerften mussten zeitgerecht ihre Hellingen, Docks und sonstige Bauinfrastruktur den neuen Schiffsgrößen anpassen, um die Fertigung durchführen zu können.

Die Stahlrümpfe der »Nassau«-Klasse waren in Quer- und Längsspantenbauweise erstellt. Für eine hohe Sinksicherheit sorgten wasserdichte Abteilungen. Bei »Nassau« waren

Linienschiff »Nassau«.
Foto: Archiv Autor

deren 16, bei den drei Schwesterschiffen 19 vorhanden. Der Gürtelpanzer hatte eine Stärke von 80 bis zu 300 Millimeter. Die Konstruktionsverdrängung lag bei 18.873 Tonnen.

Die Linienschiffe der »Nassau«-Klasse sind nur als mittelmäßige Seeschiffe anzusprechen. Wie sich schon bei den ersten Probefahrten des Typschiffes zeigte kamen sie sehr leicht ins Schlingern. Das machte den nachträglichen und ursprünglich nicht vorgesehenen Einbau von Schlingerkielen notwendig. Erstmals erhielten Linienschiffe der Kaiserlichen Marine zwei Ruder. Sie waren allerdings nicht ideal angeordnet. Zwischen Mittelwelle und Außenwellen liegend, befanden sie sich nicht im Schraubenstrom. Obwohl dies erkannt wurde, blieb die Kaiserliche Marine wie auch später die Kriegsmarine bei dieser Ruderanordnung bis hin zu den beiden Schlachtschiffen der »Bismarck«-Klasse.

Die Antriebsanlage bestand aus drei Dreizylinder-dreifach-Expansionsdampfmaschinen, die in drei Maschinenräumern aufgestellt waren und auf je eine Welle wirkten. Zwölf kohlebefeuerte Kessel lieferten den notwendigen Dampf. Ab Winter 1915 kam eine Ölzusatzbefeuerung zum Einbau. Bei den vier Schiffen war eine unterschiedliche Leistung von 26.244 bis 28.117 PS vorhanden. Die Geschwindigkeit lag bei allen vier Schiffen bei 20 Knoten. Zwei Schornsteine dienten dem Abzug von Rauch und Abgasen.

Bei der Planung der Schweren Artillerie gab es zwei große Diskussionspunkte. Zum einen die Kaliberstärke und zum anderen die Aufstellung. Entgegen dem international üblichen Kaliber von 30 Zentimeter aufwärts blieb es in Deutschland zunächst noch beim Kaliber von 28 Zentimeter. Man schätzte die neu entwickelten deutschen Geschütze 28 cm SK L/45 wegen ihrer höheren Kadenz und der von Krupp ebenfalls neu entwickelten Panzersprenggranaten dem englischen 12-inch-Kaliber (30,5 cm) als ebenbürtig ein. Ihre Schussweite betrug 18.900 Meter. In der Aufstellungsfrage musste man eine reine Mittschiffsaufstellung verwerfen und wählte stattdessen für die sechs vorgesehenen Zwillingstürme eine hexagonale Aufstellung. Je ein Turm war vorn und achtern eingebaut. In der Schiffsmitte befanden sich beidseitig jeweils zwei weitere.

Diese »Aufstellung der Schweren Artillerie gestaltete sich wegen der viel Raum beanspruchenden Kolbendampfmaschine als nicht recht glücklich. Überhöhte Türme kamen, da der erforderliche Platz für deren Munitionskammern nicht aufgebracht werden konnte, nicht in Betracht. So musste man die Hexagonalaufstellung wählen und je zwei Türme an den Seiten platzieren. Das bedeutete beim Breitseitenfeuer den Verzicht auf zwei Türme, die nur das Feuer nach recht voraus bzw. achteraus verstärkten, mithin ein schlecht ausgenutztes Gewicht. (...) Allerdings war dieses Aufstellungsschema nicht nur von der Bauweise der Schiffe selbst beeinflusst. Man entschloss sich

Auf der Luftaufnahme des Linienschiffes »Westfalen« ist die Anordnung der Schweren Artillerie in Hexagonalaufstellung gut zu erkennen. Foto: Archiv Autor

umso leichter dazu, als man eine ausreichend große Feuerleereserve für notwendig hielt«, schreibt Siegfried Breyer in seinem Buch »Schlachtschiffe und Schlachtkreuzer 1905-1970« auf der Seite 283.

Die Hexagonalaufstellung war bei ihrer Einführung aber schon fast wieder überholt. Die technische Weiterentwicklung der Geschütze ging einher mit größeren Schuss- und Gefechtsentfernungen. Die in Feuerlee stehenden Türme waren somit durchaus durch die jetzt auch steiler einfallenden Geschosse gefährdet. Der Reservecharakter war also nicht mehr unbedingt gegeben.

Bei der Mittelartillerie, die man im Gegensatz zur Royal Navy beibehielt, reduzierte man auf den Linienschiffen der »Nassau«-Klasse wieder auf das Kaliber von 15 Zentimeter. Es kamen die neu entwickelte Geschütze 15 cm SK L/45 zum Einbau. Die zwölf Geschütze waren in Kasemattenaufstellung eingerüstet.

Auch die Leichte Artillerie war eine Neuentwicklung. Die Aufstellung der 16 Geschütze 8,8 cm SK L/45 erfolgte im Bug- und Heckbereich unterhalb der Hauptdecksebene sowie - mit Schutzschilden versehen - in den Aufbauten. Gegenüber dem Vorgängermodell besaß das Geschütz eine um 1000 Meter größere Schussweite.

Sechs 45-cm-Torpedorohre, alle als Unterwasserrohre ausgelegt, ergänzten die Bewaffnung der Linienschiffe. Je eines befand sich am Bug und Heck. Auf den beiden Schiffsseiten waren nochmals je zwei Torpedorohre vorhanden. (1 x Bug ↓, 2 x Stb ↓, 2 x Bb ↓, 1 x Heck ↓).

In den Jahren 1914 / 1915 versahen die Schiffe der »Nassau«-Klasse Vorposten- und Sicherungsdienst in der Nordsee. Sie nahmen an Vorstößen der Hochseeflotte teil und wurden bei verschiedenen Einsätzen in der Ostsee verwendet. Alle Einheiten waren an der Skagerrakschlacht beteiligt, wo die Schiffe hinsichtlich der erhaltenen Treffer relativ glimpflich davongekommen sind. Nach den durchgeführten Reparaturen erfolgte der Einsatz der Linienschiffe dann wieder in der Nord- und Ostsee.

Die Linienschiffe der »Nassau«-Klasse gehörten zunächst nicht zu den laut Waffenstillstandsbedingungen abzuliefernden Einheiten. Nach der Selbstversenkung der deutschen Flotte in der Bucht von Scapa Flow am 21. Juni 1919 mussten sie als Nachforderung dann doch noch an die Siegermächte abgetreten werden. Sie wurden in Folge dann Anfang der 1920er Jahre verschrottet.

Linienschiffe der »Helgoland«-Klasse

Das U-Boot »U 8« passiert das Linienschiff »Helgoland«. Foto: Archiv Autor

Die vier Linienschiffe der »Helgoland«-Klasse wurden als Ersatzbauten, unter anderem für Küstenpanzerschiffe der »Siegfried«-Klasse, beauftragt. Sie orientierten sich in ihrem Schiffsentwurf weitestgehend an der vorangegangenen »Nassau«-Klasse. Die wesentlichsten Unterschiede dieses Schiffbauvorhabens lagen in der größeren Schiffslänge, der höheren Tonnage und der Einführung des 30,5-cm-Kalibers bei der Schweren Artillerie. Damit hatte sich die Kaiserliche Marine bei den Großkampfschiffen dem internationalen Kaliber-Standard angeschlossen.

Die Stahlbauten waren in Quer- und Längsspantenbauweise mit 17 wasserdichten Abteilungen gebaut. Der Gürtelpanzer hatte eine Stärke von 120 bis 300 Millimeter. Die Konstruktionsverdrängung lag bei 22.808 Tonnen. Die Schiffe waren, im Gegensatz zur »Nassau«-Klasse, von Anfang an mit Schlingerkielen ausgestattet. Sie waren gute Seeschiffe mit guten Manövriereigenschaften und kleinem Drehkreis.

Drei Vierzylinder-dreifach-Expansionsdampfmaschinen in drei Maschinenräumen, die von 15 kohlebefeuerten Kesseln mit Dampf versorgt wurden, bildeten die Antriebskomponente. Sie wirkten jeweils auf eine Welle. Auch hier war die Antriebsleistung auf den vier Schiffen wieder unterschiedlich. Sie schwankte zwischen 31.258 und 35.500 PS. Die damit erzielten Geschwindigkeiten bewegten sich von 20,8 bis 21,3 Knoten. Infolge der etwas größeren Maschinenanlage waren nun wieder drei Schornsteine notwendig. Diese vergrößerten wiederum die Silhouette, was sich bei einem Seegefecht ungünstig

Name	Bauwerft	Kiellegung	Stapellauf	in Dienst
»Helgoland«	Howaldtswerke, Kiel	19.10.08	25.09.09	23.08.11
»Ostfriesland«	Kaiserliche Werft, Wilhelmshaven	19.10.08	30.09.09	01.08.11
»Thüringen«	A.G. Weser, Bremen	02.11.08	27.11.09	01.07.11
»Oldenburg«	F. Schichau, Danzig	01.03.09	30.06.10	01.05.12

Das Linienschiff »Helgoland« im Schwimmdock. Foto: Bundesarchiv / Bild 146-2007-0101 / CC-BY-SA 3.0

Das Linienschiff »Ostfriesland« wurde von der amerikanischen Marine als Zielschiff für Bombenangriffe eingesetzt und am 21. Juli 1921 durch Bomben versenkt. Foto: US Navy

auswirken konnte. Ab Winter 1915 kam eine Ölzusatzfeuerung zum Einbau. Die Einheiten der »Helgoland«-Klasse waren die letzten Linienschiffe der Kaiserlichen Marine mit Kolbendampfmaschinen.

Bereits im Juni 1906 entschied sich das Reichsmarineamt für die Großkampfschiffe beim Hauptkaliber auf 30,5 Zentimeter überzugehen. International betrachtet war dies für die Kaiserliche Marine ein längst fälliger Schritt. Das Geschütz musste vollkommen neu entwickelt werden und kam somit erst auf den Linienschiffen der »Helgoland«-Klasse erstmals zum Einbau. Die sechs Zwillingstürme mit den Geschützen 30,5 cm SK L/50 waren wieder in einer hexagonalen Aufstellung platziert. Ihre Schussweite wird mit 20.400 Meter angegeben.

Die Mittelartillerie entsprach mit dem Geschütz 15 cm SK L/45 wieder der »Nassau«-Klasse, war aber mit 14 Geschützen in Kasemattenaufstellung eingerüstet. Die größere Schiffslänge von rund 20 Meter hatte den Aufwuchs von zwei Rohren möglich gemacht.

An Leichter Artillerie waren anfangs 14 Geschütze 8,8 cm SK L/45 sowohl in den Aufbauten als Einzelgeschütze mit Schutzschild als auch im Vorschiff in sogenannten Schwalbennestern vorhanden. Auch dieser Geschütztyp war schon auf der »Nassau«-Klasse zum Einbau gekommen. Im Jahr 1914 erfolgte teilweise ein Austausch durch 8,8 cm Flak L/45. Diese Flugabwehrkanonen wurden damals auch als Ballonabwehrkanonen bezeichnet.

Die Unterwasserbewaffnung bestand wieder aus sechs Unterwassertorpedorohren in gleicher Anordnung wie bei der Vorgänger-Klasse. Allerdings hatten sie nun ein Kaliber von 50 Zentimeter.

Die Linienschiffe der »Helgoland«-Klasse kamen in den ersten beiden Kriegsjahren in der Nord- und Ostsee bei Flottenvorstößen und Einzelunternehmungen zum Einsatz. Alle vier Schiffe nahmen an der Skagerrakschlacht teil. Dabei erhielten sie leichte bis mittelschwere Treffer, trugen aber auch aktiv an der Versenkung von Gegnerschiffen bei. Danach folgten wieder wechselnde Einsätze in der Nord- und Ostsee mit Schwerpunkt Nordsee.

Das Linienschiff »Thüringen« war im Oktober und November 1918 Mittelpunkt der revolutionären Unruhen in Wilhelmshaven. Als eines der ersten Schiffe der Hochseeflotte kam es im Oktober an Bord zu Befehlsverweigerungen. Auf Schillig-Reede liegend, weigerte sich die

Besatzung in See zu gehen. Mit Hilfe von Torpedobooten und eines U-Bootes konnten die Marine- und die Schiffsführung zunächst die Meuterei unterdrücken. Nicht zu verhindern war allerdings die sich wenig später anschließende Revolution und generelle Meuterei auf den Großkampfschiffen der Kaiserlichen Marine.

Die Linienschiffe der »Helgoland«-Klasse standen ursprünglich nicht auf der Ablieferungsliste der Alliierten. Sie mussten dann aber auf Grund der Nachforderung infolge der Selbstversenkung der Hochseeflotte in Scapa Flow an die Siegermächte abgeliefert werden, die sie anschließend der Verschrottung zuführten. Eine Ausnahme bildete die »Ostfriesland«. Den USA zugesprochen, diente sie der US Navy, genau wie der Kleine Kreuzer »Frankfurt«, als Zielschiff für Bombenversuche und wurde als solches durch Fliegerbomben am 21. Juli 1921 versenkt.

Luftaufnahme des Linienschiffs »Oldenburg«. Foto: Archiv Autor

Linienschiffe der »Kaiser«-Klasse

Mit der »Kaiser«-Klasse kam eine Fünfer-Serie an neuen Linienschiffen in Dienst. Sie ersetzten ältere Einheiten. Vier Schiffe sollten eine komplette Schiffsdivision bilden und eines als Flaggschiff verwendet werden. Erstmals bestand auf deutschen Linienschiffen die Antriebsanlage aus Dampfturbinen. Die Verwendung eines Großdieselmotors war beim letzten Schiff der Bauserie vorgesehen, scheiterte aber an dessen mangelnder Bordverwendungsfähigkeit. Neben dem innovativen Antrieb kam es auch zu Neuerungen bei der Aufstellung der Schweren Artillerie.

Die Stahlrümpfe der Linienschiffe der »Kaiser«-Klasse waren wieder in Quer- und Längsspanten gebaut. Sie hatten 17 wasserdichte Abteilungen. Die Tonnage war deutlich höher als bei der vorangegangenen »Helgoland«-Klasse. Die Konstruktionsverdrängung lag bei 24.724 Tonnen. Außerdem waren die Schiffe rund fünf Meter länger. Auch die Panzerung war gegenüber der Vorgängerklasse verstärkt. Der Gürtelpanzer umfasste eine Dicke von 120 bis 350 Millimeter. Die Einheiten der »König«-Klasse waren gute Seeschiffe mit gutem Manövrierverhalten. Sie konnten schnell andrehen.

Nachdem bereits Kleine Kreuzer der Kaiserlichen Marine mit Dampfturbinen ausgestattet worden waren, sah man auch für die fünf Linienschiffe der »König«-Klasse ebenfalls eine solche Antriebsanlage vor. Die bisher bewährten Kolbendampfmaschinen konnten bei den zunehmenden Leistungsanforderungen der immer größeren und schneller werdenden Schiffe nicht mehr mithalten.

Das Linienschiff »Kaiser« mit in Paradeaufstellung angetretener Besatzung. Foto: K. Koch

Luftaufnahme des Linienschiffes »Friedrich der Große«. Originalbildunterschrift: German battleship SMS Friedrich der Grosse steaming to internment at Scapa Flow. Foto: US Navy

Allerdings stand man anfangs in der Flotte dieser Neuerung skeptisch gegenüber.

Drei Satz Dampfturbinen (»Kaiser« und »Kaiserin« Parsons-T., »Friedrich der Große« AEG-Curtis-T., »König Albert« Schichau-T.) kamen auf den vier ersten Schiffen in sechs Maschinenräumen zum Einbau. Sie wirkten jeweils auf eine Welle. Den notwendigen Dampf erzeugte man in 16 kohlebefeuerten Kessel. Auch erhielten die Schiffe von vorneherein eine Ölzusatzfeuerung eingebaut. An Maschinenleistung waren auf den Schiffen unterschiedliche Wert vorhanden. Sie lagen bei 38.751 bis 55.187 PS. Die Geschwindigkeit wird mit 22,5 Knoten angegeben. Die Linienschiffe der »Kaiser«-Klasse waren mit zwei Schornsteinen ausgestattet.

Name	Bauwerft	Kiellegung	Stapellauf	in Dienst
»Kaiser«	Kaiserliche Werft, Kiel	Sept. 1909	22.03.11	01.08.12
»Friedrich der Große«	A.G. Vulcan, Hamburg	26.01.10	10.06.11	15.10.12
»Kaiserin«	Howaldtswerke, Kiel	Juli 1910	11.11.11	14.05.13
»Prinzregent Luitpold«	Germaniawerft, Kiel	Okt. 1910	17.02.12	19.08.13
»König Albert«	F. Schichau, Danzig	17.07.10	27.04.12	31.07.13

Bei der fünften und zuletzt auf Kiel gelegten Einheit der Klasse – der »Prinzregent Luitpold« – war als weitere Innovation der Einsatz eines Großdieselmotors (Germania Sechszylinder-Zweitakt-Dieselmotor, 12.000 PS) für die Marschfahrt bis 12 Knoten vorgesehen. Dieser erwies sich jedoch für den Bordbetrieb als noch nicht verwendungsreif und einsatzfähig. Es kam deshalb auch nicht zu einem Einbau. In der Folge wurden die mittleren Maschinenräume leer gefahren. Das Schiff fuhr also ohne Mittelwelle. Der Wellenaustritt war dicht gesetzt. Die beiden vorhandenen Parsons-Turbinen erhielten aus 14 Kesseln ihren Dampf und wirkten auf die Außenwellen. Dennoch war das Schiff mit 21,5 Knoten nur geringfügig langsamer als seine Schwesterschiffe. »Prinzregent Luitpold« konnte bei allen seemännischen und taktischen Manövern mithalten.

Auch die Aufstellung der Schweren Artillerie war innovativ. Zwar wagte man sich noch nicht an eine reine Mittschiffsaufstellung heran, aber immerhin kamen drei der insgesamt fünf 30,5-cm-Zwillingstürme in einer solchen Anordnung an Bord, wobei achtern ein Turm überhöht eingebaut war. Je einen Turm erhielten die Schiffe diagonal zueinander angeordnet an Steuerbord und Backbord im Mittelschiffsbereich. Im Gegensatz zu den Hexagonalaufstellungen auf den Linienschiffen der »Nassau«- und der »Helgoland«-Klasse konnte so die gesamte Schwere Artillerie in eine Breitseite eingebunden werden. Die eingerüsteten Geschütze 30 cm SK L/50 entsprachen denen der »Helgoland«-Klasse.

Die Mittelartillerie mit den Geschützen 15 cm SK L/45 entsprach in ihrer Kasemattenaufstellung, in ihrer Anzahl und in dem Geschütztyp ebenfalls der »Helgoland«-Klasse.

An leichter Artillerie waren acht Geschütze 8,8 cm SK L/45 eingerüstet. Während des Krieges erfolgte teilweise ein Austausch durch 8,8-cm-Flugabwehrkanonen.

Die Unterwasserbewaffnung bestand aus fünf Unterwassertorpedorohren im Kaliber von 50 Zentimeter. Eines war als Bugrohr, die anderen als Breitseitenrohre angeordnet. (1 x Bug ↓, 2 x Stb ↓, 2 x Bb ↓).

Wie alle ihre Vorgängerklassen hatten auch die Linienschiffe der »Kaiser«-Klasse als Standardausrüstung Torpedoschutznetze an Bord. Bei Fahrt waren sie eingerollt an den Bordwänden auf Höhe des Hauptdecks befestigt. Wenn vor Anker liegend, sollten sie die Schiffe vor Torpedoangriffen schützen. In der Praxis waren sie aber mehr hinderlich als nützlich. Außerdem war im Gefecht nicht auszuschließen, dass sie sich durch Treffer von ihren Halterungen loslösten und dann Gefahr bestand, dass sie in die Schrauben gerieten. Wie auch bei den übrigen Linienschiffsklassen gehandhabt, kamen sie nach der Skagerrakschlacht von Bord.

Die 1913 / 1914 in Begleitung des Kleinen Kreuzers »Straßburg« durchgeführte große Atlantikreise der Linienschiffe »Kaiser« und »König Albert« diente insbesondere dem Nachweis der Betriebssicherheit und der ausgiebigen Erprobung der Turbinenanlagen bei Dauerbeanspruchung und unter tropischen Bedingungen. Die Schiffe liefen dabei die deutschen Kolonien in Westafrika und Südwestafrika an und besuchten Häfen an der Ost- und Westküste von Südamerika.

Linienschiff »König Albert«. Foto: Archiv Autor

Bis auf das Linienschiff »König Albert«, das wegen Maschinenreparaturen nicht kriegsbereit war, nahmen alle Einheiten der »Kaiser«-Klasse an der Skagerrakschlacht teil. Danach kamen sie in der Nord- und Ostsee zum Einsatz. Im September 1917 gehörten die Schiffe dem Sonderverband zur Eroberung der Baltischen Inseln an.

Die fünf Linienschiffe zählten zu den Einheiten, die gemäß den Waffenstillstandsbedingungen in Scapa Flow interniert werden mussten. Am 21. Juni 1919 wurden die Schiffe dort durch die eigenen Besatzungen selbst versenkt. In den 1930er Jahren erfolgte ihre Bergung und der anschließende Abbruch auf englischen Werften.

Linienschiffe der »König«-Klasse

Die vier Linienschiffe der »König«-Klasse waren im Wesentlichen eine Weiterentwicklung der zuvor gebauten »Kaiser«-Klasse. Sie wiesen zahlreiche Innovationen auf und schlossen die Reihe der sogenannten Vorkriegsbauten ab. Kurz vor bzw. kurz nach Kriegsausbruch stellten die Einheiten in Dienst. Sie waren in den ersten beiden Kriegsjahren der modernste Linienschiffstyp der Kaiserlichen Marine und zählten auch allgemein zu den modernsten Großkampfschiffen jener Zeit. Bei der Wahl des Antriebs folgte man der »Kaiser«-Klasse. Bei der Schweren Artillerie nahm man Abstand von den bisherigen Seitentürmen und ging mit der reinen Mittschiffsaufstellung einen neuen Weg. Ein Schiff zählte als sogenannter Vermehrungsbau, die übrigen drei Linienschiffe ersetzten ältere Einheiten.

Die Stahlbauten in Quer- und Längsspantenbauweise besaßen 18 wasserdichten Abteilungen. Die Schiffe waren geringfügig länger und in der Tonnage etwas größer als ihre Vorgänger. Ihre Konstruktionsverdrängung betrug 25.796 Tonnen. Die Panzerungen entsprachen mit einem

Name	Bauwerft	Kiellegung	Stapellauf	in Dienst
»König«	Kaiserliche Werft, Wilhelmshaven	03.10.11	01.03.13	09.08.14
»Großer Kurfürst«	A.G. Vulcan, Hamburg	03.10.11	05.05.13	30.07.14
»Markgraf«	A.G. Weser, Bremen	Nov. 1911	04.06.13	01.10.14
»Kronprinz« (*)	Germaniawerft, Kiel	Juli 1912	21.02.14	08.11.14
Anmerkung	(*) am 15. Juni 1918 in »Kronprinz Wilhelm« umbenannt			

Gürtelpanzer von 120 bis 350 Millimeter den Ausführungen auf der vorangegangenen »Kaiser«-Klasse. Die Linienschiffe der »König«-Klasse waren sehr gute Seeschiffe mit angenehmen Bewegungen und geringem Fahrtverlust im Seegang.

Die Maschinenanlage war die gleiche wie auf der Vorgängerklasse. Drei Satz Dampfturbinen (Parsons-T. bzw. AEG-Vulcan-T. bzw. Bergmann-T.) in sechs Maschinenräumen erhielten aus 15 Kesseln, von denen zwölf kohle- und drei ölbefeuert waren, ihren Dampf. Sie wirkten jeweils auf eine Welle. Die Maschinenleistung war auf den vier Schiffen wieder unterschiedlich und bewegte sich zwischen 41.400 und 46.200 PS. Die Geschwindigkeit war bei allen Einheiten 21 Knoten. Zwei Schornsteine bestimmten das äußere Bild der Linienschiffe.

Ein Linienschiff der »König«-Klasse im Bauzustand. Foto: Archiv Autor

Bei allen vier Einheiten war ursprünglich für den Betrieb der Mittelwelle ein Großdieselmotor (MAN Sechszylinder-Zweitakt-Dieselmotor, 12.000 PS) vorgesehen. Allein mit dessen 12.000 PS hätten die Schiffe 12 Knoten an Fahrt erreichen sollen. Die Motoreneinrüstung kam jedoch nicht zur Ausführung, weil die Entwicklung des Dieselmotors nicht mehr rechtzeitig abgeschlossen werden konnte.

Linienschiff »Markgraf«. Foto: Archiv Autor

Das Linienschiff »Kronprinz« wurde im Juni 1918 in »Kronprinz Wilhelm« umbenannt. Foto: Archiv Autor

Die Bewaffnung war identisch mit derjenigen der Linienschiffe der »Kaiser«-Klasse. Die fünf 30,5-cm-Zwillingstürme der Schweren Artillerie mit Geschützen des Typs 30,5 cm SK L/50 befanden sich alle in einer reinen Mittschiffsaufstellung. Vorne und achtern war jeweils ein Turm überhöht angeordnet, so dass er über den zweiten Turm hinwegschießen konnte. Zwischen den beiden Schornsteinen war in Schiffsmitte der fünfte Turm platziert. Er konnte nach beiden Seiten eingesetzt werden. Durch die Verwendung von Dampfturbinen beim Antrieb war es möglich geworden im Innenschiff den notwendigen Platz für die beschriebene Geschützaufstellung zu gewinnen.

Die Mittelartillerie mit den 14 Geschützen 15 cm SK L/45 war wieder in Kasemattenaufstellung vorhanden. Die sechs Geschütze 8,8 cm SK L/45 wurden nach Kriegsbeginn bald wieder ausgebaut und durch Flak-Geschütze gleichen Kalibers ersetzt. Die Anordnung der fünf 50-cm-Unterwassertorpedorohre entsprach der Aufstellung auf der »Kaiser«-Klasse.

Alle vier Einheiten der »König«-Klasse waren Teilnehmer in der Skagerrakschlacht. Neben den Schlachtkreuzern trugen sie in den Gefechten die Hauptlast. Mit Ausnahme der »Kronprinz« wurden sie alle ernsthaft beschädigt. Danach kamen sie in der Nord- und Ostsee zum Einsatz. Im September 1917 gehörten die Schiffe dem Sonderverband zur Eroberung der Baltischen Inseln an.

Die vier modernen Linienschiffe gehörten zu den Einheiten, die gemäß den Waffenstillstandsbedingungen in Scapa Flow interniert werden mussten. Am 21. Juni 1919 wurden die Schiffe dort durch die eigenen Besatzungen selbst versenkt. Das Linienschiff »Großer Kurfürst« wurde 1938 gehoben und abgebrochen. Bei den übrigen, noch nicht gehobenen Wracks erfolgte erst 1962 der Verkauf zum Abbruch. Durch Absprengen und Heraustauchen von begehrten Teilen wurden sie teilweise verwertet. Reste der Schiffskörper liegen noch heute in Scapa Flow und sind dort begehrte Ziele von Sporttauchern.

Linienschiffe der »Bayern«-Klasse

Linienschiff »Bayern«. Fotos: Archiv Autor

Die Linienschiffe der »Bayern«-Klasse waren die letzten Linienschiffe, die die Kaiserliche Marine in Auftrag gab. In ihrem Entwurf gingen sie zurück auf die »König«-Klasse. Gemäß Urteilen von Fachleuten nach dem Krieg waren sie die wohl seinerzeit beste Konstruktion an Großkampfschiffen. Sie entsprachen voll und ganz dem damaligen Stand der Technik im Marineschiffbau. Mit neu konstruierten 38-cm-Geschützen als Schwere Artillerie setzte sich die Kaiserliche Marine international erstmals an die Spitze der technischen Entwicklung. Sie zog, was das Kaliber betrifft, mit der Royal Navy gleich.

Die vier Einheiten, eine war als Vermehrungsbau und die drei anderen als Ersatzbauten für ältere Einheiten geplant, wurden, bis auf das vierte Schiff, noch zu Friedenszeiten auf Kiel gelegt. Die Kriegslage führte jedoch zu gewaltigen Bauverzögerungen. Nur zwei Schiffe konnten fertiggestellt werden. Der Weiterbau der beiden letzten Einheiten, die ohne die sonst üblichen Feierlichkeiten noch vom Stapel liefen, wurde schließlich gänzlich gestoppt.

Name	Bauwerft	Kiellegung	Stapellauf	in Dienst
»Bayern«	Howaldtswerke, Kiel	22.01.14	18.02.15	18.03.16
»Baden«	F. Schichau, Danzig	20.12.13	30.10.15	19.10.16
»Sachsen«	Germaniawerft, Kiel	07.04.14	21.11.16	-----
»Württemberg«	A.G. Vulcan, Hamburg	04.01.15	20.06.17	-----

Die Stahlschiffe in Quer- und Längsspantenbauweise besaßen 15 wasserdichte Abteilungen. Die Konstruktionsverdrängung betrug 28.530 Tonnen. Der Gürtelpanzer war 170 bis 350 Millimeter stark. Die Linienschiffe der »Bayern«-Klasse waren sehr gute und ruhige Seeschiffe mit ausgezeichneten Dreh- und Manövriereigenschaften. Bei Seegang und bei See gegen an mussten sie kaum Fahrtverluste hinnehmen.

Die Antriebsanlage bestand aus drei Satz Dampf-Turbinen (Parsons-T. bzw. Schichau-T. bzw. AEG-Vulcan-T.), die in sechs Maschinenräumen untergebracht waren. Ihren Dampf erhielten sie aus 14 Kesseln, wovon drei eine Ölbefeuerung besaßen. Mit einer Maschinenleistung von 56.275 PS erreichten die Schiffe eine Geschwindigkeit von 22 Knotern. Die Dreiwellenschiffe waren mit zwei Schornsteinen ausgerüstet. Bei den nicht mehr fertig gestellten Linienschiffen »Württemberg« und »Sachsen« sollten nur zwei Satz Dampfturbinen für die beiden Außenwellen eingebaut werden. Für die Mittelwelle war hingegen ein Großdieselmotor (MAN Sechszylinder-Zweitakt-Dieselmotor, 12.000 PS) für die Marschfahrt bis

Linienschiff »Baden«. Foto: Archiv Autor

zwölf Knoten geplant. Die kohlebefeuerten Kessel konnten dadurch bei »Württemberg« auf neun und bei »Sachsen« auf sechs reduziert werden.

Auf den Linienschiffen der »Bayern«-Klasse kamen mit vier Zwillingstürmen acht Geschütze 38 cm SK L/45 zur Einrüstung. Die Anordnung erfolgte in einer Mittschiffsaufstellung mit je zwei Türmen vorne und achtern. Die Schussweite dieser neuen Geschütze betrug 20.300 Meter. Die schon gefertigten Geschütze für die nicht mehr zu Ende gebauten Linienschiffe »Württemberg« und »Sachsen« kamen beim Heer als 38 cm SK L/45 Max, auch »Langer Max« genannt, sowohl als Eisenbahngeschütze an der Westfront wie auch in Küstenbatterien in Flandern zum Einsatz.

In der Planungsphase stand, wie bei anderen Nationen schon gehandhabt, die Einführung eines Drillingsturms für die Schwere Artillerie in der Diskussion. Man hatte sich dagegen entschieden. Eine größere Decksdurchbrechung und dadurch verminderte Festigkeit des Schiffskörpers, problematische Munitionsversorgung des mittleren Rohres, stärkere Drehmomente auf das Turmschwenkwerk sowie der Verlust größerer Gefechtswerte beim Ausfall eines Turmes waren einige der Gründe für die Entscheidung zugunsten der 38-cm-Zwillingstürmen.

Die gegenüber der Vorgängerklasse auf 16 Geschütze 15 cm SK L/45 erhöhte Mittelartillerie war in Kasemattenaufstellung an Bord. Als Leichte Artillerie waren acht Geschütze 8,8 cm SK L/45 vorgesehen. Keines der beiden fertig gestellten Schiffe hatte sie jedoch wie geplant erhalten. Sie kamen nur auf dem Linienschiff »Bayern« ab 1917 in einer Stückzahl von vier Flak-Geschützen zum Einbau.

An Unterwasserbewaffnung waren fünf 60-cm-Topedorohre, als Unterwasserrohre einmal am Bug und je zweimal als Breitseitenrohre (1 x Bug ↓, 2 x Stb ↓, 2 x Bb ↓) eingebaut, vorhanden. Nach einem Minentreffer auf »Bayern« im Oktober 1917, der zu einem Wassereinbruch von rund 1000 Tonnen im Bereich des vorderen Torpedoraums führte, wurde hier wie auch vorsorglich auf dem Schwesterschiff »Baden« die Torpedobewaffnung auf das Bugrohr reduziert. Der Vorfall hatte deutlich gezeigt, dass mit dem Volllaufen der Torpedobetriebsräume eine ernsthafte Gefährdung der Schwimmfähigkeit der Linienschiffe eintrat. In den jetzt nicht mehr benötigten Räumlichkeiten der Breitseitenrohre erfolgte zur Erhöhung der Sinksicherheit der Schiffe ein Umbau.

Die beiden in Dienst gestellten Linienschiffe der »Bayern«-Klasse, »Bayern« und «Baden«, waren während des Krieges nicht in besondere Kampfhandlungen verwickelt. Nach den Waffenstillstandsbedingungen mussten sie nach Scapa Flow überführt werden. Am 21. Juni 1919 wurden die beiden Einheiten dort durch die eigenen Besatzungen selbst versenkt. Die sinkende »Baden« konnte von englischer Seite noch rechtzeitig auf flaches Wasser geschleppt werden. Die Royal Navy nutzte das anschließend wieder schwimmfähig gemachte Schiff, um Erkenntnisse über den technischen Stand des deutschen Marine- und Schlachtschiffbaus zu gewinnen. Danach fand es als Zielschiff weitere Verwendung. Als solches ist es am 16. August 1921 gesunken.

Die beiden noch unfertigen Linienschiffe »Sachsen« und »Württemberg« mussten nach dem Krieg gemäß dem Artikel 186 des Versailler Vertrages abgebrochen werden, was dann in den Jahren 1921 und 1922 durchgeführt wurde.

Schlachtschiffe, Deutschland					
Name	**»Nassau«-Klasse**	**»Helgoland«-Klasse**	**»Kaiser«-Klasse**	**»König«-Klasse**	**»Bayern«-Klasse**
Amtsentwurf	1905-06	1907-08	1907-09	1909-10	1910-12
Anzahl der Schiffe	4	4	5	4	2+(2)
Verdrängung (max) (t)	20.535	24.700	27.000	28.600	32.200
Länge x Breite x Tiefgang (m)	146,10 x 29,90 x 8,76	167,20 x 28,50 x 8,94	172,40 x 29,00 x 9,10	175,40 x 29,50 x 9,19	180,00 x 30,00 x 9,39
Besatzungsstärke	1008	1113	1084	1136	1171
Antrieb	3 x Dampfmaschine	3 x Dampfmaschine	3 x Dampfturbine	3 x Dampfturbine	3 x Dampfturbine
Antriebsleistung (PS)	26.244 bis 28.117	31.258 bis 35.500	38.751 bis 55.187	41.400 bis 46.200	56.275
Wellen / Ruder	3 / 2	3 / 2	3 / 2	3 / 2	3 / 2
Geschwindigkeit (kn)	20,0	21,0	22,5	21,0	22,0
Bunkerkapazität Kohle (t)	2700	3200	3600	3000	3400
Bunkerkapazität Öl (t)	160	197	400	600	620
Fahrstrecke (sm / kn)	9400 / 10	5500 / 10	7900 / 12	8000 / 12	5000 / 12
Artillerie (cm)	12 x 28 / 12 x 15 / 16 x 8,8	12 x 30,5 / 14 x 15 / 14 x 8,8	10 x 30,5 / 14 x 15 / 8 x 8,8	10 x 30,5 / 14 x 15 / 6 x 8,8	8 x 38 / 16 x 15 / 8 x 8,8
Torpedorohre (cm)	6 x 45	6 x 50	5 x 50	5 x 50	5 x 60
Panzerung (max) (mm) vertikal / horizontal / Türme / Kommandostand	300 / 58 / 280 / 400	300 / 60 / 300 / 400	350 / 30 / 300 / 400	350 / 30 / 300 / 300	350 / 30 / 350 / 400

1.2 Schlachtkreuzer

1.2.1 Schlachtkreuzer, England

Schlachtkreuzer der »Invincible«-Klasse

Schlachtkreuzer »Invincible«. Foto: Archiv Autor

Das vom damaligen Ersten Seelord Admiral Fisher initiierte all-big-gun-one-caliber-battleship »Dreadnought« war noch nicht vom Stapel gelaufen, als auch schon sein zweites Prestigeobjekt, der erste Battlecruiser der späteren »Invincible«-Klasse, auf Kiel gelegt wurde. Unter noch strengerer Geheimhaltung wie bei der »Dreadnought« begannen nach der vorangehenden Planungs- und Entwurfsphase die Schiffbauarbeiten an dieser für drei Einheiten vorgesehenen Bauserie Anfang Februar 1906. Bereits im Laufe des Jahres 1908 konnten alle drei Schlachtkreuzer ihren Dienst in der Royal Navy aufnehmen.

Admiral Fisher, der die Meinung »speed is the best protection« vertrat, hatte erneut den Konstrukteuren die Umsetzung seiner drei Grundforderungen abverlangt:

- große Geschwindigkeit, um notfalls einem Gefecht mit einem überlegenen Gegner ausweichen zu können
- Bewaffnung mit dem stärkst möglichen Kaliber, seiner Zeit 12-inch- / 30,5-cm-Geschütze, um ein Gefecht schnell entscheiden zu können
- Panzerung und Schutzeinrichtungen nur in dem Maße, dass die dem Schiffstyp zugedachten Aufgaben mit möglichst geringem Risiko erfüllt werden konnten

Um die beiden Forderungen nach starker artilleristischer Kampfkraft und hoher Geschwindigkeit erfüllen zu können, blieben für die Panzerung nur noch geringe Gewichtsanteile übrig. Man hielt eine kreuzermäßige Panzerung für ausreichend. Dem Schlachtkreuzer »Invincible« sollte dies in der Skagerrakschlacht zum Verhängnis werden.

Name	Bauwerft	Kiellegung	Stapellauf	in Dienst
»Indomitable«	Fairfield, Glasgow	01.03.06	16.03.07	25.06.08
»Invincible«	Armstrong, Elswik	02.04.06	13.04.07	20.03.08
»Inflexible«	J. Brown, Clydebank	05.02.06	20.06.07	28.10.08

Schlachtkreuzer »Inflexible«. Foto: Archiv Autor

Die allzu leichte Bauweise führte allerdings auch zu einer höchst unzureichenden Festigkeit der Verbände. In Siegfried Breyers Buch »Schlachtschiffe und Schlachtkreuzer 1905-1970« steht auf der Seite 136 folgende Bemerkung: »In technischer Hinsicht hielten sie nicht, was man sich ursprünglich von ihnen versprochen hatte. (...) Die Verbände waren so leicht beschaffen, dass sich gelegentlich eines normalen Eindockens der »Invincible« deren Stahlrahmen des Doppelbodens verzog, ein Zeichen mangelhafter Längsfestigkeit.«

In einem anderen seiner Bücher - »Schlachtschiffe 1905-1992« Band 1 – bewertet Breyer auf der Seite zwölf die »Invincible«-Klasse auch wie folgt: »Während der mit der »Dreadnought« vollzogene Übergang zum all-big-gun-one-caliber-battleship nur ein Schritt war, kam die Entwicklung der »Invincible« vergleichsweise einem Sprung gleich, aber mit falsch gesetzten Akzenten.«

In der Verdrängung kamen die Schlachtkreuzer der »Invincible«-Klasse nahe an das Schlachtschiff »Dreadnought« heran. Die Konstruktionsverdrängungen bewegten sich bei den drei Einheiten zwischen 17.290 und 17.420 Tonnen.

Bei der Antriebsanlage kam wie bei dem Schlachtschiff »Dreadnought« wieder ein Turbinenantrieb zum Einbau. Vier Satz Parsons-Turbinen wirkten auf vier Wellen. Sie erhielten ihren Dampf aus 31 Kessel mit Kohlefeuerung und Ölzusatzfeuerung. Bei der »Indomitable« waren dies Babcock-Kessel, die beiden anderen Einheiten hatten Yarrow-Kessel. Mit der auf 41.000 PS vergrößerten Leistung erreichten die Schiffe eine Geschwindigkeit von 25 Knoten und waren damit drei Knoten schneller als die »Dreadnought«.

Die Hauptbewaffnung der »Invincible«-Klasse bestand aus acht 30,5-cm-Geschützen des Typs 12 inch Mk X Naval Gun. Je ein Zwillingsturm stand vorne und achtern in der Mittschiffslinie. Zwei Türme waren als Seitentürme in Schiffsmitte zwischen dem zweiten und dritten Schornstein positioniert. Die Schussweite der Schweren Artillerie wird mit 18.630 yards bzw. 17.035 Meter angegeben. In der schon zitierten ersten Quelle schreibt Breyer: »So versagten oft die elektrischen Schwenkwerke der schweren Türme. Außerdem waren die ebenfalls elektrisch betriebenen Ladevorrichtungen der schweren Geschütze so mangelhaft durchkonstruiert, dass infolge andauernder Reparaturen oft monatelang kein einziger Schuss abgegeben werden konnte.«

An Leichter Artillerie waren 16 10,2-cm-Geschütze zur Abwehr von Torpedobooten eingerüstet, deren Anzahl 1917 auf zwölf reduziert wurde. Sie waren einzeln – anfangs ohne, später mit Schutzschilden – aufgestellt. Zum Teil standen sie auch auf den Turmdecken der Schweren Artillerie. Fünf 45,7-cm-Unterwassertorpedorohre (4 x Seite, 1 x Heck) ergänzten die Bewaffnung.

Der Schlachtkreuzer »Indomitable« war im Mittelmeer im Einsatz und machte erfolglos Jagd auf die aus dem Schlachtkreuzer »Goeben« und dem Kleinen Kreuzer »Breslau« bestehende deutsche Mittelmeer-Division. An der Dardanellen-Blockade war das Schiff vom August bis November 1914 beteiligt. Im Januar 1915 war es Teilnehmer bei der Schlacht an der Doggerbank, wo der deutsche Große Kreuzer »Blücher« verloren ging. Der im Gefecht schwer beschädigte englische Schlachtkreuzer »Lion« wurde durch die »Indomitable« zur Reparatur ins schottische Rosyth geschleppt. Die »Indomitable« nahm ebenfalls an der Skagerrakschlacht teil. Ab Februar 1919 lag das Schiff in der Reserve, wurde am 31. März 1920 außer Dienst gestellt und im Dezember 1922 zum Verschrotten verkauft.

Der Schlachtkreuzer »Invincible« hatte im August 1914 an dem englischen Flottenvorstoß in die Deutsche Bucht teilgenommen. Bei dem Seegefecht bei Helgoland verlor die Kaiserliche Marine ihre ersten Schiffe. Im Dezember kam der Schlachtkreuzer im Südatlantik gegen das deutsche Ostasien Geschwader zum Einsatz, bei dem das gesamte deutsche Geschwader versenkt wurde. In der Skagerrakschlacht erhielt das Schiff mehrfach schwere Treffer von den deutschen Schlachtkreuzern »Lützow« und »Derfflinger«. Unter einer gewaltigen Detonation zerbrach die »Invincible« in zwei Teile und versank. Nur fünf Besatzungsmitglieder überlebten die Katastrophe.

Der Schlachtkreuzer »Inflexible« war zunächst im Mittelmeer im Einsatz und machte ebenfalls erfolglos Jagd auf die deutsche Mittelmeer-Division. Im Dezember war sie zusammen mit dem Schwesterschiff »Invincible« an der Versenkung des deutschen Ostasien Geschwaders beteiligt, außerdem war der Schlachtkreuzer Teilnehmer der Skagerrakschlacht. Am 31. März 1920 wurde die »Inflexible« außer Dienst gestellt und im Dezember 1922 zum Abwracken verkauft.

Der Schlachtkreuzer »Inflexible« bei der Rettung von überlebenden Besatzungsmitgliedern des deutschen Großen Kreuzers »Gneisenau« nach dem Gefecht bei den Falkland Inseln. Foto: Royal Navy

Schlachtkreuzer der »Indefatigable«-Klasse

Schlachtkreuzer »Indefatigable«. Foto: Archiv Autor

Im Haushalt 1908 wurde eine neue Dreierserie von Schlachtkreuzern bewilligt. Hier ist anzumerken, dass man in England auf die Idee kam, die Dominion-Staaten daran zu beteiligen. Die rechtliche Grundlage hierfür gab das Commonwealth-Verteidigungsprogramm. Das Vorgehen schlug sich bei zwei Schiffen in der Namensgebung mit »New Zealand« und »Australia« nieder. Diese beiden Dominions finanzierten voll umfänglich die beiden Einheiten. Dabei beanspruchte Australien die Unterhaltung und Unterstellung »seines« Schlachtkreuzers, mit dem Hinweis, dass England im Bedarfsfall das Recht eingeräumt würde über den Schlachtkreuzer zu verfügen. Neu Seeland hingegen stellte »seinen« Schlachtkreuzer der Royal Navy direkt zur Verfügung. Das von England finanzierte Typschiff erhielt den Namen »Indefatigable«.

Name	Bauwerft	Kiellegung	Stapellauf	in Dienst
»Indefatigable«	Dockyard, Devonport	23.02.09	28.10.09	24.02.11
»New Zealand«	Fairfield, Glasgow	20.06.10	01.07.11	09.11.12
»Australia«	J. Brown, Clydebank	23.06.10	25.10.11	21.06.13

Das neue Schlachtkreuzer-Trio ist als Kopie der »Invincible«-Klasse anzusehen. Auch diese Klasse wies Schwächen auf, die bereits bei der »Invincible«-Klasse vorhanden waren. Auch ihre Standfestigkeit ließ zu wünschen übrig. Die Panzerung war zum Teil noch schwächer ausgelegt, wie es auf der »Invincible«-Klasse der Fall war. Bei einer etwas größeren Schiffslänge von 179,80 Meter hatten sie eine Konstruktionsverdrängung von 18.500 Tonnen.

Die Antriebsanlage war identisch mit derjenigen der »Invincible«-Klasse hatte aber eine Leistung von 44.000 PS. Die Geschwindigkeit blieb allerdings mit 25 Knoten gleich.

Die Bewaffnung war ebenfalls identisch mit der Ausnahme, dass jetzt drei 53,3-cm-Unterwassertorpedorohre (2 x Seite, 1 x Heck) eingerüstet waren. Außerdem waren die beiden in Schiffsmitte diagonal versetzten 30,5-cm-Türme günstiger angeordnet, wodurch eine bessere Ausnutzung des Bestreichungswinkels möglich wurde. Zudem konnten jetzt diese beiden Türme im beschränkten Maße auch nach der gegenüberliegenden Seite eingesetzt werden.

Der Schlachtkreuzer »Indefatigable« nahm an der Skagerrakschlacht teil. Im Gefecht erhielt er schwere Treffer durch den Schlachtkreuzer »Von der Tann« und teilte das Schicksal der »Invincible«. Nach einer Explosion ist das Schiff auseinandergebrochen und gesunken. Auch hier mit zwei – nach anderer Quelle vier - Mann nur wenige Überlebende bei der Besatzung.

Der Schlachtkreuzer »New Zealand« kam sowohl bei der Schlacht an der Doggerbank als auch in der Skagerrakschlacht, wo sie nur einen Treffer erhielt, zum Einsatz. Nach dem Krieg machte das Schiff von Februar 1919 bis Februar 1920 eine Weltreise und wurde anschließend außer Dienst gestellt. Im Jahr 1922 erfolgte der Verkauf zum Abbruch.

Der Schlachtkreuzer »Australia« war zunächst im Pazifik in den Gewässern von Deutsch-Neu Guinea aktiv und verlegte Ende 1914 nach England. An der Skagerrakschlacht nahm die »Australia« wegen einer Werftliegezeit nicht teil. Sie hatte am 22. April 1916 eine Kollision mit der »New Zealand«, wobei sie schwer beschädigt wurde und zur Reparatur musste. Im April / Mai 1919 kehrte der Schlachtkreuzer »Australia« nach Australien zurück, wurde dort im Dezember 1921 außer Dienst gestellt und am 12. April 1924 vor Sydney vor der australischen Küste durch Sprengladungen selbst versenkt.

Schlachtkreuzer »New Zealand«. Foto: State Library of South Australia / CC-BY-SA 2.0

Schlachtkreuzer der »Lion«-Klasse

Ende 1909 und im Laufe des Jahres 1910 legte die Royal Navy die vier Schlachtschiffe der »Orion«-Klasse auf Kiel. Mit diesen »Super-Dreadnoughts« vollzog sich auch der Übergang auf das 34,3-cm-Kaliber. Hinsichtlich des Schlachtkreuzerbaus wollte man diesbezüglich gleichziehen. Mit dem Trio der »Lion«-Klasse setzte man dieses Bestreben zeitgleich und parallel zur »Orion«-Klasse in die Tat um. Die Indienststellung der Schiffe beider Klassen konnte 1912 und 1913 vonstattengehen. Neben dem größeren Kaliber waren 27 Knoten an Geschwindigkeit eine zweite Hauptforderung an die neu zu bauenden Schlachtkreuzer. In der Royal Navy erhielten die drei Einheiten später die scherzhafte Bezeichnung »splendid cats« (prächtige Katzen).

Im Vergleich zu der »Indefatigable«-Klasse war die »Lion«-Klasse ein gewaltiger Sprung bei der Tonnage und bei der Schiffslänge. Die nun rund 213 Meter langen Schiffe hatten eine Konstruktionsverdrängung von 26.270 Tonnen. Davon abweichend waren dies bei der »Queen Mary« 27.000 Tonnen. Das waren rund 8000 Tonnen an Zuwachs. Von Nachteil war die Tatsache, dass der Defensivschutz der »Lion«-Klasse nicht in dem Maße mit angewachsen ist, wie es der Schiffsgröße, der Bewaffnung und der Kampfkraft entsprochen hätte. Das zeigte sich dann auch in tragischer Weise in der Skagerrakschlacht. Die »Queen Mary« explodierte im Feuer der deutschen Schlachtkreuzer und die »Lion« entging nur mit viel Glück demselben Schicksal.

Um die geforderte Steigerung bei der Geschwindigkeit zu erzielen, musste die Maschinenleistung auf 70.000 PS aufwachsen, was wiederum vier Satz Parsons-Turbinen ermöglichten. Die Turbinen wirkten jeweils auf eine Wel-

Name	Bauwerft	Kiellegung	Stapellauf	in Dienst
»Lion«	Dockyard, Devonport	29.11.09	06.08.10	04.06.12
»Princess Royal«	Vickers, Barrow	02.05.10	29.04.11	14.11.12
»Queen Mary«	Palmers, Newcastle	06.03.11	20.03.12	04.09.13

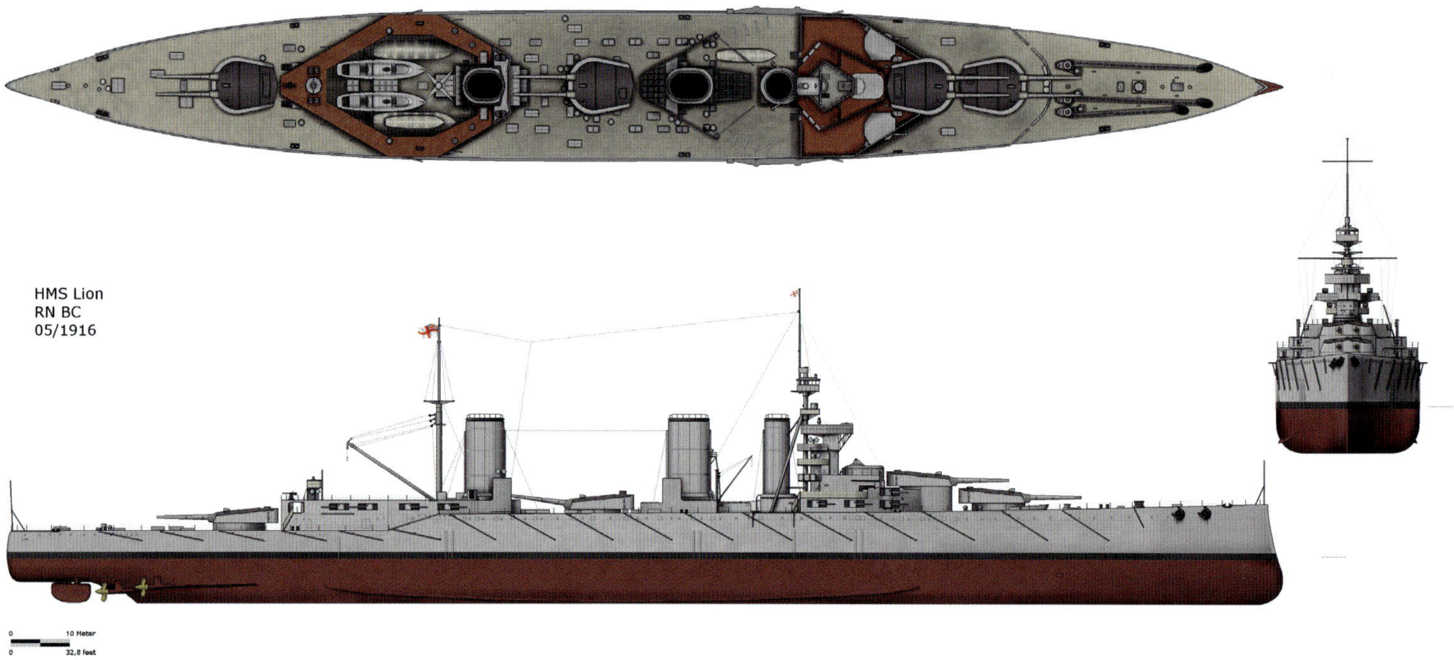

Decks- und Seitenrisse des Schlachtkreuzers »Lion«. Foto: Alexpl / CC-BY-SA 4.0

le. Ihren Dampf bezogen sie aus 42 Yarrow-Kessel. Diese waren kohlebefeuert und hatten eine Ölzusatzfeuerung.

Die Schwere Artillerie der »Lion«-Klasse bestand aus acht 34,3-cm-Geschütze des Typs 13,5 inch Mk V Naval Gun. Auf Seitentürme war bei dieser Klasse von Schlachtkreuzern verzichtet worden. Alle vier Zwillingstürme standen jetzt in der Mittschiffslinie - vorne zwei, davon einer überhöht, sowie zwischen den Schornsteinen und achtern jeweils ein Turm. Alle vier Türme konnten für eine Breitseite eingesetzt werden. Ihre Schussweite betrug 23.820 yards bzw. 21.781 Meter. Die Leichte Artillerie bestand zur Abwehr von Torpedobooten aus 16 10,2-cm-Geschützen in Kasemattenaufstellung. Im Jahr 1917

Schlachtkreuzer »Princess Royal«. Foto: Archiv Autor

erfolgte eine zusätzliche Einrüstung von Flugabwehrgeschützen. Je eine Flak im 7,6-cm- und 10,2-cm-Kaliber kamen zum Einbau. Die Anzahl der 53,3-cm-Unterwassertorpedorohre hatte sich gegenüber den Vorgängern geändert. Auf jeder Schiffsseite war ein Rohr vorhanden. Das Heckrohr war entfallen.

Alle drei Schiffe der »Lion«-Klasse waren im August 1914 an dem Vorstoß in die Deutsche Bucht und dem Seegefecht bei Helgoland beteiligt, bei dem die Kaiserliche Marine unter anderem drei Kleine Kreuzer verlor. Auch an der Schlacht an der Doggerbank waren sie Teilnehmer. Hierbei wurde die »Lion« so schwer beschädigt, dass sie von dem Schlachtkreuzer »Indomitable« nach Hause geschleppt werden musste. In der Skagerrakschlacht entging die »Lion« dank dem beherzten Eingreifen eines Turmkommandanten nur knapp einer Katstrophe. Sie erhielt insgesamt zwölf schwere Treffer. Das Schwesterschiff »Princess Royal« musste in der Seeschlacht neun schwere Treffer verkraften. Im Feuer der deutschen Schlachtkreuzer »Seydlitz« und »Derfflinger« wurde die »Queen Mary« so unglücklich getroffen, dass sie explodierte und versank. Nur sieben Besatzungsmitglieder konnten gerettet werden.

Schlachtkreuzer »Queen Mary«, der am 31. Mai 1916 in der Skagerrakschlacht versenkt wurde. Foto: Bibliothek für Zeitgeschichte

Die Schlachtkreuzer »Lion« und »Princess Royal« wurden nach dem Ersten Weltkrieg außer Dienst gestellt und im Januar 1924 bzw. im Januar 1926 zum Abbruch verkauft.

Schlachtkreuzer »Tiger«

Der Schlachtkreuzer »Tiger« sollte eigentlich das vierte Schiff der »Lion«-Klasse werden. Weil aber zwischendurch die Schwächen dieser Klasse erkannt worden waren, entschloss man sich zu einer Umkonstruktion. Gleichzeitig wurde auch eine höhere Geschwindigkeit ins Auge gefasst. Damit entstand ein Schiff, das wesentlich von der »Lion«-Klasse abwich. Eine zweite Einheit war ursprünglich noch in der Planung, deren Bau jedoch auf 1914 geschoben und dann gänzlich aufgegeben wurde.

Die Kiellegung des neuen Schlachtkreuzers erfolgte am 20. Juni 1912 bei John Brown & Co. in Clydebank. Der

Schlachtkreuzer »Tiger«. Foto: Koninklijke Marine Nederland

Der Schlachtkreuzer »Tiger« im Trockendock. Foto: Archiv Autor

Stapellauf konnte am 15. Dezember 1913 durchgeführt werden. Die Indienststellung fand nicht mehr zu Friedenszeiten statt. Sie konnte erst am 3. Oktober 1914 vollzogen werden.

Die Silhouette der »Tiger« unterschied sich deutlich von derjenigen der »Lion«-Klasse. Die drei Schornsteine waren in der Schiffsmitte enger zusammengerückt und bildeten mit den Brückenaufbauten eine kompakte optische Einheit. Der bisherige mittlere 34,3-cm-Zwillingsturm kam jetzt hinter dem letzten Schornstein überhöht zur Aufstellung, was sich für seinen Bestreichungswinkel günstiger auswirkte. Der Schiffsentwurf der »Tiger« war wesentlich beeinflusst von dem Entwurf des japanischen Schlachtkreuzers »Kongo«, der seiner Zeit bei Vickers in Barrow gebaut wurde und das letzte große Kriegsschiff der japanischen Marine war, das im Ausland entstanden ist. Dies zeigt sich deutlich in der Aufstellung der Schornsteine und der Türme der Schweren Artillerie sowie der Einrüstung einer vollwertigen Mittelartillerie. Bei der Panzerung der »Tiger« gab es keine besonderen Unterschiede zu der Vorgängerklasse. Die Konstruktionsverdrängung der »Tiger« betrug 28.430 Tonnen.

Die Antriebsanlage des Schlachtkreuzers »Tiger« weist drei Besonderheiten auf:

- erstes englisches Kriegsschiff mit Brown-Curtis-Turbinen
- erstes englisches Kriegsschiff mit einer Maschinenleistung von über 100.000 PS
- letzter englischer Schlachtkreuzer mit Kohlefeuerung

Die vier Satz Brown-Curtis-Turbinen wirkten auf vier Wellen und erhielten ihren Dampf aus 39 kohlebefeuerten und mit Ölzusatzfeuerung versehenen Babcock-Kesseln. Das Schiff erreichte mit seinen 108.000 PS eine Geschwindigkeit von 29 Knoten. Angemerkt sei, dass der Entwurf auf »nur« 28 Knoten ausgelegt war.

Die Schwere Artillerie entsprach in der Anzahl der Rohre und im Kaliber derjenigen der »Lion«-Klasse. Die Aufstellung der acht 34,3-cm-Geschütze hatte sich wie oben beschrieben verändert. Eine bedeutsame Neuerung bei der Bewaffnung war, dass die »Tiger« eine vollwertige Mittelartillerie erhielt. Zur Einrüstung kamen zwölf 6-inch-Geschütze, was dem 15,2-cm-Kaliber entspricht. Die Geschütze standen in günstiger Anordnung beidseitig im Mittschiffsbereich in Kasematten. An Leichter Artillerie waren zur Flugabwehr zwei 7,6-cm-Geschütze vorhanden. Vier noch den Seiten ausgerichtete 53,3-cm-Unterwassertorpedorohre ergänzten die Bewaffnung.

Der Schlachtkreuzer »Tiger« war an der Schlacht an der Doggerbank beteiligt, wo sie zwei schwere Treffer erhielt. In der Skagerrakschlacht musste das Schiff 17 schwere und vier mittlere Einschläge verkraften. Von 1919 bis 1922 gehörte die »Tiger« zur englischen Atlantikflotte und kam von 1924 bis 1929 als Artillerieschulschiff zum Einsatz. Danach ersetzte sie bis 1931 den wegen Modernisierungs- und Umbauarbeiten nicht verfügbaren Schlachtkreuzer »Hood« bei dem Battle Cruiser Squadron. Die »Tiger« wurde am 30. März 1931 außer Dienst gestellt. Im Folgejahr erfolgte der Verkauf zum Abbruch.

Schlachtkreuzer der »Renown«-Klasse

Schlachtkreuzer »Renown«. Foto: US National Archives and Records Administration

Die Entstehung der beiden Schlachtkreuzer der »Renown«-Klasse – häufig auch als »Repulse«-Klasse bezeichnet - kann man fast schon als zufällig bezeichnen. Ursprünglich waren sie im Bauprogramm der Schlachtschiffe der »Revenge«-Klasse vorgesehen, fielen dort einer Annullierung zum Opfer, wurden dann als Schlachtkreuzer umklassifiziert, umkonstruiert und dann doch noch gebaut.

Diese etwas ungewöhnliche Entstehungsgeschichte beschreibt Siegfried Breyer in seinem Buch »Schlachtschiffe und Schlachtkreuzer 1905-1970« auf der Seite 176 wie folgt: »Kurz vor Beginn des Ersten Weltkrieges hatte sich die britische Marine dem Schnellen Schlachtschiff (Anm.d.Verf.: »Queen Elizabeth«-Klasse) als neuer Entwicklungsstufe zugewandt, und es schien zunächst, als sei damit der Typ des Schlachtkreuzers aufgegeben worden. Wahrscheinlich hätte sich diese neue Entwicklungsrichtung behauptet, wenn der Krieg ihr nicht entgegengewirkt hätte: Die Überbewertung des Erfolgs von »Invincible« und »Inflexible« gegen das deutsche Kreuzergeschwader unter Graf Spee vor den Falkland-Inseln führte zu dem - namentlich von Lord Fisher verfochtenen - Projekt, zwei weitere Schlachtkreuzer zu bauen. Man entschloss sich daher, zwei als Schlachtschiffe der »Revenge«-Klasse vergebene, inzwischen aber wieder annullierte Bauten in Schlachtkreuzer umzukonstruieren, da die seinerzeit damit beauftragten ‚Werften für sie zum Teil bereits erhebliche Materialmengen bereitgestellt hatten. Innerhalb von zehn Tagen - noch im Dezember 1914 – lag der neue Typentwurf vor, und nachdem dieser genehmigt worden war, begannen unverzüglich die Konstruktionsarbeiten. (…) Lord Fisher wünschte beide Schiffe nach nur 15 Monaten Bauzeit fahrbereit zu haben; die tatsächliche Bauzeit betrug jedoch 19-20 Monate. Immer noch ein Rekord für Kriegsschiffe dieser Größenordnung!«

Dem Ersten Seelord Admiral Fisher schwebte ein Schiff vor, das 32 Knoten schnell war, an Schwerer Artillerie 38,1-cm-Geschütze hatte und einen nur mäßigen Panzerschutz aufwies. In wenigen Tagen war der Entwurf fertig und im Januar 1915 schon die Kiellegung der beiden Einheiten. Ihre Konstruktionsverdrängung belief sich auf 27.650 Tonnen. In der Schiffslänge gab es gegenüber der »Tiger« nochmals eine Steigerung von rund 28 Meter. Der Panzerschutz und die Schutzeinrichtungen sind, wie bislang bei allen englischen Schlachtkreuzern, nur als mäßig zu bezeichnen. Die beiden Schiffe erhielten deswegen in der Royal Navy auch die nicht ganz so liebevolle und abschätzige Bezeichnung »tin cans« (Blechdosen). Auch die Verbände zeigten erschreckende Schwachstellen. Den gewaltigen Rückstoßkräften der Schweren Artillerie waren sie nur schwerlich gewachsen. Wegen ständiger Reparaturen, Störungen und Umbauten mussten die beiden Schlachtkreuzer häufig in die Werft. Das brachte ihnen wiederum den zweiten Spitznamen als »HMS Refit and

Name	Bauwerft	Kiellegung	Stapellauf	in Dienst
»Repulse«	J. Brown, Clydebank	25.01.15	08.01.16	18.08.16
»Renown«	Fairfield, Glasgow	25.01.15	04.03.16	20.09.16

Schlachtkreuzer »Repulse«. Foto: W.J. Moore

Repair« (HMS Umbau und Reparatur) ein. Andererseits wiederum hatten die beiden Schlachtkreuzer eine formschöne und schnittige Silhouette, die von zwei mächtigen Schornsteinen, langgezogene flache Aufbauten und den drei 38,1-cm-Türmen dominiert wurde.

Die »Renown«-Klasse war mit vier Satz Brown-Curtis-Turbinen ausgestattet, die auf vier Wellen wirkten. Die Dampferzeugung geschah in 42 Babcock-Kessel mit Ölfeuerung. Die Maschinenleistung betrug 112.000 PS. Bei den Probefahrten erreichte die »Renown« eine Geschwindigkeit von 32,68 Knoten. Die »Repulse« blieb mit 31,7 Knoten leicht unter der Bauvorgabe von 32 Knoten.

Die Bewaffnung bestand bei der Schweren Artillerie aus sechs 38,1-cm-Geschützen des Typs 15 inch Mk I Naval Gun, wie sie auch auf den Schlachtschiffen der »Queen Elizabeth«- und der »Revenge«-Klasse eingerüstet war. Die Schussweite dieser Geschütze betrug 33.550 yards bzw. 30.678 Meter. Die Türme standen in der Mittschiffslinie: zwei vorne, einer achtern. An Leichter Artillerie waren zur Torpedobootabwehr 17 10,2-cm-Geschützen vorhanden. Zwei 7,6-cm-Geschütze dienten der Flugabwehr. Zwei nach der Seite ausgerichtete 53,3-cm-Unterwassertorpedorohre ergänzten die Bewaffnung der Schlachtkreuzer der »Renown«-Klasse.

Nach ihrer Indienststellung gehörten die beiden Schlachtkreuzer zur 1. Battle Cruiser Squadron in der Grand Fleet. An dem ergebnislos verlaufenden sogenannten Zweiten Seegefecht bei Helgoland am 17. November 1917 war nur die »Repulse « beteiligt. Die »Renown« hatte im Ersten Weltkrieg keinen großen Kampfeinsatz. In der Zwischenkriegszeit waren die beiden Schlachtkreuzer auf vielfältige Art und Weise in den Flottendienst der Royal Navy eingebunden und unterlagen zahlreichen Modernisierungen und Umbauten. Im Zweiten Weltkrieg ist die »Repulse« am 10. Dezember 1941 vor der Küste von Malaya bei japanischen Luftangriffen gesunken. Die »Renown« überlebte den Zweiten Weltkrieg und wurde 1948 verkauft und abgewrackt.

Schlachtkreuzer »Hood«

Schlachtkreuzer »Hood«. Foto: Allan C. Green

Im Januar 1915 wurde in Deutschland der Schlachtkreuzer »Mackensen« als Typschiff einer neuen Klasse auf Kiel gelegt. In England nahm man dies zum Anlass selbst wieder eine neue Bauserie von Schlachtkreuzern aufzulegen. Diese neuen Schlachtkreuzer sollten sowohl der schon vorhandenen deutschen »Derfflinger«-Klasse wie auch der nun in Bau gegebenen »Mackensen«-Klasse überlegen sein. Hauptarmierung, Panzerung und Antriebsanlage sollten sich an den Schlachtschiffen der »Queen Elizabeth«-Klasse orientieren. Die Entwürfe waren bereits im April 1916 fertig und im gleichen Monat wurde der Bauauftrag für vier Einheiten vergeben.

In der Skagerrakschlacht musste die Royal Navy am 31. Mai 1916 den Verlust von drei Schlachtkreuzern - »Invincible«, »Indefatigable« und »Queen Mary« - hinnehmen. Erste Untersuchungen ergaben, dass von Treffern ausgelöste Pulverbrände auf die Munitionskammern übergegriffen hatten und die dort lagernde Munition und in Folge dann das ganze Schiff haben explodieren lassen. Die Schwäche der englischen Schlachtkreuzer war mit diesen Verlusten gnadenlos aufgedeckt worden.

Für die seit dem 31. Mai 1916, dem Tag an dem sich auch die Skagerrakschlacht abspielte – es besteht kein Zusammenhang zwischen beiden Ereignissen – sich bei der Werft J. Brown in Clydebank im Bau befindliche »Hood« bedeutete dies eine Reihe von nachträglichen Änderungen und Verbesserungen, um vor allen Dingen die Standfestigkeit zu erhöhen. Hierzu gehörten eine generelle Anhebung der Panzerstärken, Ausweitung des verstärkten Seitenpanzers auf das Vor- und Achterschiff, Einbau von weiteren Panzerlängsschotten und Panzerquerschotten, Maßnahmen auf dem Gebiet des Brandschutzes sowie eine Überarbeitung des gesamten Leckabwehrsystems. Dies alles hatte zur Folge, dass sich die Konstruktionsverdrängung von den ursprünglich vorgesehenen 36.400 auf 42.670 Tonnen erhöhte. Allerdings erwiesen sich nun die bereits gefertigten Teile für die »Hood« als nicht mehr brauchbar.

Am 1. September 1916 folgte demnach eine zweite Kiellegung. Der Stapellauf war am 22. August 1918. Die Indienststellung zog sich bis zum 5. März 1920 hin. Die drei geplanten Schwesterschiffe »Rodney«, »Howe« und »Anson« wurden schon während der Bauphase der »Hood« annulliert und nicht mehr auf Kiel gelegt, nachdem man erkannt hatte, dass auch in Deutschland der Weiterbau der »Mackensen«-Klasse gestoppt wurde. Nach einer anderen Quelle sollen am 9. Oktober 1916, 16. Oktober 1916 und 9. November 1916 doch noch Kiellegungen stattgefunden haben.

Der Antrieb der »Hood« bestand aus vier Satz Brown-Curtis-Turbinen, die auf vier Wellen wirkten. Den Dampf erzeugten 24 ölbefeuerte Yarrow-Kessel. Damit erzeugte die Anlage eine Maschinenleistung von 144.000 PS. Ein Probefahrtergebnis brachte 31,07 Knoten an Geschwindigkeit.

Die Bewaffnung des Schlachtkreuzers »Hood« bestand aus acht 38,1-cm-Geschützen des Typs 15 inch Mk I Naval Gun, die in vier in der Schiffsmittellinie stehenden Zwillingstürmen eingerüstet waren. Die Geschütze hatten eine Schussweite von 33.550 yards bzw. 30.680 Meter. Als Mittelartillerie kamen zwölf 14-cm-Geschütze an Bord. Als Leichte Artillerie waren zur Flugabwehr vier 10,2-cm-Geschütze vorhanden. Im Laufe ihrer Dienstzeit wechselte die Bewaffnung der »Hood« im Bereich der Mittelartillerie und der leichten Artillerie mehrmals. Mit sechs 53,3-cm-Torpedorohren war eine recht starke Torpedobewaffnung vorhanden. Zwei Rohre waren unter Wasser als Seitenrohre und zeitweise vier als Überwasserrohrssätze eingerüstet.

Die »Hood« war in ihrer Zeit zwar nicht das stärkste, aber doch das größte Kriegsschiff der Welt, was ihr in der Royal Navy den Spitznamen »The Mighty Hood« (Die mächtige Hood) einbrachte. Sie wurde der englischen Atlantikflotte zugeteilt. In den Jahren 1928-1931 fand eine Grundüberholung und Modernisierung statt. Im Zweiten Weltkrieg war der Schlachtkreuzer im Mittelmeer und in den Heimatgewässern im Einsatz. Am 24. Mai 1941 stieß die »Hood« im Verband mit dem neuen Schlachtschiff »Prince of Wales« fahrend in der Dänemarkstraße auf den deutschen Verband des Schlachtschiffes »Bismarck« und des Schweren Kreuzers »Prinz Eugen«. In dem sich entwickelnden nur wenige Minuten dauernden Gefecht wurde die »Hood« so schwer getroffen, dass sie explodierte und sank. So widerfuhr ihr das gleiche Schicksal aus den gleichen Ursachen wie fast auf den Tag genau 25 Jahre zuvor den Schlachtkreuzern »Invincible«, »Indefatigable« und »Queen Mary« in der Skagerrakschlacht.

Schlachtkreuzer, England

Name	»Invincible«-Klasse	»Indefatigable«-Klasse	»Lion«-Klasse	»Tiger«	»Renown«-Klasse	»Hood«
Haushaltsjahr	1905	1908	1909 und 1910	1911	1914	1916
Anzahl der Schiffe	3	3	3	1	2	1
Verdrängung (max) (t)	19.135 bis 20.125	22.080	29.680	35.160	32.200	45.200
Länge x Breite x Tiefgang (m)	172,92 x 23,92 x 8,16	179,80 x 24,40 x 8,10	213,40 x 26,90 x 8,80	214,57 x 27,53 x 8,53	242,21 x 27,45 x 9,07	262,10 x 31,70 x 8,70
Besatzungsstärke	784	800	997	1121	842	1477
Antrieb	4 x Dampfturbine	4 x Dampfturbine	4 x Dampfturbine	4 x Dampfturbine	4 x Dampfturbine	4 x Dampfturbine
Antriebsleistung (PS)	41.000	44.000	70.000	108.000	112.000	144.000
Wellen / Ruder	4 / 2	4 / 2	4 / 2	4 / 2	4 / 1	4 / 1
Geschwindigkeit (kn)	25	25	27	29	32	31
Bunkerkapazität Kohle (t)	3084	3170	3500 / 3700 (*)	3320	-----	-----
Bunkerkapazität Öl (t)	725	840	1155 / 1130 (*)	3480	4243	4000
Fahrstrecke (sm / kn)	3090 / 10	6330 / 10	5610 / 10	4650 / 10	3650 / 10	4000 /10
Artillerie (cm)	8 x 30,5 / 16 x 10,2	8 x 30,5 / 16 x 10,2	8 x 34,3 / 16 x 10,2 / 14 x 10,2 (*) / 1 x 7,6 / 1 x 10,2 (**)	8 x 34,3 / 12 x 15,2 / 2 x 7,6	6 x 38,1 / 17 x 10,2 / 2 x 7,6	8 x 38,1 / 12 x 14 / 4 x 10,2
Torpedorohre (cm)	5 x 45,7	3 x 53,3	2 x 53,3	4 x 53,3	2 x 53,3	6 x 53,3
Panzerung (max) (mm) vertikal / horizontal / Türme / Kommandostand	254 / 64 / 178 / 254	152 / 51 / 178 / 254	229 / 65 / 229 / 254	229 / 51 / 229 / 254	152 / 76 / 279 / 254	305 / 51 / 380 / 305
Anmerkungen	(*) Werte gelten nur für den Schlachtkreuzer »Queen Mary«, hier auch Schiffsbreite von 27,10 Meter, (**) spätere Nachrüstungen					

1.2.2 Schlachtkreuzer, Deutschland

Schlachtkreuzer »Von der Tann«

Schlachtkreuzer »Von der Tann«. Foto: B. Hopkins

Nachdem der Bau des englischen Schlachtkreuzers »Invincible«, der, genau wie zuvor die »Dreadnought« bei den Linienschiffen, nun bei den Kreuzern einen Quantensprung im Kriegsschiffbau darstellte, in Deutschland bekannt geworden war und man erkannt hatte, dass der gerade im Bau befindliche Große Kreuzer »Blücher« kein rechtes Gegenstück dazu darstellte, reagierte man rasch. Innerhalb eines Jahres wurde als direkte Antwort auf die englische Entwicklung ein neuer Typ eines Großen Kreuzers geschaffen. So die offizielle korrekte deutsche Typbezeichnung. Im Vergleich mit England ist dieses Schiff jedoch als Schlachtkreuzer anzusprechen. Die Klassifizierung Schlachtkreuzer war aber in Deutschland nicht üblich und auch nicht offiziell.

Die Kiellegung des neuen Schiffes erfolgte am 21. März 1908 bei der Blohm+Voss in Hamburg. Fast auf den Tag genau fand ein Jahr später am 20. März 1909 der Stapellauf statt. Am 1. September 1910 ging der auf den Namen »Von der Tann« getaufte erste Schlachtkreuzer der Kaiserlichen Marine in Dienst.

Gegenüber dem Vorgänger, dem Großen Kreuzer »Blücher«, waren beim Schlachtkreuzer »Von der Tann« ein größeres Kaliber bei der Schweren Artillerie, eine stärkere Panzerung und eine höhere Geschwindigkeit bestimmende Merkmale.

Erstmals kam in Deutschland nach den Torpedobooten »S 125« und »G 137« sowie den Kleinen Kreuzern »Lübeck«, »Stettin« und »Dresden« nun auch bei einem Großkampfschiff ein Turbinenantrieb zum Einbau. Ab der »Kaiser«-Klasse sollte diese Antriebsart auch bei den Linienschiffen Verwendung finden.

Ebenfalls erstmalig war bei der »Von der Tann« auch die Auslegung als Vierwellenschiff. Im Hinblick auf ihren »englischen Vorgänger« waren eine Mittelartillerie, stärkere Panzerung sowie bessere Innenaufteilung und damit höhere Standfestigkeit vorhanden.

Der in Quer- und Längsspantenbauweise durchgeführte Stahlbau des Schlachtkreuzers »Von der Tann« hatte 15

Der Schlachtkreuzer »Von der Tann« nach seiner Bergung im Jahr 1930. Foto: Archiv Autor

wasserdichte Abteilungen. Der Gürtelpanzer war gegenüber dem Großen Kreuzer »Blücher« angewachsen Es wies eine Stärke von 100 bis 250 Millimeter auf. Das horizontale Panzerdeck war mit 50 Millimeter dagegen etwas schwächer ausgelegt. Der erstmals gemachte Versuch mit dem Einbau von Schlingertanks hat sich nicht bewährt. Sie wurden durch nachträglich angebaute Schlingerkiele in ihrer Funktion ersetzt und dann als zusätzliche Kohlebunker genutzt. Die Konstruktionsverdrängung der »Von der Tann« betrug 19.370 Tonnen.

Der Schlachtkreuzer »Von der Tann« war ein sehr gutes Seeschiff mit angenehmen Bewegungen und guten Dreh- und Manövriereigenschaften. Allerdings drehte das Schiff schwer an. Infolge des relativ niedrigen Freibords nahm der Schlachtkreuzer bei höheren Fahrtstufen viel Wasser über. Dies wirkte sich bei der Schweren Artillerie nachteilig auf die beiden vorderen Türme aus. Als einziges Schiff der Kaiserlichen Marine hatte die »Von der Tann« die Offizierswohnräumen im Vorschiff.

Mit dem Schlachtkreuzer »Von der Tann« erhielt, wie schon gesagt, die Kaiserliche Marine erstmals ein Großkampfschiff mit Dampfturbinenantrieb. Dieser hatte, wie im »Handbuch der Deutschen Marine und der Seestreitkräfte des Auslands« auf der Seite 338 aufgelistet ist, folgende Vorteile:

- Gewichtsgewinn
- Raumgewinn, da die Turbine höchstens ein Viertel der Höhe einer Kolbenmaschine braucht
- vibrationsloseres Arbeiten des Schiffes
- Möglichkeit der rationellen Geschwindigkeitssteigerung bei dem jetzigen Stand der Technik zurzeit nur auf diesem Wege
- ruhigeres, zuverlässigeres Arbeiten der Maschinenanlage bei weniger Wartung
- Ersparung an Schmiermaterial

Zu ergänzen sind weitere Vorteile wie weniger Maschinenpersonal, einfachere Bedienung der Anlagen und höhere Leistung. Von Nachteil war allerdings der höhere Kohleverbrauch bei niedrigen Fahrstufen.

Zwei Satz Parsons-Turbinen in vier Maschinenräumen wirkten auf vier Wellen und wurden von 18 kohlebefeuerten Kesseln mit Dampf versorgt. Mit ihren 79.007 PS erreichte die »Von der Tann« eine Geschwindigkeit von 27 Knoten. Die Drehzahlen von Turbinen und Schrauben waren gleich. Über zwei Schornsteine erfolgte die Ableitung von Rauch und Abgasen.

Die Schwere Artillerie des Schlachtkreuzers »Von der Tann« bestand aus acht Geschützen 28 cm SK L/45 in vier Zwillingstürmen. Deren Schussweite betrug 18.900 Meter. Die Aufstellung der Türme erfolgte mit je einem Turm vorne und achtern. Die beiden übrigen Türme standen, wie auch auf den Linienschiffen der »Kaiser«-Klasse der Fall, diagonal zueinander angeordnet an Steuerbord und Backbord im Mittelschiffsbereich. Diese Aufstellung erlaubte die gesamte Schwere Artillerie in eine Breitseite einzubringen.

Die Mittelartillerie war mit zehn Geschützen 15 cm SK L/45 in Kasematten untergebracht. Die 16 Geschütze 8,8 cm SK L/45 der Leichten Artillerie standen sowohl beidseitig in sogenannten Schwalbennestern am Bug und Heck als auch freistehend mit Schutzschilden versehen an Oberdeck. Im Laufe des Krieges wurden die 8,8-cm-Geschütze in der Anzahl reduziert und durch Flak-Geschütze gleichen Kalibers ausgetauscht. Die Kasematten wurden dicht gesetzt.

Die Torpedobewaffnung entsprach mit vier Unterwasserrohren derjenigen des Großen Kreuzers »Blücher« (1 x Bug ↓, 1 x Stb ↓, 1 x Bb ↓, 1 x Heck ↓). Die anfangs vorhandenen Torpedoschutznetze kamen 1916 wieder von Bord. Diese Maßnahme wurde auch auf den anderen Großkampfschiffen der Kaiserlichen Marine durchgeführt. Man befürchtete, dass sich die Netze bei einem unglücklichen Artillerietreffer lösen könnte und dann in die Schrauben geraten würden. Einen dieser Befürchtung entsprechenden Vorfall gab es während der Skagerrakschlacht auf dem Schlachtkreuzer »Derfflinger«.

Nach der Indienststellung war der Schlachtkreuzer »Von der Tann« im normalen damals typischen Flottendienst mit Manövern, Übungen und Auslandsreisen eingesetzt. Letztere führten das Schiff bis nach Südamerika. Unterstellt war die »Von der Tann« dem Verband der Aufklärungsschiffe. Nach Kriegsausbruch erfolgte der Einsatz des Schlachtkreuzers überwiegend in der Nordsee, zeitweise aber auch in der Ostsee. In der Skagerrakschlacht versenkte die »Von der Tann« den englischen Schlachtkreuzer »Indefatigable«. Sie erhielt in der Seeschlacht aber auch selbst vier schwere Treffer. Danach kam es nur noch vereinzelt zu Einsätzen des Schiffes in der Nordsee. Gemäß den Waffenstillstandsbedingungen war der Schlachtkreuzer »Von der Tann« abzuliefern und zwecks Internierung im November 1918 nach Scapa Flow zu überführen. Am 21. Juni 1919 wurde das Schiff dort durch die eigene Besatzung versenkt. Im Jahre 1930 erfolgte die Bergung und der anschließende Abbruch des gehobenen Wracks.

Schlachtkreuzer der »Moltke«-Klasse

Der Schlachtkreuzer »Von der Tann« war noch im Bau, als das Konstruktionsamt der Kaiserlichen Marine mit Blick auf den forciert anlaufenden englischen Schlachtkreuzerbau schon mit dem Amtsentwurf 1907-08 einen neuen und leicht verbesserten Entwurf für eine weitere Klasse von Schlachtkreuzern vorlegte.

Die Stahlbauten in Quer- und Längspantenbauweise besaßen 15 wasserdichte Abteilungen. Der Gürtelpanzer der Schlachtkreuzer der »Moltke«-Klasse war gegenüber von »Von der Tann« verstärkt worden und umfasste 100 bis 270 Millimeter. Die Stärke des Panzerdecks blieb bei 50 Millimeter. Standfestigkeit und Sinksicherheit waren wesentliche Vorgaben für den Schiffsentwurf gewesen. Entsprechend erhöhte sich deutlich die Konstruktionsverdrängung auf 22.979 Tonnen.

»Moltke« und »Goeben« waren gute Seeschiffe mit ruhigen Bewegungen, aber weniger gut ausgeprägten Dreh- und Manövriereigenschaften. Die verlängerte Back war nicht so nass wie auf dem Schlachtkreuzer »Von der Tann«, was der vorderen Schweren Artillerie zu Gute kam.

Die Anordnung der beiden Ruderblätter war auf den beiden Großen Kreuzern der »Moltke«-Klasse etwas ungewöhnlich. Sie waren hintereinander als sogenannte Haupt- und Hilfsruder eingebaut. Der Grund für diesen sonderbaren Einbau war das schlanke Achterschiff der Schiffe, das zwei parallel nebeneinanderliegende Ruder nicht zuließ.

Zwei Satz Parsons-Turbinen in vier Maschinenräumen wie auf der »Von der Tann« und 24 kohlebefeuerten Kesseln als Dampferzeuger bildeten die Antriebsanlage. Allerdings hatten »Moltke« mit 85.782 PS und »Goeben« mit 85.661 PS leistungsstärkere Turbinen. Sie wirkten wieder auf vier Wellen. Für den Abzug von Rauch und Abgasen sorgten zwei Schornsteine.

Name	Bauwerft	Kiellegung	Stapellauf	in Dienst
»Moltke«	Blohm+Voss, Hamburg	23.01.09	07.04.10	30.09.11
»Goeben«	Blohm+Voss, Hamburg	12.08.09	28.03.11	02.07.12

Schlachtkreuzer »Moltke«. Foto: Archiv Autor

Die Schwere Artillerie wurde mit einer neuen moderneren Varianten von 28-cm-Geschützen eingebaut und gleichzeitig in der Anzahl der Geschütze vermehrt. Sie umfasste jetzt zehn Geschütze 28 cm SK L/50 in fünf Zwillingstürmen, die eine Schussweite von 18.100 Meter aufwiesen. Die Aufstellung war identisch zu der Aufstellung der Schweren Artillerie auf den Linienschiffen der »Kaiser«-Klasse. Achtern war ein Turm überhöht aufgestellt. Alle fünf Türme konnten an einer Breitseite mitwirken. Man war sich sicher, trotz des kleineren Kalibers bei der Schweren Artillerie den mit acht 30,5-cm-Geschützen ausgerüsteten englischen Schlachtkreuzern zumindest ebenbürtig, wenn nicht sogar überlegen zu sein, zumal den deutschen Granaten eine größere Sprengwirkung zugeschrieben wurde.

Auch die Mittelartillerie war in der Anzahl um zwei Geschütze erhöht worden. Sie umfasste insgesamt zwölf Geschütze 15 cm SL L/45 in Kasemattenaufstellung. Dagegen kam es bei der Leichten Artillerie zu einer Reduzierung. Sie war nur noch mit zwölf Geschützen 8,8 cm SK L/45 in Kasemattenaufstellung und in freier Oberdecksaufstellung mit Schutzschild vertreten. Ab 1916 bestand sie nur noch aus vier 8,8 cm Flak L/45. Vier 50-cm-Unterwasserrohre (1 x Bug ↓, 1 x Stb ↓, 1 x Bb ↓, 1 x Heck ↓) bildeten die Torpedobewaffnung.

Die Originalbildunterschrift lautet: German Battlecruiser SMS Moltke visiting New York in 1912. Foto: Bain News Service

Nach seiner Indienststellung und dem Abschluss der Erprobungen war der Schlachtkreuzer »Moltke« auf einer Auslandsreise an der amerikanischen Ostküste und danach Begleitkreuzer der Kaiseryacht »Hohenzollern«. Ab Sommer 1912 bis zum Juni 1914 war dann wieder ganz normaler Flottendienst als Flaggschiff des Befehlshabers der Aufklärungsschiffe mit Manövereinsätzen und Auslandsreisen angesagt.

Nach Kriegsausbruch nahm die »Moltke« an mehreren Einsätzen und Flottenvorstößen in der Nordsee teil. Im Jahre 1915 erfolgte ein Vorstoß in den Rigaischen Meerbusen. Der Schlachtkreuzer war als Teilnehmer in der Skagerrakschlacht beteiligt und musste vier Treffer hinnehmen. Danach führte das Schiff wieder Einsätze in der Nord- und Ostsee durch. Im April 1918 erlitt der Schlachtkreuzer auf See eine schwere mit dem Verlust einer Schraube einhergehende Maschinenhavarie. Kaum war der ursächliche Turbinenausfall behoben und das Schiff wieder in Fahrt gekommen, wurde die »Moltke«

durch das englische U-Boot »E 42« topediert. Mit etwa 1700 Tonnen Wasser im Schiff konnte sie aber sicher im Schlepp nach Wilhelmshaven eingebracht werden.

Der Schlachtkreuzer »Moltke« gehörte zu den gemäß den Waffenstillstandsbedingungen abzugebenden Schiffen und musste im November 1918 nach Scapa Flow in die Internierung verlegen, wo der Schlachtkreuzer am 21. Juni 1919 durch die eigene Besatzung versenkt wurde. Im Jahre 1927 gehoben, wurde das Wrack 1929 abgebrochen.

Mit Hintergrund des Ersten Balkan-Krieges verlegte der Schlachtkreuzer »Goeben« im November 1912 in das Mittelmeer. Angesichts der politischen Entwicklung und des Ausbruchs des Zweiten Balkan-Krieges verblieb das Schiff in der dortigen Krisenregion und befuhr überwiegend den östlichen Teil des Mittelmeeres. Zusammen mit dem Kleinen Kreuzer »Breslau« bildete es die deutsche Mittelmeer-Division.

Durch den Kriegsausbruch bedingt, musste der Schlachtkreuzer »Goeben« zusammen mit dem Kleinen Kreuzer »Breslau« in die Türkei durchbrechen. Die beiden deutschen Schiffe wurden am 16. August 1914 formal von der türkischen Marine übernommen und in »Yavuz Sultan Selim« und »Midilli« umbenannt.

Mit weiterhin deutschen Besatzungen kamen sie in Einsätzen im Rahmen deutsch-türkischer Seekriegsführung im Schwarzen Meer gegen Russland zum Einsatz. Die »Goeben« war dabei in verschiedene Gefechte verwickelt und wurde dabei auch mehrmals beschädigt. Sie konnte aber immer wieder gefechtsklar gemacht werden. Nach dem Krieg war die ehemalige »Goeben« einige Jahre nicht fahrbereit, wurde dann überholt und blieb bis in die 1950er Jahre aktiver Bestandteil der türkischen Marine, zuletzt als außer Dienst gestelltes Traditionsschiff.

Anfang der 1960er Jahre gab es Verhandlungen mit der Bundesrepublik Deutschland zwecks Rückkaufs und Erhaltung des letzten noch existierenden Schlachtkreuzers der »Invincible«-Ära als Museumsschiff. Das Ergebnis war negativ. Die Chance des Erhalts eines marine- und schiffbauhistorischen Schiffes war damit vertan. Am 7. Juni 1973 stellte die »Yavuz« auch als türkisches Traditionsschiff endgültig außer Dienst und wurde danach abgebrochen.

Das weitere Schicksal des Kleinen Kreuzers »Breslau« / »Midilli« wird im nachfolgenden Kapitel zu den Kleinen Kreuzern beschrieben.

Schlachtkreuzer »Goeben«. Foto: Archiv Autor

Schlachtkreuzer »Seydlitz«. Foto: Archiv Autor

Der Schlachtkreuzer »Seydlitz« war eine gelungene Weiterentwicklung der beiden vorangegangenen Schlachtkreuzern der »Moltke«-Klasse. Insbesondere wurden schiffbauliche Maßnahmen zur Erhöhung der Standfestigkeit und Sinksicherheit vorgenommen, einem Teilbereich des Kriegsschiffbaus, den zum Beispiel der englische Kontrahent allerdings bei seinen Schlachtkreuzern als nicht so wichtig ansah.

»Der Bau des Schiffes wurde durch einen Spionagefall überschattet. Ein Ingenieur der Bauwerft hatte einen Bauplansatz nach Großbritannien verkauft. Merkwürdigerweise zogen die Briten hinsichtlich der Sinksicherheit der deutschen Schiffe daraus keine Folgerungen.« (Hildebrandt / Röhr / Steinmetz, Die deutschen Kriegsschiffe, Band 5, Seite 122)

Die Kiellegung des Schlachtkreuzers »Seydlitz« erfolgte 4. Februar 1911 auf der Werft Blohm+Voss in Hamburg, wo schon ein Jahr später am 30. März 1912 der Stapellauf stattfinden konnte. Nach 14 Monaten stellte der Schlachtkreuzer « am 22. Mai 1913 in Dienst.

Der in Quer- und Längsspantenbauweise gefertigte Stahlbau hatte 17 wasserdichte Abteilungen, was zu einer deutlichen Verbesserung der Standfestigkeit führte. Die Panzerung war gegenüber den Vorgängern wieder verstärkt worden. Die Stärke des Gürtelpanzers reichte von 100 bis 300 Millimeter. Das Panzerdeck war 30 bis 80 Millimeter dick. Wie richtig und wichtig die verstärkte Panzerung und die wasserdichten Schiffsunterteilungen waren, sollte sich im Krieg erweisen.

In seinen Abmessungen war der Schlachtkreuzer »Seydlitz« rund 14 Meter länger, jedoch einen Meter schmäler als die »Moltke«-Klasse. Ferner wies das Schiff bei der Tonnage ein Plus von rund 2000 Tonnen auf. Die Konstruktionsverdrängung betrug jetzt 24.988 Tonnen.

Das um ein Deck höhere Vorschiff führte generell zur Verbesserung der Seeeigenschaften. So war die »Seydlitz« wieder ein gutes Seeschiff mit ruhigen Bewegungen, aber mit weniger gut ausgeprägten Dreh- und Manövriereigenschaften.

Zwei Satz Marine-Turbinen in vier Maschinenräumen wurden durch 27 kohlebefeuerten Kessel mit Dampf versorgt. Wie seine Vorgänger hatte der Schlachtkreuzer »Seydlitz« vier Wellen und zwei Schornsteine als auch – wie schon bei »Molteke« und »Goeben« vorhanden - die

Der in der Skagerrakschlacht schwer angeschlagene Schlachtkreuzer »Seydlitz« erreichte nur mit Müh und Not Wilhelmshaven. Zur Entlastung des tief abgesackten Vorschiffs musste rückwärts manövriert werden. Außerdem wurde aus gleichem Grund der vordere 28-cm-Turm nach der Ankunft in Wilhelmshaven demontiert. Foto: Archiv Autor

ungewöhnliche Ruderanordnung von zwei hintereinander liegenden Ruderblättern.

Die gesamte Artillerie- wie auch die Torpedobewaffnung entsprachen bei Kaliber, Anzahl und Aufstellung ebenfalls den beiden Schlachtkreuzern der »Moltke«-Klasse. Obwohl die Royal Navy zwischenzeitlich bei ihren Neubauten der Schlachtkreuzer der »Lion«-Klasse auf ein 34,3-cm-Kaliber gegangen war, ist man in Deutschland bei der »Seydlitz« weiterhin beim 28-cm-Kaliber stehen geblieben. Die genannte englischen Schiffsklasse ist daher als wesentlich kampfkräftiger zu bewerten.

Der Schlachtkreuzer »Seydlitz« war nach Kriegsausbruch von Anfang an am Geschehen der Kampfhandlungen beteiligt und kam in der Nordsee bei mehreren Flottenvorstößen und praktisch bei allen größeren Unternehmungen zum Einsatz.

In der Schlacht an der Doggerbank wurde das Schiff durch Artilleriebeschuss schwer beschädigt. Dabei brannten zwei 28-cm-Türme aus. Durch noch rechtzeitiges Fluten der Munitionskammern konnte schlimmeres verhütet werden.

Während der Skagerrakschlacht versenkte der Schlachtkreuzer »Seydlitz« zusammen mit dem Schlachtkreuzer »Derfflinger« den englischen Schlachtkreuzer »Queen Mary«. Allerdings erlitt die »Seydlitz« im Verlaufe der Seeschlacht erneut schwerste Beschädigungen. Wieder brannten zwei der 28-cm-Türme nach Granateinschlägen vollkommen aus ohne jedoch, wie es bei der »Queen Mary« der Fall war, zu explodieren. Die nach der Schlacht an der Doggerbank neu eingebauten Sicherheitsvorkehrungen hatten dies verhindert. Außerdem musste das Schiff neben weiteren Artillerietreffern noch einen Torpedotreffer verkraften.

Der Schlachtkreuzer konnte dennoch durch eine seemännische und technische Meisterleistung von Kommandant und Besatzung mit eigener Kraft bei geringer Fahrt von nur sieben Knoten und mit 5300 Tonnen Wasser im Schiff nach Wilhelmshaven zurückgebracht werden. Bei Ankunft hatte er vorne nur noch 2,50 Meter Freibord und schwamm dort mehr oder weniger auf einer Luftblase, die sich im Vorschiff gebildet hatte. Um dieses zu entlasten, musste die »Seydlitz« teilweise rückwärts manövriert werden. Das dem Schlachtkreuzer von der Konstruktion her eigentümliche hohe Vorschiff zeigte sich jetzt auch in dieser Hinsicht von großem Nutzen. Die vermehrte wasserdichte Raumunterteilung des Rumpfes zur Verbesserung der Standfestigkeit sowie das Können des Schiffssicherungspersonals hatten das Schiff trotz schwerster Schäden gerettet. Die damalige deutsche Devise im Marineschiffbau »Standkraft geht vor Schlagkraft« hatte sich hier zu 100 Prozent bewahrheitet und bewährt.

Gemäß den Waffenstillstandsbedingungen musste der Schlachtkreuzer »Seydlitz« in Scapa Flow interniert werden. Dort hat die Besatzung das Schiff am 21. Juni 1919 selbst versenkt. Nach seiner Hebung im Jahre 1928 wurde das Wrack abgebrochen.

Die Zerstörungen durch Artillerietreffer auf dem Schlachtkreuzer »Seydlitz«. Foto: Archiv Autor

Schlachtkreuzer der »Derfflinger«-Klasse

Bei der aus drei Einheiten bestehenden und vollkommen neu entworfenen Schlachtkreuzer der »Derfflinger«-Klasse ging die Kaiserliche Marine mit der Inkaufnahme der Stückzahlreduzierung erstmals bei der Schweren Artillerie ihrer Schlachtkreuzerneubauten auf das Kaliber von 30,5 Zentimeter über. Konstruktiv lehnten sich die Schlachtkreuzer an den Linienschiffen der »König«-Klasse an. Hinsichtlich des Antriebs gab es anfangs Überlegungen zur Ausrüstung mit Dieselmotoren, was aber wieder verworfen wurde, da man diese als technisch noch nicht genug ausgereift einschätzte. Es blieb also bei der herkömmlichen Anlage mit Dampfturbinen. Während das Typschiff ein sogenannter Vermehrungsbau war, ersetzten die beiden Schwesterschiffe ältere Große Kreuzer. Keines der drei Schiffe konnte noch in Friedenszeiten in Dienst gestellt werden.

Eine Besonderheit ist noch erwähnenswert. Der Stapellauf des Typschiffes »Derfflinger« verlief nicht reibungslos. Nach nur 40 Zentimeter Wegstrecke blieb der Schlachtkreuzer auf der Ablaufbahn wieder stehen. Erst nach mehreren Bemühungen gelang es dann einen Monat später das Schiff seinem Element zu übergeben. Ursächlich für dieses Malheur war eine für die Schiffsgröße nicht genügend bemessene Anzahl von Ablaufschlitten.

Die Längsspant-Bänder-Stahlbauten waren in 16 wasserdichte Abteilungen unterteilt. Das Fortlassen des Schotts hinter dem Torpedobereitschaftsraum und damit die Aufgabe einer wasserdichten Abteilung war mit die Ursache für den Verlust des Schlachtkreuzers »Lützow« in der Skagerrakschlacht. An Panzerung war ein Gürtelpanzer von 100 bis 300 Millimeter vorhanden. Das Panzerdeck war 30 bis 80 Millimeter stark. Die Konstruktionsverdrängung betrug 26.600 Tonnen, wobei es allerdings bei den drei Schiffen geringfügige Abweichungen gab. Die als Glattdecker konzipierten Schiffe wiesen vorne einen leichten Backssprung auf. Nach der Skagerrakschlacht erhielt das Typschiff an Stelle des vorderen Pfahlgefechtsmastes einen Dreibeinmast. Die »Hindenburg« besaß diesen von Anfang an.

Als ausgezeichnete Seeschiffe hatten die Schlachtkreuzer der »Derfflinger«-Klasse allerdings nur mittelmäßige Dreh- und Manövriereigenschaften. In den Kasematten waren sie, obwohl diese schon ein Deck höher eingebaut waren, bei rauer See dennoch sehr schnell nass.

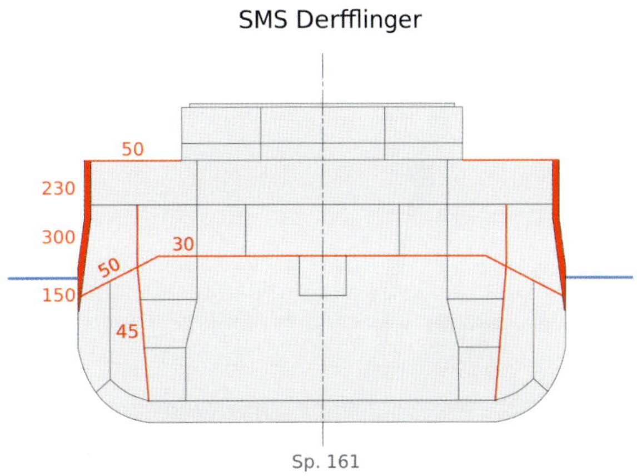

Die Risszeichnung lässt unter anderem auch den Aufbau der Panzerung der Schlachtkreuzer der »Derfflinger«-Klasse erkennen. Foto: Maxrossomachin / CC-BY-SA 1.0

Schlachtkreuzer »Derfflinger«. Foto: Archiv Autor

Die drei Schlachtkreuzer der »Derfflinger«-Klasse werden allgemein als formschöne Schiffe beschrieben. »Mit ihrem schlanken Rumpf, mit dem schon weit achtern beginnenden sanft ansteigenden Deckssprung, der sehr langen Back und dem harmonischen Gefüge ihrer Aufbauten war ihr Gesamtanblick einer der schönsten im Kriegsschiffbau«, schreibt Siegfried Breyer in seinem Buch »Schlachtschiffe und Schlachtkreuzer 1905-1970« auf der Seite 298.

Die in vier Maschinenräumen aufgestellten zwei Satz Marine-Turbinen erhielten aus 14 Kessel mit Kohlebe-

Name	Bauwerft	Kiellegung	Stapellauf	in Dienst
»Derfflinger«	Blohm+Voss, Hamburg	30.03.12	14.06.13 / 12.07.13	01.09.14
»Lützow«	F. Schichau, Danzig	15.05.12	29.11.13	08.08.15
»Hindenburg«	Kaiserliche Werft, Wilhelmshaven	01.10.13	01.08.15	10.05.17

Der Schlachtkreuzer am 21. Juni 1919 in der Bucht von Scapa Flow. Die Originalbildunterschrift lautet: SMS Derfflinger sinks at Scapa Flow after being scuttled by her crew. Foto: C. W. Burrows

feuerung und aus vier mit Öl befeuerten Kesseln ihren Dampf. Dieser Übergang zur Ölfeuerung eines Teils der Kessel kann für den maschinenbaulichen Sektor als von großer Bedeutung angesehen werden. Die Turbinen waren auf vier Wellen geschaltet. Die Antriebsleistung war unterschiedlich und betrug in Reihenfolge »Derfflinger«, »Lützow« und »Hindenburg«76.634, 80.988 und 95.777 PS. Entsprechendes gilt mit 25,5, 26,4 und 26,6 Knoten für die Geschwindigkeit. Auf Grund seiner erhöhten Bunkerkapazität bei Kohle / Öl von 3700 / 1200 Tonnen hatte der Schlachtkreuzer »Hindenburg« auch eine größere Fahrstrecke von 6100 Seemeilen bei 14 Knoten an Geschwindigkeit aufzuweisen. Zwei Schornsteine prägten das äußere Erscheinungsbild der insgesamt formschönen Schiffe. Die Ruderanlage war wieder in der Auslegung als Haupt- und Hilfsruderanordnung vorhanden.

Die Einführung von 30,5-cm-Geschützen auf den Schlachtkreuzern der »Derfflinger«-Klasse war zugleich auch mit der Reduzierung der Rohranzahl verbunden. Jeweils zwei an den Schiffsenden in der Mittschiffslinie aufgestellte Zwillingstürme bildeten die Schwere Artillerie der Schiffe. Die inneren Türme waren jeweils überhöht eingebaut. Die Zwillingstürme waren bestückt mit den Geschützen 30,5 cm SK L/50, wie sie auch auf den Linienschiffen der »Helgoland«-, »Kaiser«- und »König«-Klasse eingerüstet waren. Die Schussweite steigerte sich bei diesem Geschützmodell auf 20.400 Meter. Die Mit-

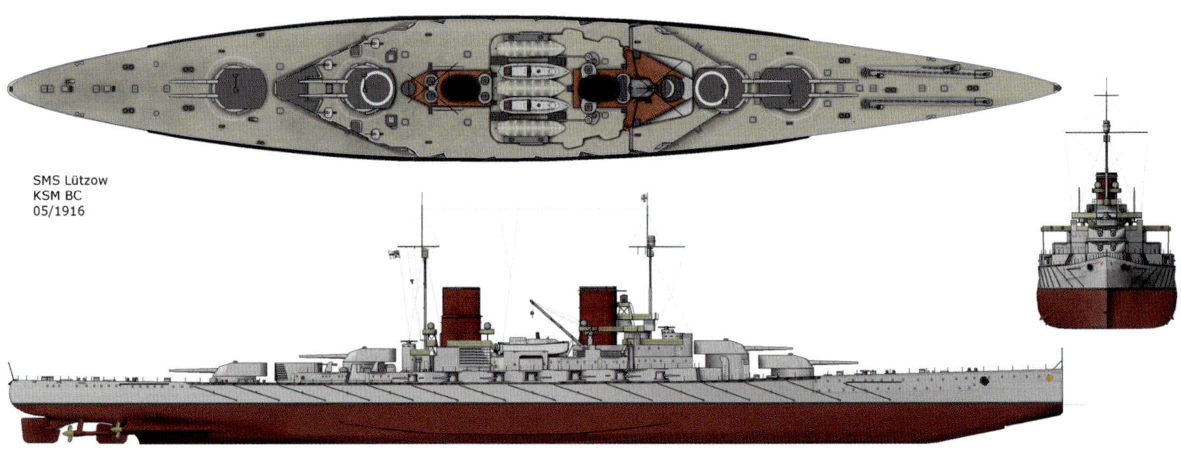

Decks- und Seitenrisse des Schlachtkreuzers »Lützow«. Foto: Alexpl / CC-BY-SA 4.0

telartillerie war auf der »Derfflinger« mit zwölf und auf den beiden Schwesterschiffen mit 14 Geschützen 15 cm SK L/45 in Kasemattenaufstellung vertreten. Die Leichte Artillerie war in unterschiedlicher Anzahl mit Geschützen 8,8 cm SK L/45 an Bord der Schiffe vorhanden und ab 1916 nur noch als 8,8 cm Flak L/45 eingebaut.

Auch die Torpedobewaffnung war auf den drei Schlachtkreuzern nicht einheitlich. In Anzahl und Aufstellung (1 x Bug ↓, 1 x Stb ↓, 1 x Bb ↓, 1 x Heck ↓) entsprach sie den Vorgängern, war jedoch bei den drei Schiffen im Kaliber unterschiedlich. Der Schlachtkreuzer »Derfflinger« hatte 50-cm-Unterwasserrohre. Diejenigen der beiden Schwesterschiffe besaßen ein Kaliber von 60 Zentimeter.

Der kurz nach Kriegsausbruch in Dienst gestellte Schlachtkreuzer »Derfflinger« nahm 1914 an zahlreichen Flottenvorstößen in der Nordsee teil. Am 24. Januar 1915 erhielt sie in der Schlacht an der Doggerbank einen schweren Artillerietreffer. Weiterhin war sie in der Skagerrakschlacht maßgeblich an der Versenkung der englischen Schlachtkreuzer »Queen Mary« und »Invincible« beteiligt. Sie selbst erhielt in der Seeschlacht 17 schwere Treffer. Vier der 30,5-cm-Geschütze wurden unbrauchbar, weil die beiden achteren Zwillingstürme nach einem Volltreffer ausbrannten. Durch die Gefechtsschäden drangen rund 3000 Tonnen Wasser in das Schiff ein. Während der Schlacht musste das Schiff einmal völlig aufstoppen, um die Torpedoschutznetze zu klarieren, die in die Propeller zu geraten drohten. Die Erfolge des Schlachtkreuzers »Derfflinger« in der Skagerrakschlacht brachten ihr auf englischer Seite den Spitznamen »Iron Dog« (Eiserner Hund) ein. Nach den Reparaturen kam der Schlachtkreuzer für den Rest des Krieges bei Unternehmungen in der Nordsee zum Einsatz.

Wie alle modernen Schiffe der Kaiserlichen Marine stand auch die »Derfflinger« auf der Übergabeliste für die Internierung in Scapa Flow. Am 21. Juni 1919 erfolgte dort die Selbstversenkung. Als letztes in Scapa Flow gehobene deutsche Schiff wurde der Schlachtkreuzer ab 1946 abgebrochen.

Der Schlachtkreuzer »Lützow« kam nach seiner Indienststellung in der Nordsee zum Einsatz. Er nahm an mehreren Flottenvorstößen teil. In der Skagerrakschlacht erhielt das Schiff zahlreiche schwere Artillerietreffer. In deren Folge liefen vorne mehrere Abteilungen voll. Das Schiff bekam durch die Wassereinbrüche einen Tiefgang von 17 Meter und musste in Folge aufgegeben werden. Vermutlich waren zu diesem Zeitpunkt rund 8300 Tonnen Wasser im Schiff. Nach dem Abbergen der Besatzung durch Torpedoboote, wurde die »Lützow« wegen der schweren Gefechtsschäden und dem drohenden Untergang vom Torpedoboot »G 38« mit zwei Torpedos versenkt. Neben dem Verlust des älteren Linienschiffes »Pommern« blieb dies der einzige Verlust bei den deutschen Großkampfschiffen in der Skagerrakschlacht.

Durch kriegsbedingte Verzögerungen verlief der Bau des Schlachtkreuzers »Hindenburg« recht schleppend, denn die Werftkapazitäten mussten vorrangig für Reparaturen der in den Gefechten beschädigten Schiffen genutzt werden. Überlegungen den Bau ganz einzustellen, wurden aber verworfen. Der Mangel an schnellen Großkampfschiffen ließ dies nicht zu. Nach der Indienststellung, der Erprobung und der Einzelausbildung der Besatzung wurde das Schiff in der Nordsee eingesetzt. Es kam jedoch zu keinen Gefechtsberührungen mit der englischen Royal Navy. Gemäß den Waffenstillstandsbedingungen war die »Hindenburg« in Scapa Flow zu internieren. Durch die eigene Besatzung am 21. Juni 1919 dort versenkt, sank der letzte noch fertiggestellte Schlachtkreuzer der Kaiserlichen Marine auf ebenen Kiel in flachem Wasser.

Schlachtkreuzer »Hindenburg«. Foto: Archiv Autor

Schlachtkreuzer der »Mackensen-Klasse

Die Schlachtkreuzer der »Mackensen«-Klasse waren als Folgeklasse der Schlachtkreuzer der »Derfflinger«-Klasse vorgesehen. Das Typschiff stammt noch aus der Friedensetatplanung. Alle anderen Einheiten wurden im Rahmen des Kriegsbauprogramms finanziert. Die »Mackensen«-Klasse war der Ersatz für ältere bzw. dann für im Krieg schon verloren gegangene Schiffe. Sieben Schlachtkreuzer sollten insgesamt gebaut werden.

Im Vorfeld ihres Baus gab es, wie auch schon bei früheren Entwürfen, umfangreiche Diskussionen über die Anzahl der Geschütze und die Kaliberauswahl bei der Schweren Artillerie. Auch der Einbau von Drillings- oder Vierlingstürmen wurde dabei überlegt. Letztendlich blieb es dann bei vier 35-cm-Zwillingstürmen.

Vier Schlachtkreuzer wurden noch auf Kiel gelegt. Kriegsbedingt ging der Bau der Schiffe nur schleppend voran und wurde schließlich gänzlich eingestellt. Nach dem Krieg mussten die unfertigen Schiffe gemäß den Auflagen des Versailler Vertrages abgebrochen werden. Im Artikel 186 des Vertrages war verfügt worden: »Mit Inkrafttreten des gegenwärtigen Vertrags hat die deutsche Regierung unter Überwachung der Regierungen der alliierten und assoziierten Hauptmächte den Abbruch aller zurzeit im Bau befindlichen deutschen Überwasserkriegsschiffe in die Wege zu leiten.«

Die Schlachtkreuzer Kreuzer der »Mackensen«-Klasse waren als Längsspant-Bänder-Stahlbauten geplant und sollten 18 wasserdichte Abteilungen erhalten. Als erste deutsche Kriegsschiffe wären sie mit einem Bugwulst gebaut worden. Dieser verminderte merklich den Schiffswiderstand und hätte so zu einer Kraftstoffersparnis beigetragen. Die Panzerung entsprach im Wesentlichen den Schlachtkreuzern der »Derfflinger«-Klasse. Auch deren Glattdeckskonstruktion wäre übernommen worden. Die Konstruktionsverdrängung belief sich auf 31.000 Tonnen.

Die in vier Maschinenräumen aufgestellten vier Satz Marine-Turbinen sollten direkt auf die Wellen wirken. Zusätzlich waren für die Innenwellen je eine abkuppelbare Marschturbine eingeplant, die ihre Leistung über ein Zahnradgetriebe abgegeben und zwölf Knoten Fahrt ermöglicht hätte. Die Dampferzeugung für die Turbinen war

Der Schlachtkreuzer »Mackensen« im Bau. Fotos: Archiv Autor

Die Rümpfe der Schlachtkreuzer »Mackensen« (rechts) und »Graf Spee« (links) warten nach dem Krieg auf ihren Abbruch. Foto: Archiv Autor

in 24 Kesseln mit Kohlebefeuerung und zusätzlichen acht ölbefeuerten Kesseln vorgesehen. Für die Zwei-Schornstein-Schiffe war wieder eine normale Ruderanordnung mit zwei parallel angebrachten Ruderblättern geplant.

Für alle ab 1913 vorgesehene Großkampfschiffe war das Kaliber von 38 cm vorgesehen. Auch die Schlachtkreuzer der »Mackensen«-Klasse sollten nach der ursprünglichen Planung damit ausgerüstet werden, wovon man dann allerdings wieder Abstand nahm und an deren Stelle 35-cm-Geschütze einbauen wollte. Je zwei vorne und achtern in Mittschiffslinie aufgestellte Zwillingstürme mit Geschützen 35 cm SK L/45 sollten zum Einbau kommen. Ihre Schussweite hätte 20.000 Meter betragen.

Die Mittelartillerie war zunächst mit 14 und dann mit zwölf Geschützen 15 cm SK L/45 geplant. Ihre Aufstellung sollte in Kasematten erfolgen. Die Leichte Artillerie wäre mit acht frei an Oberdeck stehender und mit Schutzschilden versehener 8,8 cm Flak L/45 eingerüstet worden. Die Torpedobewaffnung (1 x Bug ↓, 2 x Stb ↓, 2 x Bb ↓) hätte sich in der Anzahl um ein Rohr erhöht und das Kaliber von 60 Zentimeter gehabt.

Obwohl noch nicht fahrfähig und schon gar nicht seetüchtig, stand der unfertige Schlachtkreuzer »Mackensen« gemäß den Waffenstillstandsbedingungen auf der Schiffsliste für die Internierung in Scapa Flow. Als der Fehler erkannt wurde, musste ersatzweise das Linienschiff »Baden« ausgeliefert werden. Nach dem Krieg wurde der Schiffsrumpf, ebenso wie auch die schon begonnenen Rümpfe der Schwesterschiffe, verkauft und Anfang der 1920er Jahre abgebrochen.

Aus den eigenen Erfahrungen der Skagerrakschlacht mit dem Verlust des Schlachtkreuzers »Lützow« und der schwer beschädigten »Seydlitz« sowie sicherlich auch aus den Erkenntnissen zu den englischen Verlusten der regelrecht explodierten Schlachtkreuzer »Invincible«, »Indefatigable« und »Queen Mary« ergaben sich dann die Forderungen nach der Verstärkung der Artillerie, der Erhöhung der Geschwindigkeit und nach einem verbesserten Eigenschutz sowie der Erhöhung der Standkraft.

Name	Bauwerft	Kiellegung	Stapellauf	in Dienst
»Mackensen«	Blohm+Voss, hamburg	30.01.15	21.04.17	-----
»Graf Spee«	F. Schichau, Danzig	30.11.15	15.09.17	-----
»Prinz Eitel Friedrich«	Blohm+Voss, Hamburg	01.05.15	13.03.20	-----
»Fürst Bismarck«	Kaiserliche Werft, Wilhelmshaven	03.11.15	-----	-----

Der unfertige Schlachtkreuzer »Prinz Eitel Friedrich« (oben) und das unfertige Linienschiff »Württemberg« (unten) warten auf ihre Verschrottung, die gemäß Artikel 186 des Versailler Vertrages durchzuführen war. Foto: Archiv Autor

Diese Forderungen sollten bei den drei letzten Schiffen aus dem siebener Bauprogramm der »Mackensen«-Klasse berücksichtigt werden. Eine entsprechende Umkonstruktion wurde vorgenommen, so dass im Grunde genommen eine neue Klasse entstand. Die Bauaufträge wurden noch für das erste Schiffe im Juli 1916 an die A.G. Vulcan in Hamburg vergeben. Der Kiel wurde noch gestreckt. Arbeiten fanden aber nur sporadisch statt. Der im Bau begonnene Schiffsrumpf wurde nach dem Krieg auf der Helling abgewrackt.

Diese drei Schiffe waren als Ersatzbauten für die im Krieg verloren gegangenen Großen Kreuzer »Yorck«, »Gneisenau« und »Scharnhorst« vorgesehen. Die Verdrängung stieg auf 38.000 Tonnen an und als Hauptbewaffnung waren acht 38-cm-Geschütze eingeplant. Ein groß dimensionierter Schornstein in der Schiffsmitte hätte die Schiffssilhouette maßgeblich geprägt. Der Entwurf gab im Wesentlichen die Grundlage für die später bei der Kriegsmarine gebauten Schlachtschiffe »Scharnhorst« und »Gneisenau«.

Siegfried Breyer schreibt in seinem Buch »Schlachtschiffe 1905-1992« Band 1 auf Seite 112 folgende Bewertung: »Die »Mackensen«-Klasse blieb der letzte Großkampfschifftyp der Kaiserlichen Marine, der unter normalen, d.h. friedensmäßigen Bedingungen entworfen und bis zur Baureifen durchkonstruiert worden ist. Sie war der Schlusspunkt einer langen erfolgreichen Entwicklung.«

Schlachtkreuzer, Deutschland

Name	»Von der Tann«	»Moltke«-Klasse	»Seydlitz«	»Derfflinger«-Klasse	»Mackensen«-Klasse
Amtsentwurf	1906-07	1907-08	1909-10	1910-11	1913
Anzahl der Schiffe	1	2	1	3	(4) + (3)
Verdrängung (max) (t)	21.300	25.4000	28.550	31.200	35.300
Länge x Breite x Tiefgang (m)	171,70 x 26,60 x 9,17	186,60 x 29,40 x 9,19	200,60 x 28,50 x 9,29	210,40 x 29,00 x 9,57	23,00 x 30,40 x 9,30
Besatzungsstärke	923	1053	1068	1112	1186
Antrieb	2 x Dampfturbine	2 x Dampfturbine	2 x Dampfturbine	2 x Dampfturbine	4 x Dampfturbine
Antriebsleistung (PS)	79.007	85.700	89.738	siehe Text	90.000
Wellen / Ruder	4 / 2	4 / 2	4 / 2	4 / 2	4 / 2
Geschwindigkeit (kn)	27	28	28	26	28
Bunkerkapazität Kohle (t)	2600	3100	3600	3500	4000
Bunkerkapazität Öl (t)	-----	-----	-----	1000	2000
Fahrstrecke (sm / kn)	4400 / 14	4120 / 14	4200 / 14	5600 / 14	8000 / 14
Artillerie (cm)	8 x 28 / 10 x 15 / 16 x 8,8	10 x 28 / 12 x 15 / 12 x 8,8	10 x 28 / 12 x 15 / 12 x 8,8	8 x 30,5 / 12 x 15 / 4 x 8,8	8 x 35 / 12 x 15 / 8 x 8,8
Torpedorohre (cm)	4 x 45	4 x 50	4 x 50	4 x 50	5 x 60
Panzerung (max) (mm) vertikal / horizontal / Türme / Kommandostand	250 / 50 / 230 / 250	270 / 50 / 230 / 350	300 / 80 / 250 / 300	300 / 80 / 270 / 300	300 / 80 / 270 / 300

1.3 Große Kreuzer

Große Kreuzer der »Roon«-Klasse

Die im Haushalt als Ersatzbauten für die Panzerfregatten / Große Kreuzer »Kaiser« und »Deutschland« ausgewiesenen neuen Großen Kreuzer »Roon« und »Yorck« waren gegenüber ihren Vorgängern den Großen Kreuzern »Prinz Adalbert« und »Friedrich Carl« kaum eine Weiterentwicklung. Die wenig veränderten Schiffe verzeichneten allerdings einen leichten Anstieg in der Tonnage und bei den Schiffsdaten.

Als Stahlbau in Quer- und Längsspantenbauweise gefertigt, hatten die beiden Schiffe zwölf wasserdichte Abteilungen. Der Gürtelpanzer schützte die Großen Kreuzer mit einer Stärke von 80 bis 100 Millimeter. Das Panzerdeck war mit 40 bis 60 Millimeter ausgelegt. Die Konstruktionsverdrängung betrug 9533 Tonnen. Schon zum Zeitpunkt ihrer Indienststellung war die »Roon«-Klasse schiffbaulich und waffentechnisch überholt.

Die Großen Kreuzer der »Roon«-Klasse waren gute Seeschiffe mit weichen Bewegungen und guten Dreh- und Manövriereigenschaften. Wie bereits auf allen Großen Kreuzern ab der »Fürst Bismarck« vorhanden, war auch hier das Vorschiff ebenfalls mit einer Walrückenback versehen.

Drei Dreizylinder-dreifach-Expansionsdampfmaschinen in drei Maschinenräumen wirkten mit ihren 20.625 PS auf drei Wellen. Damit erreichten die Schiffe eine Geschwindigkeit von 21 Knoten. In 16 kohlebefeuerten Kesseln wurde der Dampf erzeugt. »Roon« und »Yorck« waren die ersten Großen Kreuzer mit vier Schornsteinen, wobei allerdings die ursprüngliche Planung lediglich drei vorsah.

Die Schwere Artillerie bestand aus vier Geschützen 21 cm SK L/40 die jeweils in einem Zwillingsturm vorne und achtern eingerüstet waren. Die Schussweite betrug 16.300 Meter. Als Leichte Artillerie waren 14 an Oberdeck freistehende und mit Schutzschild versehene Geschütze 8,8 cm SK L/35 sowie die damals noch üblichen 3,7-cm-Maschinenkanonen eingerüstet. Eine Torpedobewaffnung war mit vier 45-cm-Rohren (1 x Bug ↓, 1 x Stb ↓, 1 x Bb ↓, 1 x Heck ↓) an Bord vorhanden.

Die beiden Großen Kreuzer der »Roon«-Klasse wurden nach ihren Indienststellungen in den normalen Flottenbetrieb der Kaiserlichen Marine eingebunden.

Großer Kreuzer »Roon«. Foto: Archiv Autor

Der Große Kreuzer »Roon« blieb, von einer rund dreijährigen Außerdienststellungsphase abgesehen, bis 1916 in dieser Funktion, um danach als Wohnschiff in Kiel sowie als Schul- und Versuchsschiff weiter verwendet zu werden. Der doch schon betagte Große Kreuzer war für den Kriegsdienst nur noch bedingt tauglich. Im Jahre 1917 gab es Pläne zu einem Umbau als Flugzeugmutterschiff. Vier Flugzeuge sollten auf dem Achterschiff in einer Halle, heute würde man Hangar sagen, untergebracht werden. Dabei war auch die Umrüstung der Artillerie auf sechs 15 cm SK L/45 und sechs 8,8 cm SK L/45 eingeplant. Zur Umsetzung dieser Planung ist es jedoch nicht mehr gekommen.

Der Große Kreuzer »Yorck« war kein besonders glückliches Schiff. Im November 1912 kam es bei einer Minensprengübung zu einem schweren Unfall. Auf einer

Name	Bauwerft	Kiellegung	Stapellauf	in Dienst
»Roon«	Kaiserliche Werft, Kiel	01.08.02	27.06.03	05.04.06
»Yorck«	Blohm+Voss, Hamburg	25.04.03	14.05.04	21.11.05

Großer Kreuzer »Yorck«. Foto: Archiv Autor

ausgesetzten Pinasse verfing sich die Zündschnur. Beim Klarieren explodierte die Mine und zertrümmerte das Boot. Zwei Besatzungsmitglieder ließen dabei ihr Leben. Im März 1913 rammte der Große Kreuzer das Torpedoboot »S 178«, welches in Folge innerhalb von wenigen Minuten sank und 69 Mann mit in die Tiefe nahm. Im November 1914 lief die »Yorck« beim Einlaufen nach Wilhelmshaven auf der Jade auf zwei eigene Minen und kenterte. Der Verlust von über 330 Besatzungsmitgliedern war zu beklagen.

Das Wrack blieb bis in die 1980er Jahre ein Schifffahrtshindernis im Jade-Fahrwasser. Im Laufe der Jahre mehrfach vorgenommene Sprengungen konnte diesbezüglich keine Abhilfe schaffen. Das in mehrere Teile zerbrochene Wrack wurde vom Juli bis Oktober 1983 durch zwei Saugbagger künstlich unterspült, so auf die benötigte Tiefe gebracht und damit als Hindernis für die Schifffahrt beseitigt.

Große Kreuzer der »Scharnhorst«-Klasse

Der Große Kreuzer »Scharnhorst« lief am 22. März 1906 vom Stapel. Foto: Archiv Autor

Die beiden Großen Kreuzer »Scharnhorst« und »Gneisenau« waren der Schluss- und der Höhepunkt in der Entwicklung der deutschen Großen Kreuzer, die mit dem am 1. April 1900 in Dienst gestellten Großen Kreuzer »Fürst Bismarck« begonnen hatte. Sie zählten zu den nach dem Flottengesetz von 1900 zu bauenden Einheiten. Als erstes Schiff wurde die »Gneisenau« auf Kiel gelegt. Durch einen längeren Streik der Werftarbeiter verzögerte sich jedoch der Bau. Bei der zweiten Einheit »Scharnhorst« ging die Fertigstellung wiederum zügig voran. Der Große Kreuzer lief so auch als erster vom Stapel und wurde damit, entgegen der ursprünglichen Planung, zum Typschiff.

Doch die Zeit dieses Typs von Großen Kreuzern war mittlerweile vorbei. Als die beiden Schiffe in Dienst stellten, waren sie im internationalen Vergleich schiffbaulich und waffentechnisch bereits überholt, denn mittlerweile lief die Entwicklung vom Aufklärungskreuzer in Richtung zum Schlachtkreuzer. Dieser von England mit dem Bau der »Invincible« begonnene Umbruch machte den Großen Kreuzer alter Art für eine Seeschlacht nahezu bedeutungslos.

Wie bisher im deutschen Marineschiffbau üblich waren auch die beiden Großen Kreuzer der »Scharnhorst«-Klasse wieder als Stahlbauten in Quer- und Längsspantenbauweise gefertigt. Ihr Schiffsrumpf wies 15 wasserdichte Abteilungen auf. Auch die Walrückenback der vorangegangenen Großen Kreuzer war wieder vorhanden. Gegenüber den beiden unmittelbaren Vorgängern, den Großen Kreuzern »Roon« und »Yorck«, waren die Schiffe erheblich größer und länger. Schlagkraft, Eigen-

Der Große Kreuzer »Scharnhorst« läuft aus allen vier Schornsteinen schwarz qualmend eine hohe Fahrtstufe. Foto: Arthur Renard

schutz und Geschwindigkeit konnten so deutlich angehoben werden. Der seitliche Gürtelpanzer hatte eine Stärke von 80 bis 150 Millimeter. Das Panzerdeck war 35 bis 60 Millimeter dick. Ihre Konstruktionsverdrängung betrug 11.616 Tonnen. Die beiden Großen Kreuzer waren gute Seeschiffe mit guten Manövriereigenschaften, allerdings in den unteren Außendecks bei grober See etwas nass.

Drei Dreizylinder-dreifach-Expansionsdampfmaschinen in drei Maschinenräumen wirkten auf drei Wellen. Sie wurden aus 18 kohlebefeuerten Kesseln mit Dampf versorgt. Mit einer Maschinenleistung von 28.783 PS auf »Scharnhorst« bzw. 30.396 PS auf »Gneisenau« erreichten die Schiffe eine Geschwindigkeit von 23 Knoten. Gegenüber den Großen Kreuzern der »Roon«-Klasse hatten sie größere Kohlebunker, was die Mitnahme von zusätzliche 400 Tonnen Kohle ermöglichte und die Fahrstrecke um rund 1000 Seemeilen erweiterte. Die Schiffe waren mit vier Schornsteinen ausgestattet.

Die Schwere Artillerie war auf der »Scharnhorst«-Klasse auf insgesamt acht Geschütze 21 cm SK L/40 angewachsen. Sie waren vorne und achtern in zwei Zwillingstürmen und auf den beiden Schiffsseiten mit je zwei Einzelgeschützen in Kasematten aufgestellt und hatten eine Schussweite von 16.300 Meter. Die Mittelartillerie war auf sechs Geschütze 15 cm SK L/40 reduziert, welche seitlich in Kasematten aufgestellt waren. Die insgesamt 18 Geschütze 8,8 cm SK L/35 waren über das gesamte Schiff verteilt und befanden sich sowohl freistehend und mit Schutzschild versehen an Oberdeck oder in sogenannten Schwalbennestern beidseitig an den Schiffsenden. Zeitweise war die Leichte Artillerie noch mit vier 3,7-cm-Maschinenkanonen ausgestattet. Die Torpedowaffe entsprach mit Anzahl, Anordnung und Kaliber den Großen Kreuzern der »Roon«-Klasse.

Nach ihren Indienststellungen wurden die beiden Großen Kreuzer zunächst als Aufklärungsschiffe in die Hochsee-

Name	Bauwerft	Kiellegung	Stapellauf	in Dienst
»Scharnhorst«	Blohm+Voss, Hamburg	03.01.05	22.03.06	24.10.07
»Gneisenau«	A.G. Weser, Bremen	28.12.04	14.06.06	06.03.08

Die »Scharnhorst« in tropischen Gewässern. Fotos: Archiv Autor

flotte eingereiht. Im April 1909 verließ die »Scharnhorst« Kiel in Richtung Ostasien. Wie oben schon erwähnt, war die Zeit der Großen Kreuzer vorbei. Für den Dienst im Kreuzergeschwader in Fernost sowie in dem damals üblichen Kolonialdienst waren sie aber immer noch sehr gut geeignet und nützlich. Im März des Folgejahres kam auch das Schwesterschiff »Gneisenau« als Verstärkung zu dem auf Tsingtau im deutschen Pachtgebiet Kiautschou abgestützten Verband des Kaiserlichen Ostasien Geschwaders.

Großer Kreuzer »Gneisenau«. Fotos: Bibliothek für Zeitgeschichte

Zum Zeitpunkt des Kriegsausbruches befand sich das aus mehreren Schiffen bestehende Geschwader auf einer Rundreise durch die deutschen Kolonien in der Südsee. Der Rückweg nach Tsingtau war durch den Kriegseintritt Japans versperrt. Der Geschwaderchef, Vizeadmiral Maximilian Graf von Spee, entschloss sich zum Kampf gegen die Kriegsgegner und operierte im Pazifischen Ozean. In dem Seegefecht bei Coronel konnte das Geschwader am 1. November 1914 die beiden englischen Panzerkreuzer »Good Hope« und »Monmouth« versenken, aber vor den Falkland-Inseln ereilte am 8. Dezember 1914 das Schicksal den Verband, der den eigentlich von Anfang an hoffnungslosen Versuch unternommen hatte in die Heimat durchzubrechen.

Im Seegefecht bei den Falkland-Inseln ging »Scharnhorst« im Artilleriefeuer der englischen Schlachtkreuzer »Invincible« und »Inflexible« verloren. Ebenso die »Gneisenau«, die nach dem Verbrauch der Munition und dem Ausfall der Antriebsanlage durch Selbstversenkung gesunken war. Auch die dem Verband angehörenden Kleinen Kreuzer »Leipzig« und »Nürnberg« wurden vom englischen Gegner versenkt. Lediglich der Kleine Kreuzer »Dresden« konnte dem Gegner entkommen.

Das Seegefecht bei den Falkland-Inseln war das Zusammentreffen zweier Schiffbauwelten. Auf deutscher Seite die mittlerweile nicht mehr auf der Höhe der Zeit stehenden Großen Kreuzer und auf englischer Seite zwei moderne, schnelle und artilleristisch weit überlegene Schlachtkreuzer.

Große Kreuzer »Blücher«-Klasse

Großer Kreuzer »Blücher«. Foto: Bibliothek für Zeitgeschichte

Der Bau des Großen Kreuzers »Blücher« fiel in den Umbruch im Kreuzerbau. Die Ära der Großen Kreuzer ging zu Ende und die Ära der schwer bewaffneten und mit Turbinen angetriebenen schnellen Schlachtkreuzer hatte begonnen.

Gegenüber den bisherigen Großen Kreuzern war die neue Einheit ein bedeutender Fortschritt. Vermehrte Schwere Artillerie und starke Panzerung zeichneten das Schiff aus. Ebenso seine recht hohe Geschwindigkeit. Ein kompletter Durchbruch zu dem in England entwickelten Schlachtkreuzer mit Dampfturbinenantrieb war aber noch nicht gegeben. Die »Blücher« musste auch den Umstände halber noch mit Kolbendampfmaschinen ausgerüstet werden. Die deutsche Werftindustrie war noch nicht soweit, dass sie leistungsfähige und brauchbare Turbinen bauen konnte. Weiterhin entsprach auch das Kaliber der Schweren Artillerie noch nicht den neuen Standards.

Allerdings war das in England gut gehütete Geheimnis der Schlachtkreuzer-Entwicklung erst in Deutschland bekannt geworden, als der Bau des Großen Kreuzers schon weit fortgeschritten war. Ein Abbruch der Arbeiten wurde verworfen. Unabhängig von den dadurch verursachten finanziellen Verlusten durch das schon verbaute Material und die schon teilweise gefertigte Ausrüstung brauchte man zum einen in der Flotte dringend Große Kreuzer. Man war durch die bisherige Verlagerung der Prioritäten auf den Linienschiffsbau, bei diesem Schiffstyp gegenüber England ins Hintertreffen geraten. Zum anderen war der nachfolgend geplante Neubau, der Schlachtkreuzer »Von der Tann«, in der Entwicklung. Er sollte dann den englischen Schlachtkreuzern entsprechen und die deutsche Reaktion darauf darstellen.

Bis zu dessen Fertigstellung musste die »Blücher«, von der man glaubte die Ideallösung des Großen Kreuzers gefunden zu haben, sozusagen als Not- und Zwischenlösung herhalten. Mit der Zusammenfassung der Schweren Artillerie in Zwillingstürmen, der Kasemattenaufstellung der Mittelartillerie, den guten Defensiveigenschaften mit der eingerüsteten Panzerung und der doch recht hohen

Der Große Kreuzer »Blücher« auf einer zeitgenössischen Postkarte. Foto: Archiv Autor

Geschwindigkeit war sie einerseits recht modern, doch durch die überraschende Entwicklung des Schlachtkreuzers in England zugleich auch schon wieder überholt. Dem englischen Typschiff, dem Schlachtkreuzer »Invincible«, und dessen Nachfolgern war der Große Kreuzer »Blücher« hoffnungslos unterlegen. Bei der Schlacht an der Doggerbank sollte sich dies am 24. Januar 1915 auf tragische Art und Weise bewahrheiten.

Die Kiellegung des großen Kreuzers »Blücher« fand am 21. Februar 1907 auf der Kaiserlichen Werft in Kiel statt. Dort lief das Schiff am 11. April 1908 vom Stapel und stellte am 1. Oktober 1909 in Dienst.

Die »Blücher« war ein Quer- und Längsspanten Stahlbau mit 13 wasserdichten Abteilungen. Der Gürtelpanzer hatte eine Stärke von 80 bis 180 Millimeter. Das Panzerdeck war 50 bis 70 Millimeter stark.

Der Große Kreuzer war eine wohlausgewogene Konstruktion und ein gutes Seeschiff, das aber leicht stampfte und schlingerte sowie schwer drehte. Mit ihren 15.842 Tonnen an Konstruktionsverdrängung war die »Blücher« bis zum Zulauf der Linienschiffe der »Nassau«-Klasse das größte Schiff der Kaiserlichen Marine.

Drei Vierzylinder-dreifach-Expansionsdampfmaschinen in drei Maschinenräumen erhielten aus 18 kohlebefeuerten Kesseln ihren Dampf und wirkten jeweils auf eine Welle. Gegenüber den Großen Kreuzern der »Scharnhorst«-Klasse konnte die Geschwindigkeit dank der mit 38.323 PS leistungsstärkeren Maschinen um 1,5 Knoten auf 24,5 Knoten gesteigert werden. Der Große Kreuzer »Blücher« galt als das schnellste mit Kolbendampfmaschinen ausgerüstete Kriegsschiff der Welt. Mit der Rückkehr zu zwei Schornsteinen prägte man einen neuen Stil.

Die Schwere Artillerie bestand aus sechs Zwillingstürmen mit Geschützen 21 cm SK L/45. Die Türme waren, wie später auch bei den Linienschiffen der »Nassau«- und

Der Große Kreuzer »Blücher« ging am 24. Januar 1915 bei der Schlacht an der Doggerbank verloren. Foto: Archiv Autor

der »Helgoland«-Klasse, in einer hexagonalen Aufstellung platziert. Die Schussweite betrug 19.100 Meter. Die acht Geschütze 15 cm SK L/45 der Mittelartillerie waren in Kasematten aufgestellt. Die Leichte Artillerie war mit 16 Geschützen 8,8 cm SK L/45 sowohl in sogenannten Schwalbennestern vorhanden wie auch an Oberdeck freistehend und mit Schutzschilden versehen über das gesamte Schiff verteilt. Bei allen drei Kalibern kamen neuere Geschützmodelle zum Einbau, die gegenüber ihren Vorgängern bei gleicher Kadenz höhere Schussweiten aufwiesen.

Die Torpedobewaffnung mit vier Unterwassertorpedorohren (1 x Bug ↓, 1 x Stb ↓, 1 x Bb ↓, 1 x Heck ↓) entsprach in Kaliber und Aufstellung den Großen Kreuzern der »Scharnhorst«-Klasse. Als erster der Großen Kreuzer erhielt die »Blücher« Torpedoschutznetze.

Der Große Kreuzer fand nach Fertigstellung Verwendung beim Aufklärungsverband der Flotte und nahm in den kommenden Jahren am normalen Flottendienst teil. Ab der zweiten Jahreshälfte 1911 wurde die »Blücher« in einer Art von Zusatzrolle auch als Artillerieschulschiff verwendet. In diesem Zusammenhang erfolgte 1913 eine Umbaumaßnahme, wobei die »Blücher« als erstes Schiff der Kaiserlichen Marine mit einem Dreibeinmast ausgestattet wurde. Diese stabile Mastkonstruktion war als Träger für neue Feuerleitanlagen notwendig geworden.

Nach Kriegsausbruch kam die »Blücher in der Nord- und Ostsee zum Einsatz. Bei einem Flottenvorstoß ging das Schiff in der Nordsee am 24. Januar 1915 bei der Schlacht an der Doggerbank im Gefecht mit weit überlegenen englischen Schlachtkreuzern verloren. Bevor er kenterte hatte der Große Kreuzer »Blücher« 70 bis 100 Granattreffer und sieben Torpedotreffer erhalten. Trotz Verlust des Schiffes ist damit seine hohe Standkraft bewiesen.

Große Kreuzer, Deutschland			
Name	**»Roon«-Klasse**	**»Scharnhorst«-Klasse**	**»Blücher«**
Haushaltsjahr	1901	1903-04	1904-05
Anzahl der Schiffe	2	2	1
Verdrängung (max) (t)	10.266	12.985	17.500
Länge x Breite x Tiefgang (m)	127,80 x 20,20 x 7,76	144,60 x 21,60 x 8,37	161,80 x 24,50 x 8,84
Besatzungsstärke	633	764	853
Antrieb	3 x Dampfmaschine	3 x Dampfmaschine	3 x Dampfmaschine
Antriebsleistung (PS)	20.625	28.783 bzw. 30.3976	38.323
Wellen / Ruder	3 / 1	3 / 1	3 / 1
Geschwindigkeit (kn)	21,0	23,0	24,5
Bunkerkapazität Kohle (t)	1570	2000	2510
Fahrstrecke (sm / kn))	4200 / 12	5120 / 12	6600 / 12
Artillerie (cm)	4 x 21 / 10 x 15 / 14 x 8,8 / 10 x 3,7	8 x 21 / 6 x 15 / 18 x 8,8 / 4 x 3,7	12 x 21 / 8 x 15 / 16 x 8,8
Torpedorohre (cm)	4 x 45	4 x 45	4 x 45
Panzerung (max) (mm) vertikal / horizontal / Türme / Kommandostand	100 / 60 / 150 / 150	150 / 60 / 170 / 200	180 / 70 / 180 / 250

1.4 Kleine Kreuzer

Kleine Kreuzer der »Bremen«-Klasse

Kleiner Kreuzer »Bremen«. Foto: Archiv Autor

Die sieben Kleinen Kreuzer der »Bremen«-Klasse wiesen gegenüber ihren zehn Vorgängern, der »Gazelle«-Klasse, Unterschiede auf. Sie hatten wesentlich größere Abmessungen, höhere Maschinenleistungen und damit auch höhere Geschwindigkeiten. Sie waren als deren Weiterentwicklung sowohl als Ersatzbauten für ältere Einheiten als auch als Vermehrungsbauten bestimmt. Gleichzeit begann mit ihnen eine neue Tradition. Mit den drei Ausnahmen »Brummer«, »Bremse« und »Frauenlob (II)« erhielten ab der »Bremen«-Klasse alle Kleinen Kreuzer Städtenamen. Damit verbunden die schöne Sitte, dass die jeweiligen Städte Patenschaften für »ihre« Schiffe übernahmen. Bis in die heutige Zeit wird diese Tradition auch bei Schiffen und Booten der Deutschen Marine weiter gepflegt.

Für die »Bremen«-Klasse, aber auch für alle nachfolgenden für die Kaiserliche Marine gebauten Kleinen Kreuzer kann man allgemein gültig und für alle zutreffend feststellen: »Sie waren gut durchkonstruierte Schiffe, die allen ihnen zugedachten und gestellten Aufgaben gerecht wurden. Sie haben sich in Friedenszeiten und im Krieg durchaus gut bewährt, und das, obwohl sie in vielerlei Hinsicht den vergleichbaren und teils moderneren Gegenspielern der Royal Navy - dem Hauptkontrahenten auf allen Kriegsschauplätzen - nicht immer und in jedem Fall gewachsen waren. Das sollte sich erst im Verlauf des Krieges ändern, kam aber in nur wenigen Fällen zum Tragen. Die eine große Schwäche dieser Schiffe war ihre kalibermäßig unzureichende Bewaffnung. Die deutsche Marine hielt viel zu lange an dem 10,5-cm-Standardgeschütz als Hauptwaffe fest. Sie verließ sich auf die hohe Feuergeschwindigkeit. Aber schon beim Seegefecht bei Helgoland am 28. August 1914 und später im Gefecht des Kleinen Kreuzers »Emden« mit dem Leichten Kreuzer »Sydney« trat diese Schwäche offen zutage. (...) Dennoch schlugen sich die Kleinen Kreuzer mit Bravour und durchaus auch erfolgreich.« (Koop / Schmolke, Kleine Kreuzer 1903-1918, Seite 245)

Die Quer- und Längsspanten Stahlbauten der »Bremen«-Klasse besaßen zwölf wasserdichte Abteilungen. Das Panzerdeck schützte mit einer Stärke von 50 bis 80 Millimeter. In der Tonnage bestanden leichte Schwankungen innerhalb der sieben Schiffe. Sie waren noch mit einem Rammsteven ausgestattet, der später bei »Lübeck« und »Berlin« zu einem modernen Kreuzerbug umgebaut wurde.

Die Kleinen Kreuzer der »Bremen«-Klasse waren gute Seeschiffe mit sehr guten Dreh- und Manövriereigenschaften. Sie schlingerten jedoch stark und waren bei hoher Fahrt sehr nass. Dadurch wurde die Bedienung der vorderen Geschütze bei Windstärken ab 5 Bft und bei mäßigem Seegang erschwert.

Zwei Dreizylinder-dreifach-Expansionsdampfmaschinen in zwei Maschinenräumen bildeten die Antriebsanlage der Kleinen Kreuzer. Sie wirkten jeweils auf eine Welle und erhielten ihren Dampf aus zehn kohlebefeuerten Kesseln. Drei Schornsteine sorgten für den Abzug von Rauch und Abgasen.

Abweichend hiervon war die Antriebsanlage der »Lübeck«. Erstmals wurden in der Kaiserlichen Marine auf einem Schiff dieser Größenordnung Dampfturbinen eingesetzt. Zwei Turbinensätze, was vier Einzelturbinen gleichkam, wirkten auf vier Wellen, die jeweils mit zwei in Tandemanordnung angebrachten Schrauben ausgestattet waren. Beim Bau des Kleinen Kreuzers gab es erhebliche Verzögerungen durch technische Schwierigkeiten bei der Fertigung der Turbinen. Bei den intensiv vorgenommenen Probefahrten enttäuschten die Ergebnisse. Der erste deutsche Turbinenkreuzer hatte einen höheren Kohleverbrauch und dadurch auch eine geringere Fahrstrecke

Kleiner Kreuzer »Bremen«		
Bauwerft	A.G.Weser, Bremen	
Kiellegung	**Stapellauf**	**Indienststellung**
01.08.1902	09.07.1903	19.05.1904
Lebenslauf: 1904-1914 Auslandsdienst vor den Küsten von Mittel- und Südamerika, 1914 / 1915 Umbau und Modernisierung auf der Kaiserlichen Werft in Wilhelmshaven, 1915 Einsatz in der östlichen Ostsee, am 17.12.15 vor Windau nach zwei Minentreffern gesunken		

Kleiner Kreuzer »Berlin«. Foto: Archiv Autor

Der Kleine Kreuzer »München« auf einer zeitgenössischen Postkartendarstellung. Foto: Archiv Autor

Kleiner Kreuzer »Leipzig«. Foto: Archiv Autor

(3800 sm / 12 kn) als seine Schwesterschiffe (4270 sm / 12 kn für »Bremen«, »Hamburg« und »Berlin« sowie 4690 sm / 12 kn für »München«, »Leipzig« und »Danzig«).

Bei dem Kleinen Kreuzer »Berlin« gab es später nach dessen Übernahme in die Reichsmarine Überlegungen zur Umrüstung des Antriebs auf vier Dieselmotoren. Über ein Getriebe sollte die Leistung von jeweils zwei Motoren auf eine der beiden Wellen übertragen werden. Das Vorhaben kam nicht zur Umsetzung.

Die Bewaffnung der Kleinen Kreuzer der »Bremen«-Klasse bestand aus zehn Geschützen 10,5 cm SK L/40. Sie waren auf den beiden Seiten auf dem Oberdeck verteilt und mit Schutzschilden versehen. Ebenso viele 3,7-cm-Maschinenenkanonen ergänzten zeitweise die Artilleriebewaffnung. Sie hatten ihre Aufstellung in den Auf-

Kleiner Kreuzer »Hamburg«		
Bauwerft	A.G. Vulcan, Stettin	
Kiellegung	**Stapellauf**	**Indienststellung**
August 1902	25.07.1903	08.03.1904
Lebenslauf: 1904-1909 neben Flottendienst häufiger Einsatz als Begleitkreuzer der Kaiseryacht »Hohenzollern«, 1910 / 1911 Reserve, 1912 Führungsschiff für U-Boote, 1914 Einsatz in der Nordsee, am 31.05.16 Teilnahme an der Skagerrakschlacht, 1916 Wohnschiff in Wilhelmshaven, am 03.01.19 außer Dienst gestellt, 1920 Seestreitkräfte der Nordsee, 1926 / 1927 Schulkreuzer, Weltreise, am 30.06.27 außer Dienst gestellt, am 31.03.31 aus der Liste der Kriegsschiffe gestrichen, 1936 Wohnschiff in Kiel und Hamburg, 1944 in Hamburg durch Bomben versenkt, 1949 gehoben, 1956 abgebrochen		

Kleiner Kreuzer »Berlin«		
Bauwerft	Kaiserliche Werft, Danzig	
Kiellegung	**Stapellauf**	**Indienststellung**
01.04.1902	22.09.1903	04.04.1905
Lebenslauf: 1911 Auslandsdienst vor Westafrika, Marokkokrise, 1912 Flottendienst, 1913 Reserve, 1914 Küstenschutz in der Nord- und Ostsee, am 11.02.17 außer Dienst gestellt, 1919 Seestreitkräfte der Ostsee, 1921 Umbau auf der Marinewerft in Wilhelmshaven, 1922-1929 Schulkreuzer, Auslandsreisen, machte 1924 als erstes Schiff der Reichsmarine eine Überseereise, am 27.03.29 außer Dienst gestellt, Reserve, am 01.10.35 aus der Liste der Kriegsschiffe gestrichen, 1935 Wohnschiff in Kiel, am 31.05.1947 im Skagerrak mit Gasmunition versenkt		

bauten. Die Torpedowaffe war mit beidseitig je einem 45-cm-Unterwasserrohr eingerüstet.

Im Laufe der Zeit ging bei den Schiffen die Bewaffnung in der anfänglichen Zusammensetzung nach Art und Umfang auseinander. Auf »Bremen« und »Lübeck« waren nach späteren Umbauten zwei Geschütze 15 cm SK L/45 vorhanden und die 10,5-cm-Geschütze auf sechs reduziert. »Lübeck« hatte zwei Deckstorpedorohre im Kaliber von 50 cm erhalten und konnte zudem mit bis zu 80 Minen beladen werden. Weitere Änderungen ergaben sich bei den in die Reichsmarine übernommenen beiden Einheiten »Berlin« und »Hamburg«.

Nach den Indienststellungen fanden die Kleinen Kreuzer der »Bremen«-Klasse direkte Verwendung im Flottendienst und zum Teil auch im Auslandsdienst. Die »München« nutzte man zunächst im Rahmen von Torpedoversuchen und die »Hamburg« war häufig als Begleitkreuzer für die Kaiseryacht »Hohenzollern« eingesetzt und danach Führungsschiff für U-Boote.

Die Kleinen Kreuzer »Bremen« und »Leipzig« sind im Krieg bei Kampfhandlungen gesunken. Drei Schiffe, »Lübeck«, »München« und »Danzig«, mussten nach Kriegsende als Kriegsbeute an England abgegeben werden und wurden dort verschrottet. Die Kleinen Kreuzer »Hamburg« und »Berlin« durfte die Reichsmarine übernehmen. Die Kriegsgegner hatten kein Interesse an den alten Schiffen. Nach entsprechender Herrichtung fanden die Einheiten bis Ende der 1920er Jahre unter anderem als Schulkreuzer Verwendung. Die »Hamburg« sank als Wohnschiff 1944 nach Bombentreffern und die »Berlin« wurde 1947 von den Engländern mit Gasmunition beladen im Skagerrak versenkt.

Kleiner Kreuzer »Lübeck«		
Bauwerft	A.G. Vulcan, Stettin	
Kiellegung	**Stapellauf**	**Indienststellung**
12.05.1903	26.03.1904	26.04.1905
Lebenslauf: am 10.10.11 außer Dienst gestellt, Reserve, 1914 Küstenschutz in der Ostsee, Einsatz in der östlichen Ostsee, am 13.01.16 Minentreffer, 1916 Reparatur und Umbau bei A.G. Vulcan in Stettin, 1917 Zielschiff für U-Boote, am 08.03.18 außer Dienst gestellt, am 05.11.19 aus der Liste der Kriegsschiffe gestrichen, am 03.09.20 als Kriegsbeute an England abgeliefert, 1922 / 1923 abgebrochen		

Kleiner Kreuzer »München«		
Bauwerft	A.G.Weser, Bremen	
Kiellegung	**Stapellauf**	**Indienststellung**
18.08.1903	30.04.1904	10.01.1905
Lebenslauf: 1905 Torpedoversuchsschiff, 1914 / 1915 Einsatz in der Nord- und Ostsee, am 31.05.16 Teilnahme an der Skagerrakschlacht, mehrere Artillerietreffer erhalten, am 19.10.16 bei Flottenvorstoß in der Nordsee Torpedotreffer durch englisches U-Boot »E 38«, am 15.11.16 außer Dienst gestellt, 1917 Wohnschiff in Kiel, am 05.11.19 aus der Liste der Kriegsschiffe gestrichen, am 06.07.20 als Kriegsbeute an England abgeliefert, dort abgebrochen		

Kleiner Kreuzer »Leipzig«		
Bauwerft	A.G.Weser, Bremen	
Kiellegung	**Stapellauf**	**Indienststellung**
12.07.1904	21.03.1905	20.04.1906
Lebenslauf: 1906 Auslandsdienst in Ostasien, 1914 Auslandsdienst an der Westküste Mittelamerikas, bei Kriegsausbruch Vereinigung mit dem Kreuzergeschwader, am 01.11.14 Seegefecht bei Coronel, am 08.12.14 in dem Seegefecht bei den Falkland-Inseln gesunken		

Kleiner Kreuzer »Danzig«		
Bauwerft	Kaiserliche Werft, Danzig	
Kiellegung	**Stapellauf**	**Indienststellung**
12.07.1904	23.09.1905	01.02.1907
Lebenslauf: 1910-1914 Artillerieschulschiff, 1914-1917 Einsatz in der Nord- und Ostsee, am 25.03.18 außer Dienst gestellt, am 05.11.19 aus der Liste der Kriegsschiffe gestrichen, am 15.09.20 als Kriegsbeute an England abgeliefert, 1921-1923 abgebrochen		

Kleiner Kreuzer »Danzig«. Foto: Archiv Autor

Kleine Kreuzer der »Königsberg«-Klasse

Postkarte mit der Abbildung des Kleinen Kreuzers »Königsberg«. Foto: Archiv Autor

Kleiner Kreuzer »Königsberg«		
Bauwerft	Kaiserliche Werft, Kiel	
Kiellegung	**Stapellauf**	**Indienststellung**
12.01.1905	12.12.1905	06.04.1907
Lebenslauf: 1914 Auslandsdienst in Ostafrika, 1914 Handelskrieg im Indischen Ozean, am 20.09.14 Vernichtung des englischen Kreuzers »Pegasus«, ab 30.10.14 in Rufiji-Delta von englischen Seestreitkräften blockiert, am 11.07.15 durch Artilleriefeuer schwer beschädigt, von der eigenen Besatzung gesprengt, vier abgeborgene Geschütze und die Besatzung in die Schutztruppe von Deutsch-Ostafrika eingegliedert, 1962 / 1963 letzte Reste des Wracks abgebrochen		

Nach den sieben Kleinen Kreuzern der »Bremen«-Klasse wurde auf Grundlage des Flottengesetzes von 1900 der Kreuzerbau weiter forciert fortgesetzt. Das Typschiff einer neuen Klasse wurde der Kleine Kreuzer »Königsberg«. Zuweilen wird die »Königsberg« auch als Einzelschiff bezeichnet, da sie sich von den drei Folgebauten in der Länge von 115,30 Meter, der Maschinenleistung von 13.918 PS und in der Fahrstrecke von 5750 Seemeilen bei 12 Knoten unterschied. Drei der vier Schiffe ersetzten ältere Einheiten, eines war ein sogenannter Vermehrungsbau.

Die vier Kleinen Kreuzer der »Königsberg«-Klasse wurden als Quer- und Längsspanten Stahlbauten ausgeführt. Das Typschiff war in 13 wasserdichte Abteilungen unterteilt. Die drei Schwesterschiffe dagegen in 14. Ihr Panzerdeck hatte eine Stärke von 45 bis 80 Millimeter. Sie waren gute Seeschiffe mit guten Dreh- und Manövriereigenschaften.

Die beiden in zwei Maschinenräumen aufgestellten Dreizylinder-dreifach-Expansionsdampfmaschinen erhielten

Kleiner Kreuzer »Stuttgart«. Foto: Archiv Autor

aus elf kohlebefeuerten Kesseln ihre Energie. Der Vortrieb der Schiffe erfolgte über zwei Wellen. Drei Schornsteine sorgten für den Abzug von Rauch und Abgasen. Bei den drei letzten Schiffen der Klasse stand der dritte Schornstein etwas achterlicher und wurde in der Flotte scherzhaft als »detachierter Schornstein« bezeichnet. Abweichend hiervon bestand die Antriebsanlage der »Stettin«, in Anlehnung an den Kleinen Kreuzer »Lübeck«, aus zwei Satz Dampfturbinen, die auf vier Wellen wirkten.

Die Bewaffnung der Kleinen Kreuzer der »Königsberg«-Klasse bestand aus zehn mit Schutzschilden versehenen Geschützen 10,5 cm SK L/40. Ihre Aufstellung entsprach der der Vorgängerklasse. Bei der »Königsberg« waren zudem in den Aufbauten zehn 3,7-cm-Maschinenkanonen eingerüstet. Ab der »Nürnberg« waren an deren Stelle acht Geschütze 5,2 cm SK L/55 an Bord vorhanden. Sie hatten als neuere Waffen wesentlich bessere Schießleistungen als die Maschinenkanonen aufzuweisen. Die Torpedobewaffnung entsprach wieder der Ausstattung der Vorgängerklasse.

Der Kleine Kreuzer »Königsberg« war zunächst im Flottendienst eingesetzt und häufig Begleitschiff für die Kaiseryacht »Hohenzollern«. Anfang 1914 verlegte das Schiff auf die ostafrikanische Auslandsstation. Nach Kriegsausbruch führte der Kleine Kreuzer Handelskrieg im Indischen Ozean und versenkte dabei den englischen Kreuzer »Pegasus«. Im Rufiji-Delta - im heutigen Tansania - wollte das Schiff seine Maschinenanlagen überholen, wurde dort ab Ende Oktober 1914 durch englische Seestreitkräfte blockiert und von See aus mehrfach bekämpft. Im Juli 1915 erzielten englische Einheiten schwere Treffer auf der »Königsberg«. Infolge der Schäden am Schiff, den Personalausfällen und dem Munitionsmangel wurde der Kleine Kreuzer von der eigenen Besatzung gesprengt. Er sank auf ebenen Kiel im flachen Wasser. Unter der Mitnahme von Geschützen und weiterem brauchbaren Material schloss sich die Besatzung der Schutztruppe in Deutsch-Ostafrika an.

Kleiner Kreuzer »Nürnberg«		
Bauwerft	Kaiserliche Werft, Kiel	
Kiellegung	**Stapellauf**	**Indienststellung**
16.01.1906	28.08.1906	10.04.1908
Lebenslauf: am 11.07.08 außer Dienst gestellt, 1910 Auslandsdienst in Ostasien, Kreuzergeschwader, am 01.11.14 Seegefecht bei Coronel, am 08.12.14 in dem Seegefecht bei den Falkland-Inseln gesunken		

Kleiner Kreuzer »Stettin«. Foto: Archiv Autor

Kleiner Kreuzer »Stuttgart«		
Bauwerft	Kaiserliche Werft, Danzig	
Kiellegung	**Stapellauf**	**Indienststellung**
01.11.1905	22.09.1906	01.02.1908
Lebenslauf: am 09.04.08 außer Dienst gestellt, 1909 Artillerieschulschiff, 1914 Einsatz in der Nord- und Ostsee, am 31.05.16 Teilnahme an der Skagerrakschlacht, am 15.12.16 außer Dienst gestellt, 1918 Umbau auf der Kaiserlichen Werft in Wilhelmshaven zum Flugzeugmutterschiff, am 17.12.18 außer Dienst gestellt, am 05.11.19 aus der Liste der Kriegsschiffe gestrichen, am 20.07.20 als Kriegsbeute an England abgeliefert, abgebrochen		

Wegen Personalmangels stellte der Kleine Kreuzer »Nürnberg« bereits im Sommer 1908 wieder außer Dienst. Nach der erneuten Indienststellung verlegte das Schiff Anfang 1910 nach Ostasien. Bei Kriegsausbruch operierte die »Nürnberg« sowohl als Einzelschiff als auch im Verband des Kreuzergeschwaders. In der Schlacht von Coronel nahm sie nur noch am Rande teil. In dem Seegefecht bei den Falkland-Inseln ist der Kleine Kreuzer gesunken.

Der Kleine Kreuzer »Stuttgart« stellte wie die »Nürnberg« wegen Personalmangels ebenfalls wieder außer Dienst. Als Artillerieschulschiff war sie ab 1909 wieder im Einsatz und in Zweitfunktion auch am normalen Flottengeschehen beteiligt. Nach Kriegsausbruch kam das Schiff in der Nord- und Ostsee zum Einsatz. Die Skagerrakschlacht überstand es ohne Ausfälle und ging Ende 1916 außer Dienst. Wie sich mittlerweile im Kriegsgeschehen mehrfach gezeigt hatte, konnten die älteren Schiffe den Anforderungen des Frontdienstes nicht mehr in vollem Umfang gerecht werden.

Im Jahre 1918 wurde die »Stuttgart« auf der Kaiserlichen Werft in Wilhelmshaven zum Flugzeugmutterschiff umgebaut. Sie erhielt achtern eine Flugzeughalle, heute würde man dazu Hangar sagen, aufgebaut, in der zwei Seeflugzeuge untergebracht werden konnten. Ein drittes Flugzeug konnte noch auf dem Hallendeck abgestellt werden. Die Artillerie erfuhr eine Reduzierung auf vier Geschütze 10,5 cm SK L/40 und zwei Geschütze 8,8 cm Flak L/45.

Der Kleine Kreuzer »Stettin« war der zweite mit Dampfturbinen ausgerüstet Kleine Kreuzer. Nach Indienststellung war das Schiffsleben durch den damals üblichen Flottendienst bestimmt. Während des gesamten Krieges fand das Schiff Verwendung als Führungsschiff für U-Boote und bei Einsätzen in der Nord- und Ostsee einschließlich der Skagerrakschlacht. Die ebenfalls geplante Umrüstung in ein Flugzeugmutterschiff wurde nicht mehr in Angriff genommen. Im Dezember 1918 stellte der Kleine Kreuzer außer Dienst.

Kleiner Kreuzer »Stettin«		
Bauwerft	A.G. Vulcan, Stettin	
Kiellegung	**Stapellauf**	**Indienststellung**
22.03.1906	07.03.1907	29.10.1907
Lebenslauf: 1914 Führungsschiff für U-Boote, Einsatz in der Nord- und Ostsee, am 31.05.16 Teilnahme an der Skagerrakschlacht, 1917 U-Bootschulschiff, am 19.12.18 außer Dienst gestellt, am 05.11.19 aus der Liste der Kriegsschiffe gestrichen, am 20.07.20 als Kriegsbeute an England abgeliefert, 1921-1923 abgebrochen		

Kleine Kreuzer der »Dresden-Klasse

Der Kleine Kreuzer »Emden« ist zweifellos eines der berühmtesten Schiffe der Kaiserlichen Marine. Foto: Bibliothek für Zeitgeschichte

Kleiner Kreuzer »Dresden«		
Bauwerft	Blohm+Voss, Hamburg	
Kiellegung	**Stapellauf**	**Indienststellung**
Frühjahr 1907	05.10.1907	14.11.1908
Lebenslauf: 1913 Auslandsdienst im Mittelmeer, 1914 Auslandsdienst vor der mexikanischen Küste und in der Karibik, 1914 Handelskrieg im Südatlantik, Verlegung in den Pazifik, Eingliederung in das Ostasiatische Kreuzergeschwader, Teilnahme an den Seegefechten bei Coronel (01.11.14) und bei den Falkland-Inseln (08.12.14), als einziges Schiff entkommen, Handelskrieg im Pazifik vorgesehen, 1915 wegen des schlechten technischen Zustandes Genehmigung zur Internierung, am 14.03.15 in neutralen chilenischen Gewässern der Insel Mas a Tierra von den englischen Kreuzern »Kent« und »Glasgow« kampfunfähig geschossen, selbst versenkt		

Im Jahre 1905 entstand in der Konstruktionsabteilung des Marineamtes der Entwurf für zwei Kleine Kreuzer, die die veralteten Avisos »Comet« und »Pfeil« ersetzen sollten. Die Schiffe waren geringfügig größer als die vier Einheiten der vorangegangenen »Königsberg«-Klasse. Die Bewaffnung war gleich. Ihre Antriebsanlagen waren etwas stärker ausgelegt, was eine höhere Geschwindigkeit möglich machte.

Die beiden Kleinen Kreuzer der »Dresden«-Klasse waren als Quer- und Längsspanten Stahlbauten gefertigt. Ihre Rümpfe waren in 13 wasserdichte Abteilungen unterteilt. Das Panzerdeck hatte eine Stärke von 50 bis 80 Millimeter. Sie waren gute Seeschiffe mit sehr guten Dreh- und Manövriereigenschaften. Allerdings schlingerten sie stark und waren bei hoher Fahrt sehr nass.

Die Maschinenanlage war auf den beiden Schwesterschiffen unterschiedlich ausgelegt. Auf der »Dresden« kamen, in Anlehnung an die Kleinen Kreuzer »Lübeck« und »Stettin«, in vier Maschinenräumen zwei Satz Dampfturbinen zum Einbau, die ihre Leistung über vier Wellen abgaben. Sie war ein Knoten schneller als das Schwesterschiff und konnte zusätzliche 70 Tonnen Kohle bunkern. Die Antriebsanlage der »Emden« bestand aus zwei Dreizylinder-dreifach-Expansionsdampfmaschinen, die in zwei Maschinenräumen standen und auf zwei Wellen wirkten. Die »Emden« war der letzte Kleine Kreuzer der Kaiserlichen Marine, der noch mit Expansionsdampfmaschinen ausgerüstet wurde. Beiden Schiffen gemeinsam waren die zwölf kohlebefeuerten Kessel für die Dampferzeugung und die drei Schornsteine.

Die Bewaffnung der Kleinen Kreuzer bestand aus zehn mit Schutzschilden versehenen Geschützen 10,5 cm SK L/40, die auf dem Oberdeck beidseitig aufgestellt waren. Acht weitere Geschütze 5,2 cm SK L/55 ergänzten die Artillerieausstattung. Sie standen verteilt in den Aufbauten. Die Torpedowaffe war, wie bisher auf den Kleinen Kreuzern üblich, wieder mit zwei 45-cm-Unterwasserrohren eingerüstet.

Der Kleine Kreuzer »Dresden« verweilte zunächst im normalen Flottendienst der Kaiserlichen Marine bevor er Anfang 1913 für einige Monate in das Mittelmeer detachiert wurde. Nach kurzem Heimataufenthalt verlegte das Schiff Ende Dezember 1913 in Richtung Mexiko, wo Unruhen ausgebrochen waren. Im Sommer 1914 vom Kriegsausbruch überrascht führte das Schiff zunächst im Südatlantik Handelskrieg und verlegte im September in den Pazifischen Ozean. Mit dem Kreuzergeschwader vereinigt, nahm es an den Seegefechten bei Coronel und den Falkland-Inseln teil, wo die »Dresden« als einziges Schiff entkommen konnte. Der vorgesehene Handelskrieg im Pazifik scheiterte aus logistischen Gründen bei der Kohleversorgung und am schlechten technischen Zustand des Schiffes. In neutralen chilenischen Gewässern der Insel Isla Más a Tierra (heutige Robinson Crusoe Insel) wurde der Kleine Kreuzer in der dortigen Cumberland Bay liegend am 14. März 1915 von den englischen Kreuzern »Kent« und »Glasgow« gestellt, völkerrechtswidrig angriffen und kampfunfähig geschossen. Der geforderten Übergabe entzog sich das Schiff durch Selbstversenkung.

Der Kleine Kreuzer »Emden« verließ Anfang 1910 Deutschland und verlegte als Auslandskreuzer auf die ostasiatische Station. Ab Kriegsbeginn führte das Schiff einen sehr erfolgreichen Handelskrieg im Indischen Ozean, der in die Seekriegsgeschichte eingegangen ist. Die ritterliche Kriegsführung des Kommandanten, Fregattenkapitän Karl von Müller, findet bis heute international große Anerkennung. Auf das Konto der »Emden« gehen zwei

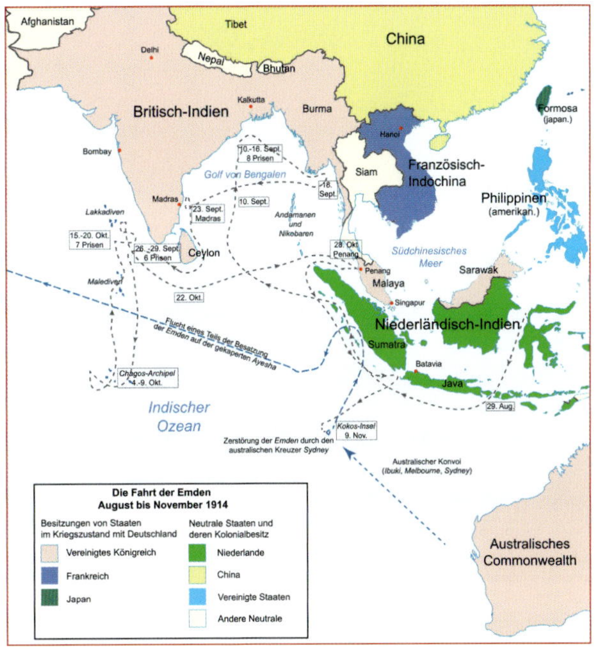

Der Kleine Kreuzer »Emden« führte Handelskrieg im Indischen Ozean. Foto: Furfur / CC-BY-SA 3.0

Kleiner Kreuzer »Emden«		
Bauwerft	Kaiserliche Werft, Danzig	
Kiellegung	**Stapellauf**	**Indienststellung**
01.11.1906	26.05.1908	10.07.1909
Lebenslauf: 1910 Auslandsdienst in Ostasien, 1914 sehr erfolgreicher Handelskrieg im Indischen Ozean, am 09.11.14 Gefecht mit australischem Kreuzer »Sydney« bei den Cocos-Inseln, das kampfunfähig geschossene Schiff wurde auf den Strand gesetzt, überlebenden Besatzungsmitgliedern konnten auf Antrag Doppelfamiliennamen mit dem Zusatz »Emden« annehmen, neben »U 9« einziges mit dem Eisernen Kreuz ausgezeichnete Kriegsschiff der Kaiserlichen Marine		

versenkte Kriegsschiffe, 16 versenkte Handelsschiffe und zwei aufgebrachte und dann als Kohleversorger genutzte Dampfer sowie die Zerstörung der Ölanlagen in Madras und der Nachrichtenstation auf den Cocos-Inseln durch einen Landungszug. Diese Ergebnisse des Handelskrieges ähnelten denen des zur gleichen Zeit im Atlantik erfolgreich operierenden Kleinen Kreuzers »Karlsruhe«.

Bei der Zerstörung der Nachrichtenstation der Cocos-Inseln in Port Refuge auf der Direction Insel ereilte das fieberhaft von den Engländern gesuchte Schiff am 9. November 1914 das Schicksal. Im Artilleriegefecht mit dem im Seegebiet erscheinenden australischen Leichten Kreuzer »Sydney« unterlag die »Emden«. Kampfunfähig

geschossen wurde das Schiff auf die Klippen der Insel Nord-Keeling gesetzt.

Der Landungszug, der sich schon vor Gefechtsbeginn an Land befand und jetzt nicht mehr an Bord zurückkehren konnte, requirierte den im Hafen liegenden Dreimast-Marssegelschoner »Ayesha« und gelangte nach mehrmonatiger Odyssee in die Heimat.

Das U-Boot »U 9« und der Kleine Kreuzer »Emden« sind die einzigen mit dem Eisernen Kreuz ausgezeichneten deutschen Kriegsschiffe. Die überlebenden Besatzungsmitglieder konnten auf Antrag Doppelfamiliennamen mit dem Zusatz »Emden« annehmen.

Das zusammengeschossene Wrack des Kleinen Kreuzers »Emden«. Foto: Archiv Autor

Kleine Kreuzer der »Kolberg«-Klasse

Kleiner Kreuzer »Kolberg«. Foto: Archiv Autor

Die vier Kleinen Kreuzer der »Kolberg«-Klasse entstanden als Ersatzbauten von älteren, noch mit Hilfssegeln ausgerüsteten Avisos und Kleinen Kreuzern aus den 1880er Jahren. Mit dieser Klasse beginnend ging die Kaiserliche Marine beim Schiffsantrieb der Kleinen Kreuzer generell zu Dampfturbinen über.

Die Quer- und Längsspanten Stahlbauten hatten 13 wasserdichte Abteilungen und ein Panzerdeck von 50 bis 80 Millimeter Stärke. Die beiden Kleinen Kreuzer waren die letzten Einheiten der Kaiserlichen Marine, die noch einen Rammsteven erhalten hatten. Die Einheiten galten als gute Seeschiffe, besaßen aber mäßige Dreh- und Manövriereigenschaften und schlingerten stark.

Nachdem teilweise bei früheren Klassen von Kleinen Kreuzern bereits Dampfturbinen als Antrieb zum Einsatz kamen, hat sich diese Antriebsvariante ab der »Kolberg«-Klasse endgültig durchgesetzt. Was zunächst noch offen blieb, war das Herausfinden des brauchbarsten Turbinenmodells. Deshalb erhielten die neuen Kleinen Kreuzer Dampfturbinen unterschiedlicher Fabrikate eingebaut. Auch die Anzahl der Wellen variierte. Die jeweils in vier Maschinenräumen aufgestellten zwei Satz Dampfturbinen wirkten bei »Kolberg« und »Augsburg« auf vier Wellen. Die Kleinen Kreuzern »Mainz« und »Cöln« besaßen lediglich nur zwei Wellen.

Kleiner Kreuzer »Kolberg«		
Bauwerft	F. Schichau, Danzig	
Kiellegung	**Stapellauf**	**Indienststellung**
15.01.1908	14.11.1908	21.06.1910
Lebenslauf: 1914 in der Nordsee, am 24.01.15 Schlacht an der Doggerbank, 1915-1918 Einsatz in der Ostsee, 1917 Umbau auf der Kaiserlichen Werft in Kiel, am 17.12.18 außer Dienst gestellt, am 05.11.19 aus der Liste der Kriegsschiffe gestrichen, am 28.04.20 als Kriegsbeute an Frankreich abgeliefert, umbenannt in »Colmar«, 1927 außer Dienst gestellt, 1929 abgebrochen		

Der Kleine Kreuzer »Augsburg« im Aussehen nach seinem Umbau. Foto: Archiv Autor

Allen gemeinsam waren die 15 kohlebefeuerten Kessel zur Dampferzeugung und die drei Schornsteine für den Abzug von Rauch und Abgasen. Im Januar 1915 erhielt die »Augsburg« eine Ölzusatzfeuerung.

Die Bewaffnung der Kleinen Kreuzer bestand aus zwölf mit Schutzschilden versehenen Geschützen 10,5 cm SK L/45, die auf dem Oberdeck beidseitig aufgestellt waren. Vier weitere Geschütze 5,2 cm SK L/55 ergänzten die Artillerieausstattung. Sie standen verteilt in den Aufbauten. Die Torpedowaffe war wieder mit zwei 45-cm-Unterwasserrohren eingerüstet.

Nach ihren Umbauten in den Jahren 1916 / 1917 waren »Kolberg« und »Augsburg« mit sechs Geschützen 15 cm SK L/45 und auf den beiden Seitendecks mit je einem zusätzlichen 50-cm-Torpedorohr ausgerüstet. Die 15-cm-Geschütze waren vorne und achtern sowie je zwei auf den beiden Seiten des Oberdecks aufgestellt. Weiterhin bestand nun auch eine Zuladekapazität von 100 Minen und 1918 folgte noch die Einrüstung von zwei 8,8 cm Flak L/45.

Nachdem die Kleinen Kreuzer der »Kolberg«-Klasse Flagge und Wimpel gesetzt hatten, waren sie in den wenigen noch verbliebenen Friedensjahren im damals üblichen Flottendienst mit Manövern und Auslandsreisen eingesetzt. Der Kleine Kreuzer »Augsburg« bildete dabei mit seinen Verwendungen als Torpedoversuchsschiff und Artillerieschulschiff eine Ausnahme.

Nach Kriegsausbruch kam die »Kolberg« in der Nordsee um Einsatz und nahm dabei auch an Flottenvorstößen teil. Ab 1915 war die Ostsee ihr Haupteinsatzgebiet, das es auch bis Ende des Krieges blieben sollte. Im Jahre 1917 unterbrach der Umbau auf der Kaiserlichen Werft in Kiel, der unter anderem eine Änderung der Bewaffnung beinhaltete, diese Tätigkeit. Nach dem Krieg musste das Schiff an Frankreich abgeliefert werden, wo es noch einige Jahre als Kreuzer »Colmar« Dienst tat.

Der Kleine Kreuzer »Mainz« hatte nur ein kurzes Schiffsleben. Beim Flottenvorstoß englischer Seestreitkräfte in die Deutsche Bucht ist er im Seegefecht bei Helgoland Ende August 1914 von Kreuzern und Zerstörer durch Artilleriefeuer und Torpedos versenkt worden. Die 348 Überlebenden Besatzungsmitglieder wurden von engli-

Kleiner Kreuzer »Mainz«		
Bauwerft	A.G. Vulcan, Stettin	
Kiellegung	**Stapellauf**	**Indienststellung**
04.12.1907	23.01.1909	01.10.1909
Lebenslauf: 1914 Einsatz in der Nordsee, am 28.08.14 im Gefecht mit englischen Schlachtkreuzern vor Helgoland gesunken		

Kleiner Kreuzer »Cöln«		
Bauwerft	Germaniawerft, Kiel	
Kiellegung	**Stapellauf**	**Indienststellung**
25.05.1908	05.06.1909	16.06.1911
Lebenslauf: 1914 Einsatz in der Nordsee, am 28.08.14 im Gefecht mit englischen Schlachtkreuzern vor Helgoland gesunken		

Kleiner Kreuzer »Augsburg«		
Bauwerft	Kaiserliche Werft, Kiel	
Kiellegung	**Stapellauf**	**Indienststellung**
22.08.1908	10.07.1909	01.11.1910
Lebenslauf: 1911 Torpedoversuchsschiff, 1912 Artillerieschulschiff, 1914-1918 Einsatz in der Ostsee, am 25.01.15 Minentreffer erhalten, Reparatur, 1916 Umbau auf der Kaiserlichen Werft in Kiel, 1918 U-Bootschule, Minensuch- und Räumverbände in der Nordsee, am 17.12.18 außer Dienst gestellt, am 03.09.20 als Kriegsbeute an Japan abgeliefert, 1922 in Holland abgebrochen		

schen Einheiten gerettet. Heute erinnert am Rheinufer in der Stadt Mainz eine Gedenksäule an den Kleinen Kreuzer.

Nahezu identisch war der Kriegseinsatz des Kleinen Kreuzers »Cöln«, der durch englische Schlachtkreuzer in demselben Seegefecht durch Artilleriefeuer endete. Nur ein Besatzungsmitglied überlebte den Untergang. Ein zerstörter Kutter der »Cöln« wurde wenige Tage später am Strand von Norderney angetrieben und hängt heute als stummer Zeuge der Tragödie in der Eigelsteintorburg der Stadt Köln.

Der Kleine Kreuzer »Augsburg« kam in Friedenszeiten wie geplant nach den Kleinen Kreuzern »Nymphe« und »München« zunächst als drittes Torpedoversuchsschiff und dann als Artillerieschulschiff in Verwendung. Nach Kriegsausbruch war das Schiff in der Ostsee aktiv. Im Jahre 1916 erfolgte ein Umbau auf der Kaiserlichen Werft in Kiel mit einhergehender Umrüstung. Danach wieder Dienst in der Ostsee. In der ersten Jahreshälfte von 1918 war das Schiff der U-Bootschule zugeteilt und in der zweiten Hälfte des Jahres 1918 war die »Augsburg« nochmals Führungsschiff der Minensuch- und Räumverbände in der Nordsee. Am 17. Dezember 1918 stellte sie außer Dienst und musste anschließend als Kriegsbeute an Japan abgeliefert werden. Der Kleine Kreuzer »Augsburg« wurde danach verschrottet.

Kleine Kreuzer der »Magdeburg«-Klasse

Kleiner Kreuzer »Magdeburg«. Foto: Bundesarchiv / Bild 146-2007-0221 / CC-BY-SA 3.0

Während bislang beim Bau der Kleinen Kreuzer von Klasse zu Klasse eine kontinuierliche Fortentwicklung zu verzeichnen war, kam es bei den Kleinen Kreuzern der »Magdeburg«-Klasse zu einer Neukonstruktion. Gesonderter Seitenpanzer, Längsspantensystem, verbesserte Turbinen-Fabrikate, größeres Torpedokaliber und Minenwurfeinrichtungen waren Innovationen auf diesen Einheiten. Äußerlich waren sie auch leicht an ihren vier Schornsteinen zu erkennen. Die Kleinen Kreuzer der »Magdeburg«-Klasse waren Ersatzbauten für vier ältere Kleine Kreuzer der »Bussard«-Klasse aus den frühen 1890er Jahren.

Die »Magdeburg«-Klasse wurden als Längsspant-Bänder Stahlbauten gefertigt. Diese Bauweise kam erstmals zur

Kleiner Kreuzer »Magdeburg«		
Bauwerft	A.G. Weser, Bremen	
Kiellegung	**Stapellauf**	**Indienststellung**
April 1910	13.05.1911	20.08.1912
Lebenslauf: 1912 Torpedoversuchsschiff, 1914 Einsatz in der Ostsee, am 26.08.14 im Finnbusen vor der Insel Odensholm im Nebel gestrandet, Schiff gesprengt, Geheimmaterial versenkt, dennoch fiel das Signalbuch in russische Hände und wurde an die englische Admiralität weitergegeben		

Kleiner Kreuzer »Breslau«		
Bauwerft	A.G. Vulcan, Stettin	
Kiellegung	**Stapellauf**	**Indienststellung**
Frühjahr 1910	16.05.1911	10.05.1912
Lebenslauf: 1912 Auslandsdienst im Mittelmeer, 1914 Durchbruch durch die Dardanellen in die Türkei, am 16.08.14 umbenannt in »Midilli«, 1914-1918 mit deutscher Besatzung Einsätze im Rahmen der deutsch-türkischen Seekriegsführung im Schwarzen Meer, am 20.01.18 nach fünf Minentreffern im Ägäischen Meer gesunken		

Anwendung und war für die Längsfestigkeit der Schiffe von Vorteil. Während »Breslau« 16 wasserdichte Abteilungen hatte, waren die übrigen drei Schiffe mit nur 14 konstruiert. Die Schiffe wiesen unterschiedliche Verdrängungen auf. Sie hatten einen leichten Gürtelpanzer von 60 Millimeter, der eine maßgebliche Forderung für den Schiffsentwurf war. Das Panzerdeck hatte wiederum eine Stärke von 40 bis 60 Millimeter. Erstmals erfolgte bei den Kleinen Kreuzern der Bau mit einem modernen Kreuzerbug anstelle des bisher üblichen antiquierten Rammstevens. Damit wurde das Vorschiff besser gegen Spritzwasser geschützt. Gute Seeschiffe mit guten Dreh- und Manövriereigenschaften, allerdings schwer andrehend, waren weitere Eigenschaften der »Magdeburg«-Klasse.

In vier Maschinenräumen waren die Dampfturbinen untergebracht. Ihre Anzahl variierte. Bei »Magdeburg« und »Stralsund« waren es jeweils drei Satz, bei den übrigen nur zwei. Unterschiedlich war auch die Anzahl der Wellen. »Magdeburg« und »Stralsund« besaßen jeweils drei, »Breslau« vier und »Straßburg« zwei Wellen. Gemeinsam waren die 16 Kessel, die zunächst nur mit Kohle und später auch in einer gemischten Befeuerung mit Öl betrieben wurden. Zum ersten Mal mussten auf Kleinen Kreuzern vier Schornsteine eingebaut werden.

Auch beim Bau der »Magdeburg«-Klasse konnte sich die Kaiserliche Marine noch nicht zu einem größeren Geschützkaliber durchringen, obwohl die Royal Navy bei ihren neuen Leichten Kreuzern zum Kaliber von 6 inch (15,2 cm) übergegangen war. An Stelle dessen wurde die größere Anzahl von leichteren Geschützen zur Torpedobootsabwehr priorisiert.

Eingerüstet waren zwölf Geschütze 10,5 cm SK L/45, die mit Schutzschilden versehenen beidseitig auf dem Oberdeck und den hinteren Aufbauten aufgestellt waren. Die Torpedowaffe war mit zwei 50-cm-Unterwasserrohren eingerüstet und hatte damit eine Steigerung gegenüber den Vorgängern erfahren. Weiterhin konnten die Schiffe 120 Minen mitnehmen und verlegen.

Nach dem Umbau von 1915 / 1916 befanden sich auf »Straßburg« und »Stralsund« jeweils sieben Geschütze 15 cm SK L/45. Ihre Aufstellung war wie folgt: Vor und beidseitig der Brücke je ein Geschütz, beidseitig der achteren Aufbauten an Oberdeck ebenfalls je ein Geschütz und achtern in der Mittschiffslinie zwei, davon eines überhöht. Zusätzlich kamen zwei 8,8-cm-Flack und je ein 50-cm-Torpedorohr auf den beiden Seitendecks an Bord.

Der Kleine Kreuzer »Magdeburg« fand zunächst als Torpedoversuchsschiff Verwendung. Nach Kriegsausbruch erfolgte sein Einsatz in der Ostsee. Schon im August 1914 strandete das Schiff bei dichtem Nebel vor der Insel Odensholm im Finnbusen. Beim Herankommen russischer Einheiten wurde der Kleine Kreuzer von der eigenen Besatzung gesprengt, die dann anschließend vom Torpedoboot »V 26« abgeborgen wurde. Aus dem vorsorglich versenkten Geheimmaterial konnten russische Taucher das Signalbuch bergen, das der englischen Ad-

Kleiner Kreuzer »Straßburg«		
Bauwerft	Kaiserliche Werft, Wilhelmshaven	
Kiellegung	**Stapellauf**	**Indienststellung**
Oktober 1910	24.08.1911	01.10.1912
Lebenslauf: 1913 Auslandsdienst im Mittelmeer, 1913 / 1914 zusammen mit den Linienschiffen »Kaiser« und »König Albert« große Atlantikreise, 1914 / 1915 Einsatz in der Nord- und Ostsee, 1915 Umbau auf der Kaiserlichen Werft in Kiel, 1915-1918 Einsatz in der Ostsee, 1919 / 1920 Minensuch- und Räumverbände in der Nordsee, am 04.06.20 außer Dienst gestellt und aus der Liste der Kriegsschiffe gestrichen, am 20.07.20 als Kriegsbeute an Italien abgeliefert, umbenannt in »Taranto«, 1943 in La Spezia beim Abfall Italiens durch eigene Besatzung versenkt, gehoben und durch Fliegerbomben versenkt, erneut gehoben und durch Fliegerbomben endgültig versenkt, nach dem Krieg abgebrochen		

Kleiner Kreuzer »Stralsund«		
Bauwerft	A.G. Weser, Bremen	
Kiellegung	**Stapellauf**	**Indienststellung**
September 1910	04.11.1911	10.12.1912
Lebenslauf: 1914 / 1915 Einsatz in der Nord- und Ostsee, am 28.08.14 Seegefecht bei Helgoland, 1916 Umbau auf der Kaiserlichen Werft in Kiel, 1917 / 1918 Einsatz in der Nord- und Ostsee, am 17.12.18 außer Dienst gestellt, am 05.11.19 aus der Liste der Kriegsschiffe gestrichen, am 20.07.20 als Kriegsbeute an Frankreich abgeliefert, umbenannt in »Mulhouse«, 1935 abgebrochen		

Der Kleine Kreuzer »Stralsund« nach seinem 1916 erfolgten Umbau. Foto: Archiv Autor

miralität übergegeben wurde. Als schwerwiegende Folge war der englische Marinenachrichtendienst - Room 40 - nun in der Lage deutsche Funksprüche zu entschlüsseln und mitzulesen.

In Folge der politischen Entwicklungen auf dem Balkan verlegte der Kleine Kreuzer »Breslau« im November 1912 in das Mittelmeer, wo er für die kommende Zeit auch verblieb. Durch den Kriegsausbruch bedingt musste die »Breslau« zusammen mit dem Schlachtkreuzer »Goeben« in die Türkei durchbrechen. Die beiden deutschen Schiffe wurden am 16. August 1914 formal von der türkischen Marine übernommen und in »Yavuz Sultan Selim« und »Midilli« umbenannt. Mit deutscher Besatzung kam die »Midilli« ex »Breslau« in den Folgejahren - einzeln oder im Verband mit der »Yavuz Sultan Selim« ex »Goeben« respektive türkischen Einheiten - bei Einsätzen im Rahmen der deutsch-türkischen Seekriegsführung im Schwarzen Meer zum Einsatz. Bei einem Vorstoß in die Ägäis geriet die »Midilli« am 20. Januar 1918 in der Ägäis auf eine Minensperre und sank nach fünf Minentreffern.

Nach einem kurzen Auslandsdienst im Mittelmeer führte den Kleinen Kreuzers »Straßburg« 1913 / 1914 zusammen mit den Linienschiffen »Kaiser« und »König Albert« eine große Atlantikreise in die deutschen Kolonien nach Westafrika und Südwestafrika sowie zur Ost- und Westküste von Südamerika durch. Nach Kriegsausbruch kam das Schiff in der Nord- und Ostsee zum Einsatz. Als erster der Kleinen Kreuzer erfolgte 1915 auf »Straßburg« ein Umbau mit der Einrüstung von 15-cm-Geschützen und einer verstärkten Torpedoarmierung. Danach wieder Kriegseinsatz in der Ostsee. Nach dem Krieg musste das Schiff als Kriegsbeute an Italien abgeben werden. Als Kreuzer »Taranto« blieb das Schiff aktiv, bis es 1943 in La Spezia durch die eigene Besatzung versenkt wurde. Nach der Hebung wurde das Schiff durch Fliegerbomben nochmals versenkt. Erneut gehoben erlitt es ein weiteres Mal eine Versenkung durch Fliegerbomben. Nach dem Krieg erfolgte dann der Abbruch.

Der Kleine Kreuzer »Stralsund« kam im Krieg in der Nord- und Ostsee zum Einsatz. Bereits am 28. August 1914 war er am Seegefecht bei Helgoland beteiligt. Im Jahre 1916 erfolgte auch bei der »Stralsund« ein Umbau mit der Einrüstung von 15-cm-Geschützen und einer verstärkten Torpedoarmierung. Danach kam das Schiff bis zum Kriegsende wieder in der Nord- und Ostsee zum Einsatz. Nach Außerdienststellung und Streichung aus der Liste der Kriegsschiffe musste das Schiff an Frankreich als Kriegsbeute abgeliefert werden. Als »Mulhouse« war es noch einige Jahre im Dienst der französischen Flotte aktiv bevor es 1935 abgebrochen wurde.

Kleine Kreuzer der »Karlsruhe«-Klasse

Die beiden Kleinen Kreuzer »Karlsruhe« und »Rostock« unterschieden sich im Wesentlichen von ihren Vorgängern durch den Einbau von zwei Kesseln mit reiner Ölfeuerung. Sie ersetzten zwei ältere Kleine Kreuzer der »Bussard«-Klasse aus den frühen 1890er Jahren. Mit nur einem Tag Unterschied liefen die beiden Schiffe im November 1912 vom Stapel.

»Karlsruhe« und »Rostock« waren Längsspant-Bänder Stahlbauten mit 15 wasserdichten Abteilungen. Sie hatten einen leichten Gürtelpanzer von 60 Millimeter Das Panzerdeck hatte eine Stärke von 40 bis bis 60 Millimeter. Die Kleinen Kreuzer der »Karlsruhe«-Klasse galten allgemein als gute Seeschiffe mit guten Dreh-und Manövriereigenschaften, allerdings schwer andrehend.

Der Kleine Kreuzer »Karlsruhe« beim Kohlen. Foto: Archiv Autor

Zwei Satz Dampfturbinen in vier Maschinenräumen wirkten auf zwei Wellen. Aus zwölf kohle- und zwei ölbefeuerten Kesseln erhielten sie ihren Dampf. Die Leistungsabgabe der Turbine war auf den beiden Schiffen unterschiedlich (»Karlsruhe« 37.885 PS, »Rostock« 43.628 PS). Wie ihre Vorgänger waren sie wieder mit vier Schornsteinen ausgerüstet. Bei den Probefahrten zeigte sich auf beiden Schiffen, dass der Kohleverbrauch als zu niedrig berechnet worden war. Trotz vorgenommener konstruktiver Änderungen konnte der hohe Brennstoffverbrauch nicht gesenkt werden.

Eingerüstet waren auf den beiden Kleinen Kreuzern zwölf Geschütze 10,5 cm SK L/45, die mit Schutzschilden versehenen beidseitig auf dem Oberdeck und den hinteren Aufbauten aufgestellt waren. Die Torpedowaffe war mit zwei 50-cm-Unterwasserrohren eingerüstet. Weiterhin konnten die beiden Schiffe 120 Minen mitnehmen und verlegen.

Die nicht zu vermeidende Kohleübernahme war ein schmutziges Geschäft und mit harter körperlicher Arbeit verbunden. In grausamer Ironie wurde sie von den Mannschaften als »Kohlenfest« bezeichnet. Als kleinen Ausgleich gab es an diesen Tagen Sonderverpflegung. Foto: Archiv Autor

Der Kleine Kreuzer »Karlsruhe« war für den Auslandsdienst auf der ostamerikanischen Station vorgesehen und damit der erste Auslandskreuzer mit Turbinenantrieb. Nach Kriegsausbruch rüstete die »Karlsruhe« auf hoher See den Passagierdampfer »Kronprinz Wilhelm« zum Hilfskreuzer aus und begann anschließend selbst mit dem Handelskrieg im Atlantik. Dieser erwies sich mit 17 aufgebrachten Schiffen als sehr erfolgreich und kam den Ergebnissen des im Indischen Ozeans zeitlich parallel operierenden Kleinen Kreuzers »Emden« gleich.

Am 4. November 1914 ereignete sich auf dem Schiff eine innere Explosion in Höhe der Brücke, der mehre-

Kleiner Kreuzer »Karlsruhe«		
Bauwerft	Germaniawerft. Kiel	
Kiellegung	**Stapellauf**	**Indienststellung**
21.09.1911	11.11.1912	15.01.1914
Lebenslauf: 1914 Auslandsdienst auf der ostamerikanischen Station, nach Kriegsausbruch Ausrüstung des Hilfskreuzers »Kronprinz Wilhelm«, Handelskrieg im Atlantik, am 04.11.15 nach innerer Explosion nordöstlich von Venezuela gesunken		

Kleiner Kreuzer »Rostock«		
Bauwerft	Howaldtswerke, Kiel	
Kiellegung	**Stapellauf**	**Indienststellung**
Herbst 1911	12.11.1912	05.02.1914
Lebenslauf: 1914 Führungsschiff der Torpedoboote, 1914 / 1915 Einsatz in der Nordsee, am 31.05.16 Teilnahme an der Skagerrakschlacht, Torpedotreffer erhalten, nicht mehr für den Heimmarsch fahrfähig, durch eigene Torpedoboote mit Torpedos selbst versenkt		

re schwächere folgten. Das Vorschiff wurde dabei völlig vom Rumpf getrennt und abgerissen. Die Ursache der Explosion konnte nie geklärt werden. Vermutlich ist sie durch im Vorschiff lagerndes Heizöl ausgelöst worden, was wiederum zu einer Kettenreaktion bei der ebenfalls dort lagernden Bereitschaftsmunition führte. Unter großen Personalverlusten versank die »Karlsruhe« nordöstlich von Venezuela im Atlantik. Der Untergang ließ sich lange geheim halten, was bis in das Frühjahr 1915 zur Bindung von gegnerischen Seestreitkräften führte.

Der Kleine Kreuzer »Rostock« wurde Führungsschiff der Torpedoboote und kam als solches in der Nordsee zum Einsatz. Das Schiff nahm an verschiedenen Flottenvorstößen teil und war auch an der Skagerrakschlacht beteiligt. Dabei konnte es zwei englische Zerstörer versenken. Auf dem Rückmarsch führte bei einer Gefechtsberührung ein Torpedotreffer zum Ausfall der Turbinen. Bei Annäherung englischer Kreuzer wurde die »Rostock« mit drei Torpedos von eigenen Torpedobooten selbst versenkt. Die Besatzung war von diesen zuvor übernommen worden. Die »Rostock« verschoss in der Skagerrakschlacht mit 500 Granaten die Höchstzahl an Munition von allen beteiligten deutschen Schiffen.

Kleine Kreuzer der »Graudenz«-Klasse

Die Kleinen Kreuzer der »Graudenz«-Klasse unterschieden sich von den beiden unmittelbaren Vorgängern nur durch die Reduzierung der Schornsteine. Größe, Maschinenanlage, Geschwindigkeit, Bewaffnung und Panzerung waren nahezu identisch. Diskutiert wurde während der Entwicklungsarbeiten die Armierung mit 15-cm-Geschützen. Letztendlich blieb es aber dann doch bei der bisherigen 10,5-cm-Bewaffnung, die sich bislang als Standard bei den Kleinen Kreuzern behauptet hatte. Die beiden Einheiten waren Ersatzbauten für die Kleinen Kreuzer »Prinzess Wilhelm« und »Irene«, die noch aus den 1880er Jahren stammten.

Die als Längsspant-Bänder Stahlbauten gebauten Kleinen Kreuzer »Graudenz« und »Regensburg« hatten 17 wasserdichte Abteilungen. Sie hatten einen leichten Gürtelpanzer von 60 Millimeter der eine maßgebliche Forderung für den Schiffsentwurf war. Das Panzerdeck hatte wiederum eine Stärke von 40 bis 60 Millimeter. Sie waren gute Seeschiffe mit guten Dreh- und Manövriereigenschaften, allerdings drehten sie schwer an.

Zwei Satz Dampfturbinen in vier Maschinenräumen wirkten auf zwei Wellen. Aus zehn kohle- und zwei ölbefeuerten Kesseln erhielten sie ihren Dampf. Mit den beiden Kleinen Kreuzern kehrte die Kaiserliche Marine wieder zu einem Drei-Schornstein-Schiff zurück. Die reduzierte Anzahl an Kesseln hatte dies möglich gemacht.

Eingerüstet waren auf den beiden Kleinen Kreuzern zwölf Geschütze 10,5 cm SK L/45, die mit Schutzschilden versehenen beidseitig auf der Back, dem Oberdeck und achtern in der Mittschiffslinie in den Aufbauten und an

Kleiner Kreuzer »Graudenz«		
Bauwerft	Kaiserliche Werft, Kiel	
Kiellegung	**Stapellauf**	**Indienststellung**
Sommer 1912	25.10.1913	10.08.1914
Lebenslauf: 1914 / 1915 Einsatz in der Nordsee, 1915 / 1916 Umbau auf der Kaiserlichen Werft in Kiel, 1916-1918 Einsatz in der Nordsee, am 22.04.16 Minentreffer mit erheblichem Schaden, 1919 Verwendung in der Reichsmarine, am 10.03.20 außer Dienst gestellt und aus der Liste der Kriegsschiffe gestrichen, am 01.06.20 als Kriegsbeute an Italien abgeliefert, umbenannt in »Ancona«, 1937 außer Dienst gestellt, 1938 abgebrochen		

Kleiner Kreuzer »Graudenz«. Foto: Archiv Autor

Deck aufgestellt waren. Die Torpedowaffe war mit zwei 50-cm-Unterwasserrohren eingerüstet. Weiterhin konnten die beiden Schiffe jeweils 120 Minen mitnehmen und verlegen.

Bei den Umbauten in den Jahren 1915 / 1916 bzw. 1917 wurde die Artillerie auf sieben Geschütze 15 cm SK L/45 geändert. Sie waren vor und beidseitig der Brücke mit je einem Geschütz, beidseitig der achteren Aufbauten an Oberdeck ebenfalls mit je einem Geschütz und achtern in der Mittschiffslinie mit zwei Geschützen, davon eines überhöht, aufgestellt. Außerdem kamen noch zwei 8,8-cm-Flack an Bord. Auf den Seitendecks standen zusätzliche 50-cm-Torpedorohre, wobei zwei auf »Graudenz« und vier auf »Regensburg« eingerüstet wurden.

Der Kleine Kreuzer »Graudenz« kam nach Kriegsausbruch in der Nordsee zum Einsatz und war an zahlreichen Flottenvorstößen beteiligt. Zeitweise verlegte das Schiff auch zu kurzen Unternehmungen in die Ostsee. Über den Jahreswechsel 1915 / 1916 erfolgte ein Umbau und Neuarmierung des Schiffes. »Graudenz« gehörte zu den wenigen Schiffen, die auch im Oktober / November 1918 bei Ausbruch der Revolution einsatzfähig blieben. Nach der Selbstversenkung der deutschen Flotte in Scapa Flow kam der Kleine Kreuzer nachträglich auf die Auslieferungsliste der Alliierten und wurde Italien zugesprochen. Bis 1937 blieb das Schiff als »Ancona« im Dienst der italienischen Marine.

Der Kleine Kreuzer »Regensburg« kam nach Kriegsausbruch ebenfalls in der Nordsee zum Einsatz und war an zahlreichen Flottenvorstößen beteiligt. Die Skagerrakschlacht überstand der Kleine Kreuzer ohne Beschädigung. Umbau und Umarmierung erfolgten im Jahr 1917.

Kleiner Kreuzer »Regensburg«		
Bauwerft	A,G, Weser, Bremen	
Kiellegung	**Stapellauf**	**Indienststellung**
13.11.1912	25.04.1914	03.01.1915
Lebenslauf: 1914-1916 Einsatz in der Nordsee, am 31.05.16 Teilnahme an der Skagerrakschlacht, 1917 Umbau auf der Kaiserlichen Werft in Kiel, 1917 / 1918 Einsatz in der Nordsee, 1918 Einsatz in der Ostsee, 1919 Verwendung in der Reichsmarine, dabei mehrmaliger Pendelverkehr nach Scapa Flow zu den dort internierten Einheiten, am 10.03.20 aus der Liste der Kriegsschiffe gestrichen, am 04.06.20 als Kriegsbeute an Frankreich abgeliefert, umbenannt in »Strasbourg«, 1934 außer Dienst gestellt, Wohnschiff in Lorient, 1944 in der Hafeneinfahrt von Lorient versenkt		

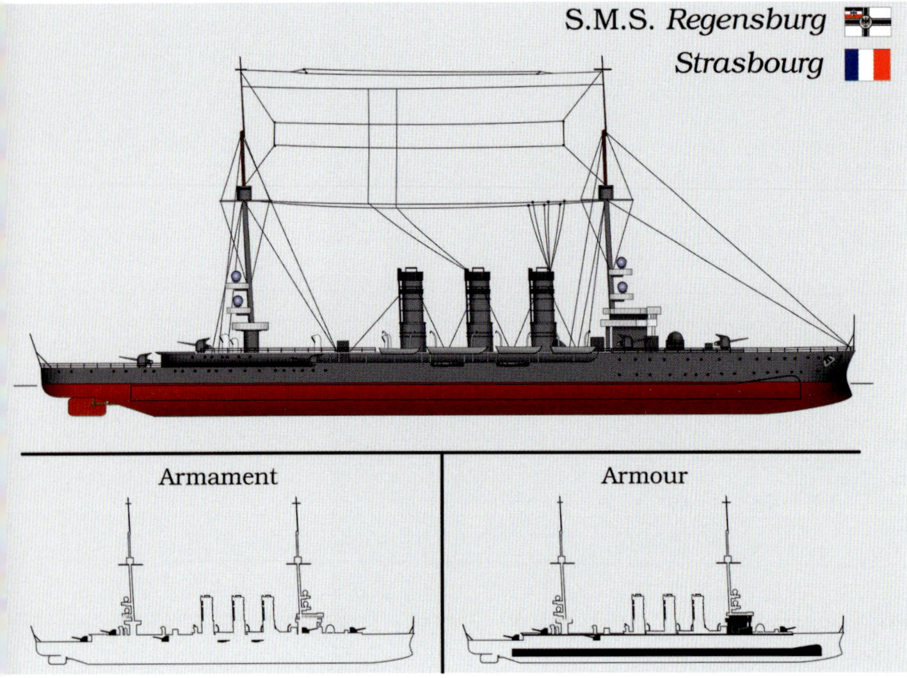

Neben den sich anschließenden Einsätzen in der Nordsee, fand das Schiff 1918 auch zeitweise in der Ostsee Verwendung. Im Jahre 1919 führte die »Regensburg« einen Pendelverkehr zu den in Scapa Flow internierten Einheiten durch. Nach deren Selbstversenkung stand sie, genau wie ihr Schwesterschiff »Graudenz«, dann selbst auf der Ablieferungsliste. Sie ging als Kriegsbeute an Frankreich und blieb dort bis 1934 als »Strasbourg« im Dienst der französischen Marine. Danach diente sie als Wohnschiff in Lorient. Im Jahre 1944 wurde die »Regensburg« vor der Einfahrt des dortigen U-Bootbunker versenkt, um Angriffe gegen dessen Tore zu erschweren.

Seitenrisse des Kleinen Kreuzers »Regensburg« / »Strasbourg«. Foto. Rama / CC-BY-SA 2.0

Kleine Kreuzer der »Pillau«-Klasse

Im Herbst 1912 erhielt die F. Schichau Werft in Danzig, die als Sieger in einer internationalen Ausschreibung hervorgegangen war, von der russischen Marine der Auftrag für den Bau von zwei Kleinen Kreuzern. Im Folgejahr begann deren Bau nach dem werfteigenen Entwurf. Nach dem russischen Brauch der Kiel-Weihe wurden sie mit den Namen »Murawjew Amurski« und »Admiral Newelskoi« auf Kiel gelegt.

Nach Kriegsausbruch beschlagnahmte Deutschland die beiden im Bau befindlichen Kleinen Kreuzer. Man entsprach damit einer völkerrechtlichen Gepflogenheit, dass der Feindbesitz beschlagnahmt werden durfte. In England verfuhr man in gleicher Weise bei Schlachtschiffbauten für ausländische Rechnung. Die Kaiserliche Marine erhielt so eine unerwartete, aber willkommene Verstärkung. Das erste Schiff befand sich bereits in der Endausrüstung, das zweite stand kurz vor dem Stapellauf. Sie erhielten nun die Namen »Pillau« und »Elbing« zugeteilt.

Die nach dem Entwurf der Schichau Werft in Quer- und Längsspantenbauweise erstellten Stahlbauten hatten 16 wasserdichte Abteilungen. Eine Seitenpanzerung, die mittlerweile auf Neubauten der deutschen Kleinen Kreuzern ab der »Magdeburg«-Klasse üblich war, erhielten die Schiffe nicht. Das Panzerdeck war mit 20 bis 80 Millimeter Stärke bemessen. Die Kleinen Kreuzer »Pillau« und »Elbing« galten als gute Seeschiffe mit guten Dreh- und Manövriereigenschaften, allerdings drehten sie schwer an.

Zwei Satz Dampfturbinen in vier Maschinenräumen wirkten auf zwei Wellen. Aus sechs kohle- und vier ölbe-

Kleiner Kreuzer »Pillau«		
Bauwerft	F. Schichau, Danzig	
Kiellegung	**Stapellauf**	**Indienststellung**
Februar 1913	22.09.1913	14.12.1914
Lebenslauf: 1912 Bauauftrag von der russischen Marine, als »Murawjew Amurski« vom Stapel gelaufen, am 05.08.14 beschlagnahmt, umbenannt in »Pillau«, 1914-1916 Einsatz in der Nordsee, am 31.05.16 Teilnahme an der Skagerrakschlacht, einen 30,5-cm-Treffer erhalten, 1917 / 1918 Einsatz in der Nord- und Ostsee, am 31.03.19 außer Dienst gestellt, am 05.11.19 aus der Liste der Kriegsschiffe gestrichen, am 20.07.20 als Kriegsbeute an Italien abgeliefert, umbenannt in »Bari«, 28.02.43 in Livorno durch Fliegerbomben versenkt, 1944 abgebrochen		

Kleiner Kreuzer »Pillau«. Foto: Archiv Autor

feuerten Kesseln erhielten sie ihren Dampf. Drei Schornsteine bestimmten das äußere Bild.

Vom ursprünglichen russischen Auftraggeber waren als Armierung acht 13-cm-Geschütze und vier 6,3-cm-Geschütze aus russischer Produktion vorgesehen. Beide Kaliber waren in der deutschen Marine nicht üblich. So erhielten, weil sich dies relativ problemlos bewerkstelligen ließ, die beiden Kleinen Kreuzer als erste in der Kaiserlichen Marine 15-cm-Geschütze eingerüstet. Insgesamt acht Geschütze 15 cm SK L/45 standen zum einen paarweise vorne und achtern und zum anderen in einer Zweier-Gruppe auf beiden Seiten an Oberdeck. Alle waren mit Schutzschilden ausgestattet. An Stelle der russischen 6,3-cm-Geschütze traten vier deutsche Geschütze 5,2 cm SK L/45, die später durch zwei 8,8 cm Flak L/45 ersetzt wurden. Die Torpedowaffe war mit zwei an den Seitendecks aufgestellten 50-cm-Torpedorohren vertreten. Des Weiteren konnten die Schiffe jeweils 120 Minen mitnehmen und verlegen.

Ohne besonderen Feierlichkeiten erhielt der als »Murawjew Amurski« vom Stapel gelaufene russische Kleine Kreuzer nach seiner Beschlagnahmung den Namen »Pillau« und wurde nach Abschluss der Abnahmefahrten in die Kaiserliche Marine eingegliedert. Das Schiff kam in der Nordsee zum Einsatz und nahm auch an der Skagerrakschlacht teil, wo es einen 30,5-cm-Treffer verkraften musste. Nach der Instandsetzung erfolgte für die »Pillau« in der restlichen Kriegszeit wieder die gleiche Verwendung wie zuvor. Sie stellte am 31. März 1919 außer Dienst und musste als Reparationsleistung an Italien abgeliefert werden. Im Zweiten Weltkrieg wurde der in »Bari« umbenannte Kleine Kreuzer in Livorno durch amerikanische Bomber versenkt.

Der Kleine Kreuzer »Elbing« lief nach deutschem Brauch vom Stapel, durchlief die übliche Erprobungshase und war nach seiner Indienststellung und nach einem kurzen Intermezzo in der Ostsee in der Nordsee im Einsatz.

Kleiner Kreuzer »Elbing«		
Bauwerft	F. Schichau, Danzig	
Kiellegung	**Stapellauf**	**Indienststellung**
22.09.1913	21.11.14	04.09.15
Lebenslauf: 1912 Bauauftrag von der russischen Marine, am 05.08.14 beschlagnahmt, am 31.05.16 Teilnahme an der Skagerrakschlacht, am 01.06.16 nach Kollision mit dem Linienschiff »Posen« gesunken		

»Elbing« nahm an zahlreichen Flottenvorstößen teil. Die Skagerrakschlacht überstand sie zunächst relativ unbeschadet und war hier auch das erste deutsche Schiff, das in Kampfhandlungen verwickelt wurde. Der Kleine Kreuzer »Elbing« eröffnete sozusagen die Skagerrakschlacht. Eine Kollision mit dem Linienschiff »Posen« führte dann in der Nachtphase der Seeschlacht zu seinem Untergang.

Kleiner Kreuzer »Elbing«. Foto: Archiv Autor

Kleine Kreuzer der »Wiesbaden«-Klasse

Kleiner Kreuzer »Wiesbaden«. Foto: Archiv Autor

Die beiden Kleinen Kreuzer »Wiesbaden« und »Frankfurt« waren den Vorgängern »Graudenz« und »Regensburg« sehr ähnlich. Sieht man von den Sonderfällen »Pillau« und »Elbing« ab, so waren sie die ersten Kleinen Kreuzer, die von Anfang an mit 15-cm-Geschützen ausgerüstet wurden. Damit hatte die Kaiserliche Marine endlich einen schon längst fälligen Schritt vollzogen. Noch zu Friedenszeiten auf Kiel gelegt, liefen sie auf Grund kriegsbedingter Verzögerungen - die Bauwerften waren personell regelrecht am Anschlag - doch recht spät vom Stapel. Die beiden Einheiten waren Ersatzbauten für die veraltetet Kleinen Kreuzer »Gefion« und »Hela«.

Wie mittlerweile in der Kaiserlichen Marine üblich waren auch die Kleinen Kreuzer der »Wiesbaden«-Klasse als Längsspant-Bänder Stahlbauten gefertigt. Sie besaßen 17 wasserdichte Abteilungen. Ihr Gürtelpanzer war 60 Millimeter stark und das Panzerdeck wies 40 bis 60 Millimeter auf. Wie nahezu alle Kleinen Kreuzer waren sie gute Seeschiffe und manövrierten gut. Allerdings drehten sie schwer an und hatten eine große Abdrift.

Auf »Wiesbaden« waren zwei Satz Dampfturbinen in vier Maschinenräumen vorhanden, die auf zwei Wellen wirkten. Zudem hatte das Schiff für eine Welle eine zusätzlich Marschturbine mit Rädergetriebe eingebaut. In zehn kohle- und zwei ölbefeuerten Kesseln wurde der Dampf erzeugt. Die Maschinenanlage der »Frankfurt« entsprach derjenigen der Kleinen Kreuzer »Karlsruhe« und »Rostock«, die mit zwei Satz Dampfturbinen und zwölf kohle- sowie zwei ölbefeuerten Kesseln ausgeführt war. Rauch und Abgase wurden über drei Schornsteine abgeleitet.

Die Bewaffnung der Kleinen Kreuzer bestand aus acht Geschützen 15 cm SK L/45. Sie waren mit Schutzschilden versehen. Zwei standen paarweise angeordnet auf dem Vorschiff und auf jeder Schiffseite nochmals zwei Ein-

Kleiner Kreuzer »Wiesbaden«		
Bauwerft	A.G. Vulcan, Stettin	
Kiellegung	**Stapellauf**	**Indienststellung**
1913	30.01.1915	01.09.1915
Lebenslauf: 1915 / 1916 Einsatz in der Nordsee, am 31.05.16 Teilnahme an der Skagerrakschlacht, am 01.06.16 durch Artilleriefeuer versenkt		

zelgeschütze. Achtern die beiden restlichen Geschütze in der Mittschiffslinie, wobei eines überhöht in den Aufbauten platziert war. Anfangs befanden sich an Rohrwaffen noch vier Geschütze 5,2 cm SK L/55 an Bord. Sie wurden später durch zwei 8,8 cm Flak L/45 ausgetauscht. Von den vier 50-cm-Torpedorohren waren zwei als Unterwasserrohre und zwei auf den Seitendecks als Überwasserrohre eingerüstet. Weiterhin konnten die Kleinen Kreuzer 120 Minen mitnehmen und verlegen.

Ohne die traditionell sonst üblichen Feierlichkeiten lief der Kleine Kreuzer »Wiesbaden« im Januar 1915 vom Stapel und stellte acht Monate später in Dienst. Im Dezember kam er bei einem Flottenvorstoß erstmals in der Nordsee zum Einsatz, die auch weiterhin sein Operationsgebiet blieb. Die Skagerrakschlacht hat die »Wiesbaden« nicht überlebt. Sie traf auf englische Schlachtschiffe und ist in deren konzentriertem schwerem Artilleriefeuer gesunken. Nur ein Mann der Besatzung überlebte den Untergang. Unter den auf See Gebliebenen war auch der norddeutsche Schriftseller Johann Kinau, der sich der Thematik der See und der Seefahrt zugewandt hatte und weit besser unter seinem Pseudonym Gorch Fock bekannt ist. Zwei Segelschulschiffe deutscher Marinen wurden nach ihm benannt.

Bereits im Februar 1913 auf Stapel gelegt, kam der Kleine Kreuzer »Frankfurt« durch kriegsbedingte Verzögerungen erst rund zwei Jahre später in sein nasses Element und stellte im Sommer 1915 in Dienst. Für die nächste Zeit folgten Einsätze in der Nordsee. Die Skagerrakschlacht überstand die »Frankfurt« ohne größere Schäden. und blieb bis Kriegsende weiterhin in der Nordsee tätig. Eine Ausnahme bildete hierbei lediglich im Herbst 1917 die Teilnahme am Sonderverband zur Eroberung der Baltischen Inseln.

Der Kleinen Kreuzer »Frankfurt« gehörte gemäß den Waffenstillstandsverhandlungen zu den auszuliefernden

Der Kleine Kreuzer »Frankfurt« diente der amerikanischen Marine als Zielschiff. Foto: US Navy

Schiffen und wurde in Scapa Flow interniert. Die Selbstversenkung misslang. Im sinkenden Zustand konnte das Schiff von den Engländern in flaches Wasser geschleppt werden. Im Juli 1919 gelang das Abbergen. In den USA fand der Kleine Kreuzer, genau wie das Linienschiff »Ostfriesland«, als Zielschiff für Bombenabwürfe sein Ende.

Kleiner Kreuzer »Frankfurt«		
Bauwerft	Kaiserliche Werft, Kiel	
Kiellegung	**Stapellauf**	**Indienststellung**
01.02.1913	20.03.1915	20.08.1915
Lebenslauf: 1915 / 1916 Einsatz in der Nordsee, am 31.05.16 Teilnahme an der Skagerrakschlacht, September 1917 Sonderverband zur Eroberung der Baltischen Inseln, am 26.11.18 Internierung in Scapa Flow, am 21.06.19 Selbstversenkung misslungen, Schiff wurde durch die Engländer auf den Strand bugsiert, später geborgen, als Kriegsbeute an die USA abgeliefert, am 18.07.21 vor der Küste Virginias als Versuchsschiff durch Fliegerbomben versenkt		

Kleine Kreuzer der »Brummer«-Klasse

Die Kleinen Kreuzer »Brummer« und »Bremse« werden häufig auf Grund der ihnen zugedachten und auch konstruktiv so vorgesehenen Verwendung als Minenkreuzer bezeichnet. Bei der Bauvergabe wurden die Neubauvorhaben seiner Zeit als Minendampfer »C« und Minendampfer »D« beauftragt, als solche auf Kiel gelegt und später offiziell als Kreuzer klassifiziert. Nicht typische Kreuzeraufgaben, sondern das Verlegen von Minen - offensiv in feindlichen Gewässern und defensiv in eigenen Seegebieten - sollten die Schiffe durchführen.

Mit diesen Einheiten hatte die Kaiserliche Marine auf Erfahrungen aus dem russisch-japanischen Krieg von 1904 / 1905 reagiert, bei dem erstmals Seeminen als modernes

Kleiner Kreuzer »Brummer«. Foto: Archiv Autor

Seekriegsmittel in größerem Umfang eingesetzt wurden. Bereits die Kleinen Kreuzer ab der »Kolberg«-Klasse waren für die Mitnahme und das Legen von Minen eingerichtet.

Die als Längsspant-Bänder Stahlbauten mit 21 wasserdichten Abteilungen gebauten beiden Kleinen Kreuzer »Brummer« und »Bremse« hatten nur ein schwach ausgelegtes Panzerdeck von 15 mm. Außerdem war ein Gürtelpanzer von lediglich 40 mm vorhanden.

Dies zeigt, dass die beiden Einheiten primär nicht in typischen Kreuzerverwendungen eingesetzt werden sollten. Die große Unterteilung des Schiffsrumpfes gab erhebliche Stabilität im Falle eines Lecks, was beim Einsatz in Minenfeldern als erhöhtes Risiko einkalkuliert werden musste. Die schwache Panzerung brachte wiederum Gewichtseinsparungen und damit die nötigen Stabilitätsreserven für eine große Minenzuladung.

Die Schiffe konnte ihre Silhouette durch wegfieren der Großstenge ändern und so ihr Aussehen der englischen »Aurora«-Klasse anpassen. Auch die geschwungene Bugform war den englischen Schiffen angeglichen und ließ sich zudem durch Tarnbleche kaschieren. Diese Tarnungsmöglichkeiten sollten bei Minenunternehmungen vor Englands Küste das Erkennen als deutsche Schiffe erschweren.

Die Kleinen Kreuzer der »Brummer«-Klasse galten als recht gute Seeschiffe mit weichen, langsamen Bewegungen. Sie hatten gute Dreh- und Manövriereigenschaften.

Als Antrieb waren zwei Satz Dampfturbinen in zwei Maschinenräumen aufgestellt. Ihren Dampf erhielten sie von zwei kohle- und vier ölbefeuerten Kesseln. Die Drei-Schornstein-Schiffe hatten zwei Wellen und erreichten hohe Geschwindigkeiten, was für die geplanten Minenlegeoperationen in feindlichen Gewässern hinsichtlich der An- und Abmarschzeiten sowie im Falle des entdeckt Werdens durchaus von Vorteil war. »Bremse« hatte mit 47.748 eine höhere Maschinenleistung.

Die vier Turbinensätze der beiden Kleinen Kreuzer waren ursprünglich für Neubauten von in Russland im Bau befindlichen Schlachtkreuzern bestimmt gewesen. Um

Kleiner Kreuzer »Brummer«		
Bauwerft	A.G. Vulcan, Stettin	
Kiellegung	**Stapellauf**	**Indienststellung**
Frühjahr 1915	11.12.1915	02.04.1916
Lebenslauf: 1916-1918 Einsatz in der Nordsee, Handelskrieg, Mineneinsätze, am 07.11.18 vorübergehend außer Dienst gestellt, am 26.11.18 Internierung in Scapa Flow, am 21.06.19 selbst versenkt, keine Bergung erfolgt		

Kleiner Kreuzer »Bremse«. Foto: Archiv Autor

deren Fertigstellung zu beschleunigen, hatte die russische Marine die Anlagen bei der Vulcan-Werft in Stettin zur Zulieferung in Auftrag gegeben. Sie wurden nach Kriegsausbruch, analog zu den Kleinen Kreuzern »Pillau« und »Elbing«, von Deutschland beschlagnahmt und bei den Kleinen Kreuzern der »Brummer«-Klasse verwendet.

Die Artilleriebewaffnung der beiden Kleinen Kreuzer war entsprechend ihrer zugedachten Verwendung recht schwach ausgelegt. Je ein Geschütz 15 cm SK L/45 mit Schutzschild stand auf dem Vorschiff und zwischen dem ersten und zweiten Schornstein sowie achtern überhöht auf den Aufbauten und auf dem Achterdeck. Zwei zusätzliche 8,8 cm Flak L/45 waren im Achterschiff auf den Aufbauten aufgestellt. Ergänzt wurde die Bewaffnung durch zwei 50-cm-Torpedorohre, die beidseitig auf den Seitendecks aufgestellt waren.

Für die Mitnahme von Seeminen wurde eine möglichst hohe Transportkapazität angestrebt. Gegenüber der bisher auf den Kleinen Kreuzern übliche Menge von 100 bis 120 Minen ließen sich jetzt 400 an Bord zuladen. Ein aus Stabilitätsgründen notwendiger Gewichtsausgleich war mit der geringen Anzahl an Geschützen und der sehr schwachen Panzerung geschaffen worden.

Der Kleine Kreuzer »Brummer« kam nach seiner Indienststellung in der Nordsee zum Einsatz. Dabei fand er sowohl als »normaler« Kreuzer bei Flottenvorstößen und bei der Störung des englischen Handelsverkehrs in der mittleren und nördlichen Nordsee wie auch im Rahmen der Sicherung von Minensuchverbänden Verwendung. Darüber hinaus wurden von »Brummer« in der Deutschen Bucht und in der südlichen Nordsee mehrere defensive Minensperren verlegt. Im Oktober / November 1918 von den Wirren der Revolution verschont geblieben, stellte das Schiff am 7. November 1918 offiziell außer Dienst und verlegte wenig später nach erneuter Indienststellung mit dem Überführungsverband nach Scapa Flow in die Internierung. Nach der Selbstversenkung hatten die Engländer wegen der Lage des Wracks in zu großer Tiefe nicht versucht den Kleinen Kreuzer »Brummer« zu heben wie es bei zahlreichen anderen Einheiten und bei dem Schwesterschiff »Bremse« der Fall war.

Der Einsatz und das Schicksal des Kleinen Kreuzers »Bremse« unterschieden sich kaum von denen seines Schwesterschiffes »Brummer«. Nach der Selbstversenkung in Scapa Flow wurde das Schiff gehoben und abgewrackt.

Kleiner Kreuzer »Bremse«		
Bauwerft	A.G. Vulcan, Stettin	
Kiellegung	**Stapellauf**	**Indienststellung**
Sommer 1915	11.03.1916	01.07.1916
Lebenslauf: 1916-1918 Einsatz in der Nordsee, Handelskrieg, Mineneinsätze, am 07.11.18 vorübergehend außer Dienst gestellt, am 26.11.18 Internierung in Scapa Flow, am 21.06.19 selbst versenkt, 1929 gehoben, 1932 / 1933 abgebrochen		

Kleine Kreuzer der »Königsberg (II)«-Klasse

Kleiner Kreuzer »Königsberg (II)«. Foto: Archiv Autor

Aus Gründen der Tradition ist es in nahezu allen Marine Brauch und Sitte Schiffsnamen mehrfach zu verwenden, um so an die Einsätze und die Schicksale der vorherigen Namensträger zu erinnern. Die 1913 konzipierte noch nach dem Flottengesetz begonnene neue »Königsberg (II)«-Klasse war die Ersatzplanung der Kaiserlichen Marine für die älteren noch aus den 1890er Jahren stammenden Kleinen Kreuzer der »Gazelle«-Klasse. Mit der Namensgebung nahm man Bezug auf bereits im Krieg verloren gegangene Einheiten. Lediglich zur Unterscheidung werden nachfolgend, wie auch häufig in anderer Literatur üblich, diese neuen Schiffe mit dem Suffix »(II)« gekennzeichnet, das aber offiziell kein Bestandteil des eigentlichen Schiffsnamens ist.

Die vier Kleinen Kreuzer wurden erst nach Kriegsausbruch auf Kiel gelegt und liefen ohne besondere Feierlichkeiten vom Stapel. Trotz der Erschwernisse durch den Krieg gelang ihre Fertigstellung doch einigermaßen zügig. Drei Einheiten setzten im Laufe des Jahres 1916 Flagge und Wimpel, »Nürnberg (II)« folgte im Februar 1917.

Die Kleinen Kreuzer der »Königsberg (II)«-Klasse waren Längsspant-Bänder Stahlbauten mit 18 wasserdichten Abteilungen. Die Panzerung bestand wie auch auf den Kleinen Kreuzern der »Magdeburg«-Klasse aus einem Gürtelpanzer von 60 Millimeter und einem 40 bis 60 Millimeter starken Panzerdeck. Sie waren gute Seeschiffe mit recht gutem Dreh- und Manövriereigenschaften.

Die Maschinenanlage entsprach derjenigen des Kleinen Kreuzers »Graudenz« und bestand aus zwei Satz Dampfturbinen, die in vier Maschinenräumen aufgestellt waren und über zwei Wellen ihre Leistung abgaben. Die Leistungsabgabe war auf den vier Schiffen unterschiedlich. Die Dampferzeugung erfolgte über zehn kohle- und zwei ölbefeuerte Kessel. Bei »Karlsruhe (II)« arbeiteten die Hochdruckturbinen über ein Rädergetriebe.

Acht mit Schutzschilden versehene Geschütze 15 cm SK L/45 bildeten die Artilleriebewaffnung der Kleinen Kreuzer der »Königsberg (II)«-Klasse. Vor der Brücke standen paarweise zwei Geschütze auf der Back, deren Decksebene weit nach hinten gezogen war und dadurch beidseitig der Brückenaufbauten nochmals für je ein Geschütz Platz bot. Die achteren Geschütze waren einzeln beidseitig sowie hinter und auf den Aufbauten aufgestellt. Hier befanden sich auch hinter dem dritten Schornstein die beiden 8,8 cm Flak L/45.

Die Torpedowaffe war mit insgesamt vier 50-cm-Rohren eingerüstet. Zwei befanden sich an den Seiten unter der Wasserlinie und zwei auf den Seitendecks als Überwasserrohre. Die Kleinen Kreuzer hatten zudem Kapazität zur Mitnahme von 200 Minen.

Kleiner Kreuzer »Königsberg (II)«		
Bauwerft	A.G. Weser, Bremen	
Kiellegung	**Stapellauf**	**Indienststellung**
22.08.1914	18.12.1915	12.08.1916
Lebenslauf: 1916 / 1917 Einsatz in der Nord- und Ostsee, September 1917 Sonderverband zur Eroberung der Baltischen Inseln, am 17.11.17 Gefecht mit englischen Seestreitkräften in der Deutschen Bucht, 38-cm-Treffer erhalten, 1919 / 1920 Verwendung in der Reichsmarine, am 31.05.20 außer Dienst gestellt und aus der Liste der Kriegsschiffe gestrichen, am 20.07.20 als Kriegsbeute an Frankreich abgeliefert, umbenannt in »Metz«, 1934 außer Dienst gestellt, 1936 abgebrochen		

Kleiner Kreuzer »Karlsruhe (II)«		
Bauwerft	Kaiserliche Werft, Kiel	
Kiellegung	**Stapellauf**	**Indienststellung**
04.05.1915	31.01.1916	15.11.16
Lebenslauf: 1916 / 1917 Einsatz in der Nord- und Ostsee, September 1917 Sonderverband zur Eroberung der Baltischen Inseln, am 23.11.18 Internierung in Scapa Flow, am 21.06.19 selbst versenkt, 1962 Wrack zum Abbruch verkauft		

Kleiner Kreuzer »Nürnberg (II)«. Foto: Archiv Autor

Die Einheiten der »Königsberg (II)«-Klasse kamen nach den Indienststellungen in den letzten beiden Kriegsjahren in der Nordsee zum Einsatz. Sie wurden verwendet zur Sicherung von Minenunternehmen, sporadischen Vorstößen in die Deutsche Bucht und südliche Nordsee sowie zu Geleitaufgaben und zur Störung des englischen Handelsverkehrs in der mittleren und nördlichen Nordsee. Im Jahre 1917 gehörten sie in der Ostsee zum Sonderverband zur Eroberung der Baltischen Inseln und waren danach bis Kriegsende wieder in der Nordsee im altem Aufgabenprofil tätig. In der Deutschen Bucht überstanden »Königsberg (II)« und »Nürnberg (II)« Ende 1917 ein Gefecht mit englischen Seestreitkräften. Bis auf »Königsberg (II)« gehörten die Schiffe zu den in Scapa Flow zu internierenden Einheiten.

»Königsberg (II)« wurde Ende 1918 mehrfach im Verbindungsverkehr mit den in Scapa Flow liegenden Einheiten eingesetzt und blieb zunächst der Reichsmarine erhalten. Am 31. Mai 1920 holte sie Flagge und Wimpel nieder. Als Kriegsbeute ging der nachträglich auf die Ablieferungsliste gesetzte Kleine Kreuzer an Frankreich, wo er als »Metz« in der französischen Marine erneut in Dienst stellte.

Der Kleine Kreuzer »Karlsruhe (II)« versenkte sich am 21. Juni 1919 in Scapa Flow selbst. Wegen der tiefen Lage wurde das Wrack nicht gehoben, sondern nur wertvolle Metallteile abgesprengt und herausgetaucht.

Der Kleine Kreuzer »Emden (II)« führte an Stelle des Wappens der Stadt Emden das Eiserne Kreuz am Bug. Es sollte an den wegen seiner Handelskriegführung im Indischen Ozean berühmt gewordenen Namensvorgänger erinnern. Beim Versuch der Selbstversenkung in Scapa Flow konnten die Engländer das Schiff im sinkenden Zustand auf Grund setzen. Nach der Bergung erhielt die französische Marine den Kleinen Kreuzer als Kriegsbeute zugesprochen. Als Versuchsschiff ist er bis 1922 bei Sprengversuchen genutzt worden.

Die Selbstversenkung des Kleine Kreuzers »Nürnberg (II)« ist in Scapa Flow misslungen. Er strandete auf flachem Wasser, wurde im Juli 1919 abgeborgen und ist am 7. Juli 1922 als Versuchsschiff bei Artillerieschießversuchen gesunken.

Kleiner Kreuzer »Emden (II)«		
Bauwerft	A.G. Weser, Bremen	
Kiellegung	**Stapellauf**	**Indienststellung**
02.12.1914	01.02.1916	16.12.1916
Lebenslauf: 1916-1918 Einsatz in der Nord- und Ostsee, September 1917 Sonderverband zur Eroberung der Baltischen Inseln, am 26.11.18 Internierung in Scapa Flow, am 21.06.19 Selbstversenkung misslungen, von den Engländern auf Grund gesetzt, nach Bergung als Kriegsbeute an Frankreich abgeliefert, 1922 Versuchsschiff für Sprengversuche, 1926 abgebrochen		

Kleiner Kreuzer »Nürnberg (II)«		
Bauwerft	Howaldtswerke, Kiel	
Kiellegung	**Stapellauf**	**Indienststellung**
Dezember 1914	14.04.1916	15.02.1917
Lebenslauf: 1916-1918 Einsatz in der Nord- und Ostsee, September 1917 Sonderverband zur Eroberung der Baltischen Inseln, am 17.11.17 Gefecht mit englischen Seestreitkräften in der Deutschen Bucht, am 26.11.18 Internierung in Scapa Flow, am 21.06.19 Selbstversenkung misslungen, Strandung, Juli 1919 abgeborgen, am 07.07.22 als Versuchsschiff bei Artillerieschießversuchen versenkt		

Kleine Kreuzer der »Cöln (II)«-Klasse

Kleiner Kreuzer »Cöln (II)«. Foto: Archiv Autor

Die Kleinen Kreuzer der »Cöln (II)«-Klasse waren die letzte Klasse von Kleinen Kreuzern der Kaiserlichen Marine. Die Schiffe waren als Ersatzbauten sowohl für eine ältere Einheit wie auch für bereits im Krieg in Verlust geratene Kleine Kreuzer vorgesehen. Zehn Einheiten wurden nach dem Kriegsfonds finanziert und beauftragt. Kriegsbedingt litt ihr Baufortschritt an Materialmangel und an dem Fehlen von Werftpersonal.

In den Jahren 1915 / 1916 auf Kiel gelegt, liefen noch sieben Schiffe nach und nach ohne besondere Feierlichkeiten vom Stapel. Alle übernahmen sie die Namen von in Kriegsverlust geratenen Kleinen Kreuzern. Weit vor dem beabsichtigten Stapellauf wurde der Bau der drei übrigen Einheiten eingestellt. Nur zwei Schiffe dieser Bauserie, die »Cöln (II)« und die »Dresden (II)«, stellten noch in Dienst.

Die Kleinen Kreuzer der »Cöln (II)«-Klasse lehnten sich in ihrem Schiffsentwurf stark an ihre unmittelbaren Vorgänger, der »Königsberg (II)«-Klasse, an. Als Längsspanten-Bänder Stahlbauten besaßen sie 24 wasserdichte Abteilungen. Ihre Panzerung entsprach mit einem Gürtelpanzer 60 Millimeter und einem Panzerdeck von 40 bis 60 Millimeter wiederum derjenigen der Kleinen Kreuzer der »Magdeburg«-Klasse. Mit 7486 Tonnen Verdrängung waren sie die größten der Kleinen Kreuzer der Kaiserlichen Marine. Wie sich bei den noch in Dienst gestellten beiden Einheiten »Cöln (II)« und »Dresden (II)« gezeigt hat, waren sie gute Seeschiffe, die zunächst schwer andrehten, dann aber gute Dreh- und Manövriereigenschaften zeigten.

Die Maschinenanlage bestand aus zwei Satz Dampfturbinen, die in vier Maschinenräumen aufgestellt waren und ihren Dampf aus acht kohle- und sechs ölbefeuerte Kesseln erhielten. Die Kleinen Kreuzer der »Cöln (II)«-Klasse besaßen zwei Wellen und hatten drei Schornsteine. Die Antriebsleistungen der noch in Fahrt gekommen Kleinen Kreuzern »Cöln (II)« und »Dresden (II)« betrugen 48.708 bzw. 49.428 PS. Die beiden Schiffe erzielten damit Geschwindigkeiten von 29,0 bzw. 27,5 Knoten.

Die Rohrbewaffnung der Kleinen Kreuzer der »Cöln (II)«-Klasse bestand aus acht mit Schutzschilden ausgerüsteten Geschützen 15 cm SK L/45. Je zur Hälfte waren sie vorne und achtern aufgestellt, vorne paarweise auf der Back und als Einzelgeschütze beidseitig auf Höhe der Brückenaufbauten auf dem Oberdeck. Achtern war die dieselbe Anordnung wie auf der »Königsberg (II)«-Klasse gewählt worden. Bei dem Typschiff »Cöln (II)« standen als Ausnahme alle vier vorderen Geschütze auf

Kleiner Kreuzer »Cöln (II)«		
Bauwerft	Blohm+Voss, Hamburg	
Kiellegung	**Stapellauf**	**Indienststellung**
12.08.1915	05.10.1916	17.01.1918
Lebenslauf: 1918 Einsatz in der Nordsee, am 22.11.18 Internierung in Scapa Flow, am 21.06.19 selbst versenkt, keine Bergung erfolgt		

Kleiner Kreuzer »Wiesbaden (II)«		
Bauwerft	A.G. Vulcan, Stettin	
Kiellegung	**Stapellauf**	**Indienststellung**
1915	03.03.1917	-----
Lebenslauf: Baustopp ca. fünf Monate vor der Fertigstellung, vorhandene Umbaupläne nicht verwirklicht, am 17.11.19 aus der Liste der Kriegsschiffe gestrichen, 1920 abgebrochen		

Kleiner Kreuzer »Dresden (II)«		
Bauwerft	Howaldtswerke, Kiel	
Kiellegung	**Stapellauf**	**Indienststellung**
Frühjahr 1916	25.04.1917	28.03.1918
Lebenslauf: 1918 Einsatz in der Nordsee, am 16.12.18 Internierung in Scapa Flow, am 21.06.19 selbst versenkt, Bergung von Einzelteilen **Anmerkung:** letztes in Dienst gestellte größere Kriegsschiff der Kaiserlichen Marine		

Kleiner Kreuzer »Magdeburg (II)«		
Bauwerft	Howaldtswerke, Kiel	
Kiellegung	**Stapellauf**	**Indienststellung**
?	17.11.1917	-----
Lebenslauf: Baustopp ca. neun Monate vor der Fertigstellung, am 17.11.19 aus der Liste der Kriegsschiffe gestrichen, zum Abbruch verkauft, 1922 abgebrochen		

Kleiner Kreuzer »Leipzig (II)«		
Bauwerft	A.G. Weser, Bremen	
Kiellegung	**Stapellauf**	**Indienststellung**
1915	28.01.1918	-----
Lebenslauf: Baustopp ca. sieben Monate vor der Fertigstellung, am 17.11.19 aus der Liste der Kriegsschiffe gestrichen, zum Abbruch verkauft, 1921 abgebrochen		

Kleiner Kreuzer »Rostock (II)«		
Bauwerft	A.G. Vulcan, Stettin	
Kiellegung	**Stapellauf**	**Indienststellung**
?	06.04.1918	-----
Lebenslauf: Baustopp ca. sieben Monate vor der Fertigstellung, am 17.11.19 aus der Liste der Kriegsschiffe gestrichen, zum Abbruch verkauft, 1921 abgebrochen		

Kleiner Kreuzer »Frauenlob (II)«		
Bauwerft	Kaiserliche Werft, Kiel	
Kiellegung	**Stapellauf**	**Indienststellung**
?	16.10.1918	-----
Lebenslauf: Baustopp ca. 13 Monate vor der Fertigstellung, am 17.11.19 aus der Liste der Kriegsschiffe gestrichen, zum Abbruch verkauft, 1921 abgebrochen **Anmerkung:** letztes vom Stapel gelaufene größere Kriegsschiff der Kaiserliche Marine		

der Ebene des Backdecks vor der Brücke und beidseitig der Brückenaufbauten.

Drei eingerüsteten Geschütze 8,8 cm Flak L/45 waren in den hinteren Aufbauten platziert. Sieht man von den vier Sonderbauten »Pillau« und »Elbing« sowie »Brummer« und »Bremse« ab, so fehlten erstmals auf den Kleinen Kreuzern bei der Torpedobewaffnung die Unterwasserrohre. Dafür befanden sich vier 60-cm-Torpedorohre an Bord, je zwei auf den beiden Seitendecks. Zudem konnten 200 Minen mitgenommen und verlegt werden.

Zwei unfertige Rümpfe von geplanten Kleinen Kreuzern der »Cöln«-Klasse. Foto: Archiv Autor

Der Kleine Kreuzer »Cöln (II)« kam nach seiner Indienststellung in der Nordsee im Sicherungsdienst in der Deutschen Bucht sowie bei Flottenvorstößen und Minenunternehmungen noch zum Kriegseinsatz. Kommandant war der Fregattenkapitän Erich Raeder, der spätere Großadmiral und Oberbefehlshaber der Kriegsmarine.

Die »Cöln (II)« musste gemäß den Waffenstillstandsbedingungen in Scapa Flow interniert werden. Am 21. Juni 1919 versenkte die Besatzung dort ihr Schiff. Eine Bergung des Wracks ist nicht erfolgt.

Am 28. März 1918 stellte der Kleine Kreuzer »Dresden (II)« als letztes größere Kriegsschiff der Kaiserlichen Marine in Dienst. Im Sommer 1918 kam sie wie ihr Schwesterschiff »Cöln (II)« in der Nordsee noch zum Einsatz. Sie stellte am 7. November 1918 kurzzeitig außer Dienst, um nach erneuter Indienststellung dann im Dezember 1918 nach Scapa Flow zu verlegen. Dort versenkte die Besatzung ihr Schiff am 21. Juni 1919 selbst. Das Schiff wurde nicht gehoben, lediglich Einzelteile wurden ausgetaucht.

Fünf weitere Kleine Kreuzer der »Cöln (II)«-Klasse liefen zwar noch ohne Feierlichkeiten vom Stapel, wurden aber nicht mehr fertiggestellt. Nach dem Krieg erfolgte die Streichung aus der Liste der Kriegsschiffe sowie der Verkauf der Rümpfe und deren Abwrackung.

Die drei restlichen noch vorgesehenen, auch im Bau begonnenen aber nicht mehr vom Stapel gelaufenen Einheiten wurden am 17. November 1919 aus der Liste der Kriegsschiffe gestrichen, die schon gefertigten Teile der Schiffskörper zum Abbruch verkauft und in den Folgejahren gänzlich abgewrackt.

Die Kriegsverluste bei den Kleinen Kreuzern der Kaiserlichen Marine		
Name	**Ursache**	**Datum**
»Magdeburg«	gestrandet im Finnbusen vor der Insel Odensholm	26.08.14
»Mainz«	versenkt durch Artillerie vor Helgoland	28.08.14
»Cöln	versenkt durch Artillerie vor Helgoland	28.08.14
»Ariadne« (*)	versenkt durch Artillerie vor Helgoland	28.08.14
»Hela« (*)	torpediert durch U-Boot »E 9«	13.09.14
»Emden«	versenkt durch Artillerie bei den Cocos-Inseln	09.11.14
»Karlsruhe«	nach innerer Explosion nordöstlich von Venezuela gesunken	04.11.14
»Leipzig«	versenkt durch Artillerie bei den Falkland-Inseln	08.12.14
»Nürnberg«	versenkt durch Artillerie bei den Falkland-Inseln	08.12.14
»Dresden«	versenkt durch Artillerie vor Isla Más a Tierra	14.03.15
»Königsberg«	versenkt durch Artillerie im Rufiji-Delta	11.07.15
»Undine« (*)	torpediert durch U-Boot »E 19«	07.11.15
»Bremen«	nach Minentreffer in der Ostsee vor Windau gesunken	17.12.17
»Frauenlob« (*)	vor dem Skagerrak durch Kreuzer »Southampton« torpediert	31.05.16
»Wiesbaden«	versenkt durch Artillerie vor dem Skagerrak	01.06.16
»Rostock«	torpediert und selbst versenkt vor dem Skagerrak	01.06.16
»Elbing«	nach Kollision vor dem Skagerrak gesunken	01.06.16
»Breslau«	als türkische »Medilli« nach Minentreffer in der Ägäis gesunken	20.01.18
Anmerkung	(*) ältere noch im Dienst stehende und im Text nicht behandelte Kleine Kreuzer	

Kleine Kreuzer, Tabelle 1						
Name	**»Bremen«-Klasse**	**»Königsberg«-Klasse**	**»Dresden«-Klasse**	**»Kolberg«-Klasse**	**»Magdeburg«-Klasse**	**»Karlsruhe«-Klasse**
Amtsentwurf	1901-02 und 1903	1903-04 und 1904-05	1905-06	1906-07	1908-09	1910
Anzahl der Schiffe	7	4	2	4	4	2
Verdrängung (max) (t)	3661 bis 3821	3814 bis 4002	4268	4889 bis 4915	4570 bis 5587	6191
Länge x Breite x Tiefgang (m)	111,10 x 13,30 x 5,68	117,40 x 13,30 x 5,40	118,30 x 13,50 x 5,54	130,50 x 14,00 x 5,60	138,70 x 13,50 x 5,16	142,20 x 13,70 x 6,20
Besatzungsstärke	288	322	361	367	354	373
Antrieb	2 x Dampfmaschine, 2 x Dampfturbine (»Lübeck«)	2 x Dampfmaschine, 2 x Dampfturbine (»Stettin«)	2 x Dampfmaschine, 2 x Dampfturbine (»Dresden«)	2 x Dampfturbine	2 bzw. 3 x Dampf-turbine	2 x Dampfturbine
Antriebsleistung (PS)	11.116 bis 12.205, 14.035 (»Lübeck«)	13.154, 21.670 (»Stettin«)	16.350, 18.880 (»Dresden«)	22.040 bis 31.033	29.904 bis 35.515	37.885 / 43.628
Wellen / Ruder	2 / 1, 4 / 1 (»Lübeck«)	2 / 1, 4 / 1 (»Stettin«)	2 / 1, 4 / 1 (»Dresden«)	4 / 1, 2 / 1	2 / 1 bzw. 3 / 1 bzw. 4 / 1	2 / 1
Geschwindigkeit (kn)	23,0	23,0	24,0 / 25,0	26,5	28,0	28,5 / 29,0
Bunkerkapazität Kohle (t)	860	880	790 / 860	1010	1200	1300
Bunkerkapazität Öl (t)	-----	-----	-----	115	106	200
Fahrstrecke (sm / kn)	siehe Text	4120 / 12	3760 / 12, 3600 / 14 (»Dresden«)	3500 / 14	5820 / 12	5000 / 12
Artillerie (cm)	10 x 10,5 / 10 x 3,7 / 2 x 15 (teilweise *)	10 x 10,5 / 10 x 3,7 / 8 x 5,2 (teilweise)	10 x 10,5 / 8 x 5,2	siehe Text	12 x 10,5 / 7 x 15 (*) / 2 x 8,8 (*)	12 x 10,5
Torpedorohre (cm)	2 x 45	2 x 45	2 x 45	2 x 45	2 x 50 / 4 x 50 (*)	2 x 50
Minen	-----	-----	-----	100	120	120

Kleine Kreuzer, Tabelle 2						
Name	**»Graudenz«-Klasse**	**»Pillau«-Klasse**	**»Wiesbaden«-Klasse**	**»Brummer«-Klasse**	**»Königsberg (II)«-Klasse**	**»Cöln (II)«-Klasse**
Amtsentwurf	1911	Schichau 1912	1912	1914	1913	1914
Anzahl der Schiffe	2	2	2	2	4	2 + (5) + (3)
Verdrängung (max) (t)	6382	5252	6601	5856	7125	7486
Länge x Breite x Tiefgang (m)	142,70 x 13,80 x 6,08	135,30 x 13,60 x 5,98	145,30 x 13,90 x 6,06	140,40 x 13,20 x 6,00	151,40 x 14,20 x 6,32	155,50 x 14,20 x 6,43
Besatzungsstärke	385	442	474	309	475	359
Antrieb	2 x Dampfturbine	2 x Dampfturbine	2 x Dampfturbine, 1 x Marschturbine **	2 x Dampfturbine	2 x Dampfturbine	2 x Dampfturbine
Antriebsleistung (PS)	26.000	30.000	31.000 + 13.000 **	42.797 / 47.748	45.900 bis 55.700	48.708 / 49.428
Wellen / Ruder	2 / 1	2 / 1	2 / 1	2 / 1	2 / 1	2 / 1
Geschwindigkeit (kn)	27,5	27,5	27,5	28,0	27,5	29,0 / 27,5
Bunkerkapazität Kohle (t)	1280	620	1280	600	1340	1100
Bunkerkapazität Öl (t)	375	580	470	1000	500	1050
Fahrstrecke (sm / kn)	5500 / 12	4300 / 12	4800 / 12	5800 / 12	4850 / 12	6000 / 12
Artillerie (cm)	12 x 10,5 / 7 x 15 (*) / 2 x 8,8 (*)	8 x 15 / 4 x 5,2 / 2 x 8,8 (*)	8 x 15 / 4 x 5,2	4 x 15 / 2 x 8,8	8 x 15 / 2 x 8,8	8 x 15 / 3 x 8,8
Torpedorohre (cm)	4 x 50 / 6 x 50 (*)	2 x 50	4 x 50	2 x 50	4 x 50	4 x 60
Minen	120	120	120	400	200	200

* nach Umbau; ** »Wiesbaden«

1.5 Torpedoboote

Der englische Ingenieur und Konstrukteur Robert Whitehead war Mitte der 1860er Jahre Manager einer Metallgießerei in Fiume und mit der Herstellung von Dampfkesseln und Dampfmaschinen für Schiffe beschäftigt. Die Firma führte unter anderem auch Aufträge für die österreichisch-ungarische Marine aus. Zusammen mit dem Ingenieur Giovanni Luppis entwickelte er außerhalb seines eigentlichen Betätigungsfeldes einen mit Druckluft angetriebenen Unterwasserlaufkörper, der eine neun Kilogramm schwere Sprengladung circa 300 bis 400 Meter weit transportieren konnte.

Auch Luppis hatte zuvor schon für die österreichisch-ungarische Marine gearbeitet und so versuchte man zunächst diese Idee einer neuen Waffe auch dort zu vermarkten. Die österreichische Marinekommission akzeptierte das nun allgemein als Torpedo (lat.: Zitterrochen) bezeichnete Gerät und vergab Folgeaufträge für eine Testproduktion. Damit begann eine Waffenentwicklung, die bald bei allen bedeutenden Marinen Aufmerksamkeit fand und die die bisher von der Artillerie geprägte Seetaktik beeinflussen sollte.

Mitte der 1870er Jahre, als der Torpedo eine einigermaßen akzeptable technische Zuverlässigkeit erreicht hatte, begann die Konstruktion von speziellen dampfangetriebenen Fahrzeugen als dessen Trägerplattformen. Zunächst waren dies kleine, schnelle und wendige Boote mit einer Verdrängung von unter 100 Tonnen. Die Bootsgröße der relativ billigen und leicht in hoher Stückzahl zu bauende Fahrzeuge wuchs allmählich an. Ihre Verbreitung in den Seestreitkräften nahm zu.

Das Bild zeigt das enge Fahren im Verband, wozu hohes seemännisches Können und Geschick gehörten. Zu sehen sind zwei Torpedoboote aus der Bauserie »S 82« bis »S 87« aus den Jahren 1897 / 1898. Foto: Archiv Autor

Anfangs war der Aufgabenbereich dieser nun als Torpedoboot bezeichneten Schiffe die eigene Küstensicherung und die Abwehr einer möglichen Nahblockade im Falle eines Krieges. Mit steigender Leistungsfähigkeit nahm die Verwendung dieser Einheiten allmählich offensive Züge an. Die Tendenz ging zu immer größeren, schnelleren und seetüchtigeren Fahrzeugen. Damit ergab sich die Möglichkeiten des Einsatzes im erweiterten Küstenvorfeld und im Zusammenwirken mit der eigenen Schlachtflotte.

Die ersten Torpedoboote bauten Ende der 1870er Jahre England und Russland, denen Frankreich bald folgte. In Deutschland begann, von einigen sogenannten Torpedodampfern abgesehen, die Einführung des neuen Schiffstyps in den Jahren 1882 / 1883 mit sieben 88 Tonnen großen und 33 Meter langen Fahrzeugen. Von einer Zweizylinder-zweifach-Expansionsdampfmaschine angetrieben erreichten sie eine Geschwindigkeit von 18 Knoten und besaßen als Bewaffnung zwei 35-cm-Torpedorohre. Die Besatzungsstärke umfasste 13 Mann.

Rund zehn Jahre später war bei der Kaiserlichen Marine die Verdrängung der Torpedoboote schon auf 153 Tonnen angestiegen. Die 44 Meter langen Einheiten der Bauserie »S 43« bis »S 57« liefen mit einer Dreizylinder-dreifach-Expansionsdampfmaschine eine Geschwindigkeit von 20 Knoten. Drei 35-cm-Torpedorohre waren als Bewaffnung an Bord vorhanden. Außerdem besaßen die Einheiten ein 5-cm-Geschütz. Die Besatzungsstärke war mit 16 Mann immer noch relativ gering.

Kurz vor der Jahrhundertwende gab es mit »S 82« bis »S 87« schon 48 Meter lange und 170 Tonnen große Torpedoboote im Dienst der Kaiserlichen Marine. Von einer Dreizylinder-dreifach-Expansionsdampfmaschine angetrieben erreichten sie eine Geschwindigkeit von 25 Knoten. Sie führten drei 45-cm-Torpedorohre sowie ein 5-cm-Geschütz als Bewaffnung. Die Besatzungsstärke war auf 29 Mann angestiegen.

Die Gesamtzahl der bei der Kaiserlichen Marine in Dienst befindlichen Torpedoboote betrug im Jahre 1900 aus unterschiedlichen Bauserien 90 Einheiten. Zwölf weitere Torpedoboote waren im Bau.

Ein Torpedoboot durchbricht dicht hinter dem Heck eines Großkampfschiffes die Kiellinie, um zum Torpedoangriff überzugehen. Foto: Archiv Autor

Der Trend ging mit den ständig steigenden Anforderungen hinsichtlich Bewaffnung, Geschwindigkeit und Fahrstrecke zu immer größeren und seetüchtigeren Torpedobooten. Längst waren sie vom reinen Einsatz in der Küstenverteidigung weggekommen. Ein gemeinsames Operieren mit der Hochseeflotte war neben sich aus der Lage ergebenden Einzeleinsätzen das neue taktische Einsatzszenario der Torpedobootsverbände geworden.

Primär sollten die Fahrzeuge als offensive und hochseeverwendungsfähige Torpedoträger dienen. Ihrer Artilleriebewaffnung kam dabei nur eine Defensivrolle zu. Im Feuerlee der Linienschiffe einigermaßen vor Feindbeschuss geschützt sollten sie sich als geschlossene Gruppe bereithalten, um dann in breiter Phalanx durch die Kiellinie der eigenen Großkampfschiffe durchzubrechen und mit Höchstgeschwindigkeit den durch Artilleriebeschuss bereits angeschlagenen Gegner in einem Torpedoangriff aus nächstmöglicher Nähe zu versenken.

Die niedrige Silhouette und der schwarze Farbanstrich machten die Torpedoboote bei Nacht nahezu unsichtbar. Sie waren daher eine durchaus ernst zu nehmende Gefahr für die in ihrem Unterwasserschiff nicht oder nur schwach gepanzerten Großkampfschiffe.

Soweit die Theorie, die zu Friedenszeiten in den Manövern kräftig geübt wurde, denn diese Taktik bedurfte hohes seemännisches Können und guter Ausbildung bei den Besatzungen, zumal wenn sie nachts und / oder bei schlechten Wetterlagen angewandt werden musste.

Dabei passierten auch oft schwere Havarien bis hin zum Verlust von Einheiten. So misslang am 4. März 1913 dem Torpedoboot »S 178« das Durchbruchsmanöver vor dem Großen Kreuzer »Yorck«. Dieser rammte in Folge das Boot in Höhe der Turbinen- und Kesselräume. Innerhalb weniger Minuten war »S 178« gesunken. Insgesamt 69 Mann seiner Besatzung nahm das Boot mit in die Tiefe.

Im Seekrieg des Ersten Weltkrieges kam dann alles anders. Die operativen Lagen, auf die man sich zu Friedenszeiten eingestellt hatte, traten nicht ein. Zum geschlossenen Torpedobootsangriff gab es keine Gelegenheit. Ausnahmen bildeten nur die Doggerbank- und die Skagerrakschlacht. Allerdings verlief hierbei der Torpedobootseinsatz auf beiden Seiten nicht so optimal. Zu Versenkungserfolgen ist es für die Torpedoboote nicht gekommen.

Dafür gab es kaum eine anderweitige Seekriegshandlung an der nicht Torpedoboote auf irgendeine Art und Weise beteiligt gewesen wären. In den verschiedensten Formen des Seekrieges wurden sie quasi als »Mädchen für alles« eingesetzt. Der Englische Kanal, die südliche Nordsee und die Deutsche Bucht waren ihre Haupteinsatzgebiete. Vorpostendienst, Sicherungsdienst und zum Teil sehr weiträumige Aufklärungseinsätze bestimmten ihren Alltag. Ältere Boote wurden zudem umgerüstet und als Minensuchboote verwendet.

Insgesamt 50 Torpedoboote der Kaiserlichen Marine mussten gemäß den Waffenstillstandsbedingungen im November 1918 nach Scapa Flow überführt werden. Ein Großteil von ihnen konnte sich am 21. Juni 1919 selbst versenken und so dem Zugriff der Engländer entziehen. Foto: Archiv Autor

Die F. Schichau Werft in Elbing war zunächst über lange Zeit alleiniger Hersteller deutscher Torpedoboote. Überwiegend waren sie mit drei Torpedorohren ausgerüstet, wovon das starre Bugrohr unter Wasser lag. Die Walrückenback war ihr besonderes Markenzeichen. Erst 1897 gelang es auch der Kieler Germaniawerft im Torpedobootsbau Fuß zu fassen. Später sollten noch die A.G. Vulcan in Stettin und die Howaldtswerke in Kiel hinzukommen Auch die Kaiserliche Werft in Wilhelmshaven legte 1917 noch ein Torpedoboot auf Kiel, stellte es jedoch nicht mehr fertig.

An Stelle von Schiffsnamen führten die Torpedoboote eine fortlaufende Nummerierung, welcher der Kennbuchstabe der Bauwerft (S = Schichau, G = Germaniawerft, V = Vulcan, H = Howaldtswerke, Ww = Kaiserliche Werft) vorangestellt war. Diese Kennung war groß auf der Bordwand aufgemalt, wobei bei dreistelligen Zahlen in der Regel die erste Ziffer fehlte.

Später wurde die Kennbuchstaben der im Dienst befindlichen Boote einheitlich durch ein »T« ersetzt, denn mit dem Bau von »V1«, »G 7« und »S 13« begann mit den Großen Torpedobooten 1911 eine neue Zählreihenfolge und man vermied so eine Wiederholung von Bootsummern.

Sowohl die aus Tarnungsgründen schwarz angestrichenen Torpedoboote als auch deren Besatzungen wurden im Marinejargon oft als »Schwarze Gesellen« bezeichnet, da sie durch Kohlenfeuerung, niedrige Schornsteine und generell durch eine im Vergleich zum vorhandenen Schiffsraum große Maschinenanlage recht verrußt oder verstaubt waren.

Großes Torpedoboot 1898

Torpedoboot »S 95«. Foto: Arthur Renard

Mit dem 1898 auf Kiel gelegten und am 26. Juli 1899 vom Stapel gelaufenen Torpedoboot »S 90« begann die erste Bauserie von Großen Torpedobooten der Kaiserlichen Marine. Gegenüber den bisher gebauten Torpedobooten hatten sie bessere Seeeigenschaften, größere Seeausdauer und eine stärkere Bewaffnung. Insgesamt 48 Einheiten entstanden in den nächsten Jahren auf der Schichau Werft und der Germaniawerft. Mit dem dort gebauten Boot »G 137« kam dieses Programm zum Abschluss.

Die Boote waren nicht von einer einheitlichen Konstruktion. Die Verdrängung der als gute Seeschiffe angesehenen Torpedoboote bewegte sich zwischen 396 und 693 Tonnen, entsprechend die Schiffslänge von 63 bis 72 Meter.

Zwei Dreizylinder-dreifach-Expansionsdampfmaschinen, jeweils auf einer Welle geschaltet, verliehen ihnen eine Geschwindigkeit von 27 bis 28 Knoten. Die Boote »S 125« und »G 137« waren Dreiwellenschiffe und die ersten mit Dampfturbinen ausgerüsteten Einheiten der Kaiserlichen Marine. Das Torpedoboot »G 137« erreichte eine Geschwindigkeit von 32 Knoten.

Die Bewaffnung dieser Bauserie bestand aus drei schwenkbaren Oberdeckstorpedorohren im Kaliber von 45 Zentimeter. Diese Art der Torpedoeinrüstung sollte für alle nachfolgenden Bootstypen beibehalten werden.

Das Torpedoboot »S 97« war als Depeschenboot »Sleipner« ständiges Begleitschiff der Kaiserlichen Yacht »Hohenzollern«. Foto. Archiv Autor

Die Artillerie umfasste 5-cm-Geschütze in unterschiedlicher Anzahl. Einige Boote waren auch schon mit einem 8,8-cm-Geschütz ausgerüstet. Die Besatzungsstärke umfasste auf diesen Booten bereits 51 Mann.

Mit »S 90«, »S 91« und »S 92« kamen ein einziges Mal in der Geschichte der deutschen Torpedoboote drei Einheiten im Auslandsdienst in Verwendung. Sie verlegten anlässlich des Boxeraufstandes im Sommer 1900 nach Ostasien. »S 91« und »S 92« kehrten anschließend wieder nach Deutschland zurück. Das Schwesterboot »S 90« blieb im deutschen Pachtgebiet Kiautschou in Tsingtau stationiert. Nach Kriegsausbruch gelang es dem Boot den japanischen Kreuzer »Takachiho« mit einem Torpedo zu versenken. In der aussichtslosen Lage des Pachtgebietes in Folge des Vorrückens der japanischen Streitkräfte musste sich das Boot Mitte Oktober 1914 dem Zugriff der Japaner durch Selbstversenkung entziehen.

Das Torpedoboot »S 97« stellte am 28. Mai 1900 in Dienst. Schon drei Tage später wurde es in »Sleipner« umbenannt und war anschließend bis Kriegsausbruch zur Verfügung des Kaisers als ständiges Depeschenboot der Kaiserlichen Yacht »Hohenzollern« zugeordnet. Genau wie diese war die »Sleipner« mit einem weißen Anstrich versehen. Als Depeschenboot war keine Torpedobewaffnung an Bord eingerüstet. Nach Kriegsausbruch kam das Boot als »T 97« im Küstenschutz sowie im Geleit- und Vorpostendienst in Verwendung. In die Reichsmarine übernommen, erfolgte 1921 der Verkauf und der anschließende Abbruch des Torpedobootes.

vergebene Bootsnummern:

S 90 - S 107, S 114 - S 131
G 108 - G 113, G 132 - G 137

Großes Torpedoboot 1906

Die nächste Bauserie an Großen Torpedobooten entstand in den Jahren 1906 bis 1911 auf den Werften Schichau und Vulcan sowie auf der Germaniawerft. Die Verdrängung der insgesamt 64 Einheiten lag zwischen 684 und 810 Tonnen. Ihre Länge variierte von 71 bis 74 Meter. Auch die Boote dieser Bauserie waren für ihre Größe wieder gute Seeschiffe.

Die Geschwindigkeit der mit zwei Dreizylinder-dreifach-

Torpedoboot »S 144«. Foto: Archiv Autor

Torpedoboot »S 177«. Foto: Archiv Autor

Expansionsdampfmaschinen ausgerüsteten Zweiwellenschiffe lag deutlich über 30 Knoten. Die Mehrzahl der Einheiten erhielt jedoch zwei Satz Dampfturbinen als Antrieb. Außerdem kam auf dieser Bauserie erstmals neben den kohlebefeuerten Kesseln auch ein ölbefeuerter Kessel zum Einbau. Die Torpedoboote »G 169« bis »G 172« hatten im Gegensatz zu den anderen Einheiten einen Drei-Wellen-Turbinenantrieb.

Die Bewaffnung war äußerst verschieden. Die ersten Boote hatten noch drei 45-cm-Torpedorohre. Auf Einheiten der letzten Baujahre kamen vier 50-cm-Rohre zum Einbau. Die Artilleriebewaffnung war sehr unterschiedlich in der Anzahl und in der Zusammensetzung der einzelnen Geschütztypen. Sie bestand aus 5,2-cm- und 8,8-cm-Geschützen. Bei Bedarf konnten noch zwölf Minen mitgenommen und verlegt werden. Die Besatzungsstärke war weiter angewachsen und umfasste jetzt 80 Mann.

vergebene Bootsnummern:

S 138 - S 149, S 165 - S 168, S 176 - S 179
V 150 - V 164, V 180 - V 191
G 169 - G 175, G 192 - G 197

*Die Torpedoboote »V 163« und »V 164« sowie die Boote »S 165« bis »S 167« im Päckchen an der Pier.
Foto: Archiv Autor*

Großes Torpedoboot 1911

Torpedoboot »S 17«. Foto: Archiv Autor

Der Bau von Großen Torpedobooten ging mit einer neuen Klasse weiter. Um die Schiffe billiger zu machen, wurden sie kleiner konstruiert. Ihr Bau erfolgte in den Jahren 1911 bis 1913. Die Verdrängung der 24 Boote bewegte sich zwischen 697 und 749 Tonnen. Die Schiffslänge betrug rund 72 Meter. Allerdings lag ihre Seefähigkeit hinter derjenigen ihrer Vorgänger.

Zwei Satz Dampfturbinen waren als Antrieb vorhanden. Wie ihre Vorgänger hatten auch diese Zweiwellenschiffe eine gemischte Befeuerung aus Kohle und Öl. Die Höchstgeschwindigkeit lag bei 33 Knoten. Gegenüber dem Großen Torpedoboot 1906 hatten sie allerdings einen geringeren Fahrbereich.

Vier 50-cm-Torpedorohre bildeten die Hauptbewaffnung. An Artillerie waren zwei Geschütze im Kaliber 8,8 Zentimeter an Bord. Zwölf Minen konnten die Boote noch zusätzlich mitnehmen und verlegen. Die Besatzungsstärke betrug 74 Mann.

In der Flotte erhielt diese Bauserie den spöttischen Beinamen »Lanskrüppel«. Diese Bezeichnung geht zurück auf den damaligen Chef des Torpedowesens Admiral Wilhelm Lans und auf die verkleinerte (verkrüppelte) Bauausführung und der damit zum Teil verbundenen Nachteile für die Torpedoboote. Bei Kriegsausbruch waren sie aber die neuesten Torpedoboote, die die Kaiserliche Marine in ihrem Bestand vorzeigen konnte.

vergebene Bootsnummern:
V 1 - V 6; G 7 - G 12; S 13 - S 24

Torpedoboot »S 19«. Foto: Archiv Autor

Torpedoboot »G 7«. Foto: Archiv Autor

Großes Torpedoboot 1913

Torpedoboot »V 43«, Foto: Archiv Autor

Ab 1913 begann der Bau einer weiteren Serie von Großen Torpedobooten, die wieder eine größere Verdrängung aufwiesen und damit auch wieder bessere Seeeigenschaften hatten. Sie wurden auch als Mobilmachungs-Typ bezeichnet. In der Zeit vom Juni 1914 bis Dezember 1916 stellten 68 Boote in Dienst. Im Jahre 1917 folgten nochmals drei weitere Einheiten. Die 71 Schiffe wurden auf der Vulcan Werft, der Germaniawerft und der Schichau Werft gebaut. Zum ersten Mal überschritt man im deutschen Torpedobootsbau bei der Verdrängung die Marke von 1000 Tonnen. Die ersten zwölf Boote lagen noch bei 975 Tonnen Verdrängung, das letzte Boot aus dieser Reihe, das Torpedoboot »G 95«, konnte bereits eine Tonnage von 1147 Tonnen aufweisen. Die Schiffslängen dieser Torpedoboote bewegten sich zwischen 79 und 85 Meter.

Alle Boote waren mit zwei Satz Dampfturbinen ausgerüstet, die jeweils auf eine Welle wirkten. Sie erreichten Geschwindigkeiten zwischen 33 und 36 Knoten. Die Befeuerung der Kessel erfolgte mit Öl.

Sechs Torpedorohre im Kaliber von 50 Zentimeter befanden sich an Bord. Als Artilleriebewaffnung waren einheitlich drei Geschütze eingerüstet. Das Kaliber war hingegen mit 8,8 und 10,5 Zentimeter unterschiedlich. Auch diese Torpedoboote konnten wieder Minen mitnehmen. Je nach Minentyp betrug die Gesamtzahl 24 Stück. Die Torpedoboote waren mit 83 Mann besetzt.

vergebene Bootsnummern:

V 25 - V 30, V 43 - V 48, V 67- V 84
S 31 - S 36, S 49 - S 66
G 37 - G 42, G 85 - G 95

Torpedoboot »V 47«. Foto: Archiv Autor

Großes Torpedoboot 1916

Torpedoboot »H 146«.
Foto: Archiv Autor

Der letzte deutsche Typ von Torpedobooten war nochmals größer als seine Vorgänger. Durch die längere Back besaß dieser 1916er-Mobilmachungs-Typ auch bessere Seeeigenschaften. Die Bauserie begann im Jahre 1915. Von den insgesamt 46 geplanten Einheiten stellten allerdings nur noch 19 bis Kriegsende in Dienst.

Fast alle Einheiten überlebten den Krieg und mussten anschließend an die Siegermächte abgeliefert werden. Die unfertigen Rümpfe der nicht mehr zu Ende gebauten Boote wurden nach dem Krieg abgebrochen.

Die Torpedoboote verdrängten zwischen 1147 und 1291 Tonnen und hatten eine Länge zwischen 82 und 85 Meter. Ein Satz Dampfturbinen war als Antrieb für jede der beiden Wellen vorhanden. Damit erreichten die Torpedoboote eine Geschwindigkeit zwischen 32 und 34 Knoten. Die Kessel wurden mit Öl befeuert.

Die Hauptbewaffnung bildeten sechs 50-cm-Torpedorohre. Drei 10,5-cm-Geschütze waren als Artillerie an Bord. Darüber hinaus konnten noch bis zu 40 Minen mitgenommen werden. Die Boote besaßen eine Besatzung von 105 Mann.

vergebene Bootsnummern:

G 96, G 148 - G 150 (*)
V 125 - V 130, V 140 - V 144 (*), V 158 - V 165 (*)
S 131 - S 139, S 152 - S 157 (*)
H 145 - H 147, H 166 - H 169 (*)
Ww 151 (*)
(*) nicht mehr fertiggestellt

Torpedoboot »V 125«.
Foto: Archiv Autor

Das Torpedoboot / Zerstörer »S 113« gehörte zur letzten Torpedoboots-Entwicklung der Kaiserlichen Marine und stellte erst am 5. August 1919 in Dienst. Foto: Archiv Autor

Mit dem Amtsentwirf 1916 wurde das größte deutsche Torpedoboot, eigentlich ist Zerstörer die bessere Bezeichnung dafür, geschaffen. Dieser Quer- und Längsspant-Stahlbau-Typ war allen bisherigen Torpedobooten an Größe und Kampfkraft überlegen. Die Bauserie begann schon im Jahr 1916. Von den geplanten Einheiten stellten jedoch nur noch »V 116« am 31. Juli 1918 in Dienst. »S 113« wurde erst nach dem Krieg fertiggestellt und stellte am 5. August 1919 bei der nunmehrigen Reichsmarine kurzzeitig in Dienst.

Die Torpedoboote / Zerstörer verdrängten zwischen 2354 und 2415 Tonnen und hatten eine Länge von rund 106 bis 109 Meter. Als Antrieb dienten zwei Satz Dampfturbinen, die auf je eine Welle wirkten. Die Kessel waren ölbefeuert. Mit dieser Maschinenanlage erreichten die Torpedoboote / Zerstörer eine Geschwindigkeit von bis zu 37 Knoten. Mit 20 Knoten Geschwindigkeit hatten sie eine Fahrstrecke von 2500 Seemeilen.

Als Bewaffnung waren vier 15-cm-Geschütze und vier 60-cm-Torpedorohre an Bord. Jedenfalls war dies die Planung. Außerdem hätten die Einheiten bei Bedarf noch 40 Minen mitnehmen und verlegen können.

Die beiden fertig gestellten Schiffe mussten an Frankreich (»S 113«) und Italien (»V 116«) abgetreten werden. Dort bewährten sich die Torpedoboote / Zerstörer mit ihren guten See- und Kampfeigenschaften bestens. Sie wurden erst 1938 / 1939 außer Dienst gestellt.

Die noch unfertigen Schiffskörper - zum Teil mit einem hohe Fertigungsstand - der begonnenen Bauserie mussten zwangsläufig gemäß den Bestimmungen des Versailler Vertrags zum Abbruch verkauft werden.

vergebene Bootsnummern:

S 113 – S 115
V 116 – V 118
G 119 – G 121
B 122 – B124
nur »S 113« und »V 116« noch fertiggestellt

Küstentorpedoboote der A-Klassen

»A I«-Klasse

Die Hochseeflotte forderte im September 1914 für den Einsatz an der belgischen Kanalküste die Beschaffung von kleineren und wendigeren Torpedobooten, die auch für Minensuchaufgaben verwendbar sein sollten. Unter der Typbezeichnung »A I« entstanden bis Sommer 1915 insgesamt 24 Einheiten. Im Oktober folgte noch als Nachzügler »A 19«. Die Boote »A 2«, »A 4« bis »A 16« sowie »A 19« und »A 20« wurden in zerlegtem Zustand mit der Eisenbahn nach Antwerpen-Hoboken transportiert und dort wieder zusammengebaut. »A 3« ist auf dem Marsch von Kiel nach Danzig verschollen. Die übrigen acht Boote der Bauserie verblieben als Schulboote, als Minensuchboote und zu Küstenschutzzwecken in Deutschland.

Die als Küstentorpedoboote aber auch als Flandernboote bezeichnete »A I«-Klasse, offiziell trugen sie die Bezeichnung »Torpedoboot für Verwendung an der Flandernküste«, hatte eine Verdrängung von 148 Tonnen und eine Bootslänge von 41,58 Meter. Der Antrieb erfolgte durch eine Dreizylinder-dreifach-Expansionsdampfmaschinen mit 390 PS. An Geschwindigkeit erreichten die kohlebefeuerten Boote 20 Knoten.

Die Bewaffnung bestand aus zwei 45-cm-Torpedorohren und einem 5,2-cm-Geschütz. Des Weiteren erhielten die Boote Minenräumgeräte und konnten vier Minen transportieren. Die Besatzungsstärke umfasste 28 Mann.

Die Boote erfüllten die an sie gestellten Aufgaben und Anforderungen nicht zufriedenstellend. Hauptsächlich wegen des Geschwindigkeitsdefizits wurden die Boote nicht als Torpedoträger genutzt und die Torpedorohre wieder ausgebaut. Anschließend verwandte man die Boote nur noch zu Sicherungs-, Minensuch- und Tenderaufgaben.

Das längste und auch außergewöhnlichste Schiffsleben aus dieser Bauserie hatte »A 20«. Das Boot ging bei Kriegsende zusammen mit zwölf anderen Booten in belgischen Besitz über. Es fiel 1940 wieder an Deutschland und wurde zum Artillerieschulboot »Reiher« umgebaut. Nach dem Zweiten Weltkrieg erhielten die USA das Schulboot als Kriegsbeute. Es wurde 1948 in Wilhelmshaven abgewrackt.

Küstentorpedoboot »A 2«. Foto: Raphodon / CC-BY-SA 3.0

»A II«-Klasse

Da sich die Boote der »A I«-Klasse als Fehlkonstruktion für die gestellten Aufgaben erwiesen, verzichtete man auf den Bau weiterer Einheiten. Stattdessen entschied man sich für den verbesserten Entwurf der »A II«-Klasse. Auf der F. Schichau Werft in Elbing entstanden 1916 / 1917 die Boote »A 26« bis »A 55«, die hinsichtlich Seefähigkeit

Küstentorpedoboot »A 47«. Foto: Raphodon / CC-BY-SA 3.0

und militärischer Verwendungsmöglichkeiten vielseitiger einsetzbar waren. Die Boote gingen teilweise nach Flandern, blieben aber auch zu Küstenschutz- und Minensuchaufgaben in Deutschland.

Die Einheiten verdrängten 250 Tonnen und hatten eine Länge von 50,00 Meter. Die Maschinenanlage bestand aus einem Satz Dampfturbinen mit einer Leistung von 3506 PS. Die Geschwindigkeit konnte mit der ölbefeuerten Maschinenanlage auf 26 Knoten gesteigert werden.

An Bewaffnung waren ein 45-cm-Torpedorohr und zwei 8,8-cm-Geschütze eingerüstet. Außerdem war Minenräumgerät an Bord vorhanden. Die Besatzungsstärke betrug 29 Mann.

»A III«-Klasse

Im Laufe des Krieges stellte sich heraus, dass die Boote der »A-II«-Klasse auch noch nicht so voll und ganz die Wünsche der Front befriedigten. Man entwickelte mit der Version »A III« eine weitere Klasse von Küstentorpedobooten. Der steigende Bedarf an kleineren Torpedoträgern für den Küstenschutz und den Geleitschutz von Handelsschiffen in der Ostsee machten diesen Schritt ebenfalls notwendig.

Die neue Bauserie umfasste die Einheiten »A 56« bis »A 113«. Sie entstanden auf verschiedenen deutschen Werften und stellten von Anfang 1917 bis Mitte 1918 in Dienst. Ausnahmen bildeten wegen der Kriegslage jedoch die Boote »A 67« (nur zu 75 Prozent fertiggestellt), »A 83« bis »A 85« (nur zu 40 bis 60 Prozent fertiggestellt) und »A 96« bis »A 113« (einzeln nur bis 35 Prozent fertiggestellt). Zum Einsatz kamen die Boote sowohl in Flandern als auch in Deutschland, hier insbesondere als Schulboote sowie bei Tender-, Minensuch- und Geleitaufgaben.

Küstentorpedoboot »A 62«. Foto: Archiv Autor

Die Verdrängung der »A III«-Klasse war je nach Bauwerft etwas unterschiedlich ausgefallen und bewegte sich zwischen 381 und 392 Tonnen. Die Schiffslänge differierte zwischen 60,00 und 61,10 Meter. Der Antrieb bestand aus zwei Satz Dampfturbinen mit Ölbefeuerung, die jeweils auf eine Welle wirkten. Sie hatten eine Leistung zwischen 5880 bis 6033 PS und einen ermöglichten eine Geschwindigkeit von 26 bis 28 Knoten.

Die Bewaffnung bestand wieder aus einem 45-cm-Torpedorohr und zwei 8,8-cm-Geschützen. Die Besatzungsstärke war mittlerweile auf 50 Mann angewachsen.

Insgesamt betrachtet hatte die nun dritte Bauserie von Küstentorpedobooten in ihren Leistungen weitestgehend überzeugt. Die Boote hatten auch gute Seeeigenschaften und ließen sich gut manövrieren.

Mit einem auf der »A III«-Klasse basierenden Entwurf ließ die Kriegsmarine 1941 mit »TF 1« bis »TF 24« eine Serie von Großen Torpedofangbooten bauen. Die Abmessungen und Leistungsparameter blieben in etwa gleich. Die Boote kamen dann primär für den Transport von Torpedos und im Rahmen der Ausbildung in Verwendung. Ab Ende 1941 wurden sie den Schulflottillen der U-Boote in der Ostsee zugeteilt und versahen dort bis kurz vor Kriegsende ihre Aufgabe, verschossene Übungstorpedos zu bergen. Die Boote kamen aber auch im Geleit- und Sicherungsdienst zum Einsatz.

vergebene Bootsnummern:

A I	A 1 – A 25
A II	A 26 – A 55
A III	A 56 – A 113

1.6 Minensuchboote

Im Russisch-Japanischen Krieg kam 1904 / 1905 zum ersten Mal im größeren Stil die Mine als neues Seekriegsmittel zum Einsatz. Die japanische Marine verlor in diesem Krieg insgesamt zwölf Kriegsschiffe durch Seeminen. Russland musste acht Einheiten als Minenverluste abschreiben.

Auf Grund dieser Erfahrungen stellte man nun auch in der Kaiserlichen Marine Überlegungen an, wie man das Räumen von Minenfeldern durchführen und sicherstellen könnte. Am 1. Mai 1905 kam es dann schon es zur Aufstellung der Minenkompanie in Cuxhaven. Am 1. Juni 1907 wurde diese zur Minenabteilung vergrößert. Hier fand auch die Ausbildung der Offiziere und Mannschaften statt.

Für das Minensuchen und Minenräumen gab es aber zu diesem Zeitpunkt noch keine speziell für diese Aufgaben entwickelten Seefahrzeuge. Zwar wurde eine solche Beschaffung erörtert, aber aus Mangel an finanziellen Mitteln zurückgestellt. Stattdessen behalf man sich mit älteren Torpedobooten, die auf Grund ihres Alters nicht mehr als solche genutzt werden konnten. Sie erhielten dem neuen zugedachten Verwendungszweck entsprechend Suchgeräte eingerüstet. Nach Kriegsausbruch wurden zusätzlich weitere Seefahrzeuge, wie Fischdampfer, Schlepper oder ähnliche Fahrzeuge für den Zweck des Minensuchens und Minenräumens hergerichtet und eingesetzt.

Erst jetzt, nachdem sich gezeigt hatte, dass diese Behelfslösungen den Erfordernissen nicht entsprachen, entstanden eigenständige Amtsentwürfe für einen neuen zweckdienlichen Bootstyp. Ein Kriterium dabei war eine kurze Bauzeit sowie die Hinzuziehung kleinerer, bisher im Kriegsschiffbau nicht beteiligter Werften.

In Folge kam es zur Entwicklung von Minensuchbooten (M-Boote), Flachgehenden Minensuchbooten (FM-Boote) und Flachgehenden Minenräumbooten (F-Boote). Wie bei der Kaiserlichen Marine bei Einheiten dieser Größe üblich, wurden die Boote statt mit Namen nur mit dem Kennbuchstaben des jeweiligen Typs und einer laufenden Nummer versehen. Ein zusätzlich angedachtes Projekt Minenräumschiff, das aus zwei parallelen Pontons bestehen sollte, wurde allerdings nicht in ein konkretes Planungs- und Bauvorhaben umgesetzt.

Minensuchboot auf See. Foto: Archiv Autor

Ein auf eine Mine gelaufenes Minensuchboot wird unterfangen, auf diese Art gesichert und dann in den Hafen gebracht. Ein seemännisch anspruchsvolles Manöver für alle beteiligten Boote. Foto: Bibliothek für Zeitgeschichte

Das Minensuchboot »M 3« bei einer Passage des Kaiser-Wilhelm-Kanals. Foto: Bibliothek für Zeitgeschichte

Im Jahre 1915 begann der Bau der ersten Minensuchboote auf Grundlage des Amtsentwurfs 1914. Die Fertigung der Einheiten erfolgte auf verschiedenen Werften, was letztendlich auch dazu führte, dass nicht alle Boote in der Bauausführung absolut gleich waren. Das erste Boot »M 1« lief am 26. Mai 1915 vom Stapel und stellte am 17. Juli 1915 in Dienst. Die Baureihe war mit »M 26« abgeschlossen, das am 18. Oktober 1915 der Flotte zulief.

Die Minensuchboote 1914 waren im Querspant-Stahlbau gefertigte Fahrzeuge mit einem relativ geringen Tiefgang. Dies war für ein Minensuchboot überlebenswichtig, denn es musste schließlich über einem scharfen und noch aktiven Minenfeld operieren. Das eigentliche Räumen der Minen erfolgte mittels der ausgebrachten und geschleppten Räumvorrichtungen. Das heißt: Das Minensuchboot musste zuerst in das Minenfeld fahren, bevor sein geschlepptes Räumgerät aktiv werden konnte. Nicht umsonst gab es bei den Besatzungen der Minensuchboote den Spruch: »Wer Minen sucht, ist Gott am nächsten.«

Die Boote galten als gute Seeschiffe mit guten Dreheigenschaften. Die Verdrängung der Einheiten bewegte sich zwischen 456 und 476 Tonnen. Die mit 40 Mann besetzten Boote hatten eine Länge von rund 55 Meter und eine Breite von 7,30 Meter. Der Tiefgang betrug nur zwei Meter.

Als Antrieb waren zwei Dreizylinder-dreifach-Expansionsdampfmaschinen mit Leistungen zwischen 1745 und 1861 PS eingebaut. Sie wirkten jeweils auf eine Welle. Zwei kohlebefeuerte Marinekessel erzeugten den Dampf. Die erreichbare Geschwindigkeit betrug 16 Knoten. Mit geschlepptem Minenräumgerät kamen die Einheiten noch auf 12 bis 13 Knoten. Bei einer Bunkerkapazität von 100 Tonnen Kohle hatten die Boote eine Fahrstrecke von 1680 Seemeilen bei 14 Knoten an Geschwindigkeit.

Als Bewaffnung war zunächst ein und später dann zwei Geschütze 8,8 cm SK L/30 an Bord. Als Zuladung konnten zum Legen eines Minenfeldes 30 Minen mitgenommen werden.

Die Boote wurden außer zur Minenräumung auch im Geleitdienst sowie zur U-Jagd recht erfolgreich eingesetzt. Während des Krieges gingen elf Boote durch Minenexplosionen in Verlust. Die überlebenden Einheiten übernahm die Reichsmarine. Sie wurden aber 1922 alle verkauft und verschrottet. Ausnahme: »M 10« gelangte bereits im März 1920 nach Griechenland und blieb dort als Hilfskreuzer »Aktion« noch lange Jahre in Dienst.

Minensuchboot »M 22«. Foto: Bibliothek für Zeitgeschichte

Minensuchboote 1915

Die zweite Bauserie an Minensuchbooten basierten auf dem Amtsentwurf 1915 und war eine Weiterentwicklung des Amtsentwurfs 1914. Insgesamt 30 Minensuchboote dieses Typs entstanden auf verschiedenen Werften. Am 15. April 1916 lief »M 27« vom Stapel und am 12. Dezember 1916 kam das Bauvorhaben mit der Indienststellung von »M 56« zum Abschluss.

Schiffbaulich und in ihrem Seeverhalten entsprachen sie den Vorgängerbooten. Die Verdrängung war mit 503 bis 513 Tonnen etwas größer. Die Bootslänge betrug 58,20 Meter, die Breite 7,30 Meter und der Tiefgang 2,25 Meter. Die Besatzung war wieder 40 Mann stark.

Auch die Antriebsanlage wies gegenüber den Vorgängerbooten keine Unterschiede auf. Zum Teil kamen aber etwas leistungsstärkere Maschinen zum Einbau. Die Bunkerkapazität war mit 115 Tonnen an Kohle leicht erhöht und erlaubte somit den Booten eine Fahrstrecke von 2000 Seemeilen bei 14 Knoten.

Die Bewaffnung der 1915er-Boote war die Anzahl der Geschütze gleichgeblieben. Sie hatten allerdings ein größeres Kaliber. Zur Einrüstung kamen die Geschütze 10,5 cm SK L/45. Auch diese Boote konnten zum Verlegen von Minenfeldern wieder 30 Minen mitnehmen.

Von den 30 gebauten Einheiten des Minensuchbootes 1915 gingen im Laufe des Ersten Weltkriegs zehn Boote verloren. Dabei war bei »M 27« eine Kollision und bei »M 55« die Strandung die Verlustursache. Die übrigen acht Minensuchboote sanken durch Minenexplosionen beim Räumeinsatz.

Minensuchboot »M 28«. Foto: Bibliothek für Zeitgeschichte

Minensuchboot »M 38«. Foto: Bibliothek für Zeitgeschichte

Minensuchboote 1916

Minensuchboot »M 72«. Foto: Bibliothek für Zeitgeschichte

Ab 1917 wurden dann nochmals 120 Boote des Typs Minensuchboot 1916 von der Kaiserlichen Marine bei verschiedenen Werften geordert. Grundlage für ihren Bau bildete der Amtsentwurf 1916. Kriegsbedingt konnten aber nicht alle Aufträge bis zum fertigen Minensuchboot vollumfänglich abgewickelt werden.

Zahlreiche Bauaufträge wurden bei Kriegsende auch storniert. Bei einigen noch im Bau befindlichen unfertigen Einheiten kam es zum Verkauf ins Ausland. Weitere wurden abgebrochen oder zu anderen Zwecken weiter gebaut.

Tatsächlich kamen bis zum Kriegsende 55 Minensuchboote 1916 in den Dienst der Kaiserlichen Marine. Im Jahr 1919 folgten nochmals 22 Boote und drei Boote kamen erst im Jahr 1920 zur Ablieferung. Die in Dienst gestellten Minensuchboote 1916 waren nicht identisch. Je nach Bauwerft wiesen sie in ihren Abmessungen, ihren technischen Daten, ihren Maschinenleistungen und in ihrer Bewaffnung geringfügige Abweichungen auf.

Minensuchboot »M 102«. Foto: Bibliothek für Zeitgeschichte

Allgemein galten die als Querspant-Stahlbauten gefertigten Boote, wie auch ihre beiden Vorgängerklassen, als gute Seeschiffe mit guten Dreh- und Manövriereigenschaften. Die Verdrängung der Boote lag im Bereich von 535 bis 670 Tonnen. Die Bootslängen variierten leicht um die 59 Meter. Die Bootsbreite war nahezu einheitlich bei 7,30 Meter. Der Tiefgang lag auch ziemlich einheitlich bei 2,25 Meter und war für die Bootsgröße ein sehr niedriger Wert. Die Besatzung war erneut 40 Mann stark.

Der Antrieb des Minensuchbootes 1916 bestand aus zwei Dreizylinder-dreifach-Expansionsdampfmaschinen. Die Gesamtleistung lag unterschiedlich bei 1750 bis 1850 PS. Die beiden Dampfmaschinen waren in einem Maschinenraum untergebracht. In zwei kohlebefeuerten Marinekessel mit vier Feuerstellen wurde ein Dampfdruck von 16 atü erzeugt. Damit erreichten die Minensuchboote über ihre beiden Wellen eine Geschwindigkeit von 16 Knoten. Mit geschlepptem Minensuchgerät lag die Geschwindigkeit immer noch bei 13 Knoten. Die Fahrstrecke belief sich bei 14 Knoten auf 2000 Seemeilen.

Die Bewaffnung der Minensuchboote 1916 setzte sich aus verschiedenen kleinkalibrigen Geschützen zusammen. Die ersten Minensuchboote erhielten zunächst drei Geschütze 8,8 cm SK L/45 eingerüstet. Ab 1917 erfolgte auch alternativ die Einrüstung von zwei Geschützen 10,5 cm SK L/45. Alle Bootsvarianten konnten 30 Minen mitführen und verlegen.

Durch Kriegsereignisse gerieten neun Minensuchboote 1916 in Totalverlust, davon acht beim Räumen von Minenfeldern. Nach Kriegsende wurden viele Boote verkauft. Sie wurden abgewrackt oder anderweitigen zivilen Verwendungen zugeführt. Die Reichsmarine übernahm in ihren Bestand 38 Einheiten. Diese wurden auch dringend gebraucht, denn nach den Artikeln 182 und 193 des Versailler Vertrags war Deutschland verpflichtet die im Krieg in der Nord- und Ostsee gelegten Seeminen zu räumen und dafür Minenräumfahrzeuge im Dienst zu halten.

Viele der von der Reichsmarine übernommen Minensuchboote blieben auch noch in der Kriegsmarine im Dienst. Sie wurden sowohl in ihrem eigentlichen Verwendungszweck als Minensuchboote genutzt wie auch zu diversen Spezialfahrzeugen und Tendern umgebaut. Dabei erhielten sie auch »richtige« Bootsnamen. Sie kamen im Zweiten Weltkrieg noch zum Einsatz.

Flachgehende Minensuchboote

Der am 1. Februar 1917 erklärte uneingeschränkte U-Bootkrieg des Deutschen Reiches führte zu britischen Gegenmaßnahmen, die in einer verstärkten Verminung der Auslaufwege der U-Boote in der Deutschen Bucht bestanden. Für die Räumung dieser Minensperren benötigte die Kaiserliche Marine schnell zusätzliche und einen geringen Tiefgang aufweisende Minensuchboote, um die flachstehenden Minen zu räumen. Mit dem Amtsentwurf 1917 wurde ein solches Minensuchboot, das die Bezeichnung Flachgehendes Minensuchboot erhielt, entworfen.

Diese wieder als Querspant-Stahlbauten nach Handelsschiffsnormen gefertigten FM-Boote, so ihre Kurzbezeichnung, hatten eine Verdrängung von 193 bis 205 Tonnen. Die Bootslänge lag zwischen 43,00 und 45,50 Meter. Der Tiefgang betrug lediglich 1,70 Meter. Die Seefähigkeit der Boote war beschränkt und hörte bei Windstärken von 5 bis 6 Bft nahezu ganz auf. Die Manövriereigenschaften werden als schlechter wie bei den übrigen Minensuchbooten bewertet. Die FM-Boote hatten zudem ein mäßiges Drehverhalten. Nach den ersten Einsätzen der FM-Boote wurde schnell klar, dass sie die an sie gestellten Erwartungen nicht erfüllten. Ihre Besatzungsstärke lag bei 35 Mann.

Der Antrieb der Boote bestand aus zwei Dreizylinder-dreifach-Expansionsdampfmaschinen, die auf zwei Wellen wirkten und eine Leistung von 600 bis 750 PS aufwiesen. In einem kohlebefeuerten Marinekessel wurde der Dampf erzeugt. Die Geschwindigkeit der Boote betrug 14 Knoten. Mit einem Kohlevorrat von 34 Tonnen hatten sie bei dieser Geschwindigkeit eine Fahrstrecke von 650 Seemeilen.

Als Bewaffnung war ein Geschütz 8,8 cm SK L/30 vorgesehen, das aber wegen der Gefahr einer Topplastigkeit kaum eingebaut worden ist.

Insgesamt kamen 66 Einheiten bei verschiedenen Werften in eine Auftragsvergabe, wovon allerdings kriegsbedingt und wegen der zwischenzeitlich festgestellten Nichteignung nicht alle fertig gebaut wurden. Vom Februar 1918 bis Oktober 1918 stellten nur 15 Einheiten in Dienst. Nach dem Versailler Vertrag brauchte Deutschland die FM-Boote nicht auszuliefern. Viele Boote, darunter auch die bis Ende 1919 noch fertiggestellten 15 Einheiten sowie die noch unfertig auf den Werften vorhandenen Boote, wurden verkauft und zivilen Verwendungen zugeführt oder abgewrackt.

FM-Boote im Päckchen an der Pier. Foto: Bibliothek für Zeitgeschichte

FM-Boot »FM 28«. Foto: Bibliothek für Zeitgeschichte

FM-Boot »FM 36«. Foto: Bibliothek für Zeitgeschichte

F-Boot »F 15«. Foto: Bibliothek für Zeitgeschichte

Unter Räumbooten versteht man kleine wendige Boote zum Räumen von Minenfeldern im Küstenvorfeld, in Flussmündungen und in flachen Gewässern. Um diesen Bedarf abzudecken ließ die Kaiserliche Marine mit dem Amtsentwurf 1915 entsprechende Fahrzeuge entwickeln.

Die als Querspant-Eichenholz-Diagonalkraweelbau gefertigten F-Boote, so die abgekürzte Bezeichnung, hatten eine Verdrängung von 20 Tonnen. Die Bootslänge war unterschiedlich und belief sich auf 16,50 und 17,50 Meter. Die Schiffsbreite war wieder bei allen Booten mit 4,00 Meter gleich, ebenso der Tiefgang mit 1,05 Meter. Die F-Boote bewährten sich bis zu Windstärken von 3 bis 4 Bft und entsprechendem Seegang. Die Besatzungsstärke lag bei nur sieben Mann.

Zwei Vierzylinder-Viertakt-Otto-Motoren wirkten jeweils auf eine Welle. Ihre Gesamtleistung von 120 PS ermöglichte eine Geschwindigkeit von zehn Knoten. Mit einem Bunkervorrat von drei Tonnen Öl konnten die F-Boote 250 Seemailen weit fahren. Die Bewaffnung bestand lediglich aus Handwaffen und einem Maschinengewehr, das zur Fliegerabwehr genutzt werden sollte.

Insgesamt wurden 75 F-Boote bei verschiedenen Werften in Auftrag gegeben. Von diesen wurden lediglich 28 Boote im Jahr 1917 noch für die Marine fertiggestellt. Davon kamen zehn Boote in Flandern zum Einsatz. Nach Kriegsende gingen diese Boote an die belgische Marine, wo sie noch bis Ende der 1920er Jahre im Dienst verblieben. Die von der Reichsmarine übernommenen Boote wurden 1919 / 1920 noch als Minenräumboote eingesetzt. Die sonst noch nach dem Krieg fertiggestellte F-Boote wurden verkauft und hatten die unterschiedlichsten Verwendungen im zivilen wie auch im behördlichen Bereich, speziell bei Polizei und Zoll.

F-Boot »F 26«. Foto: Bibliothek für Zeitgeschichte

F-Boot »F 37«. Foto: Bibliothek für Zeitgeschichte

Sperrbrecher

Während die Minensuchboote die Aufgabe hatten, mit ihrem Räumgerät festgestellte Minen unschädlich zu machen, waren die sogenannten Sperrbrecher eine ganz besondere Art von Minenräumfahrzeugen. Bei ihnen war von der Konzeption her vorgesehen, Minenfelder zu durchbrechen und so Sperrlücken für den Schiffsverkehr zu schaffen. Sie waren also Schiffe, die beim bewussten Durchfahren eines Minenfeldes durch ihr eigenes Geräusch-, Magnet- und Druckfeld die Minen zur Detonation bringen und so ein Fahrwasser minenfrei räumen sollten. Der eigene Schiffsverlust wurde dabei in Kauf genommen.

Sperrbrecher wurden erstmals im Ersten Weltkrieg und dann in größerer Zahl im Zweiten Weltkrieg eingesetzt. Es handelte sich dabei um umgebaute und zumeist alte Frachtschiffe. Hierzu wurden aus der Handelsmarine der hierfür geeignete Schiffsraum requiriert. So entstand zwangsläufig ein wahres Sammelsurium an Schiffen, das in seemännischer, technischer und logistischer Hinsicht den Besatzungen, den Sperrbrecher-Verbänden und, im Falle von anfallenden Reparaturen, auch den beteiligten Werften einiges an organisatorischem Können abverlangte.

Die Laderäume der Sperrbrecher waren mit Fässern, Kork oder anderer schwimmfähiger Ladung gegen das Volllaufen gesichert, um das Schiff bei Wassereinbruch möglichst schwimmfähig zu halten. Schiffbaulich wurde durch verschiedene Maßnahmen, wie zum Beispiel durch Einziehen von zusätzlichen Schottwänden oder Dichtsetzen von Bunkern, Tanks und Zellen, die Standfestigkeit erhöht. Um einen größeren Tiefgang zu erreichen, wurde Sandballast gefahren. Minenabweiser, das waren zum Eigenschutz vor dem Bug im Wasser angebrachte Spieren, sollten die Ankertaue der Minen nach der Seite abweisen und einem Schneideapparat zuführen, der sie dann durchschnitt. Die dann aufschwimmenden Minenkörper konnten dann durch Beschuss zum Sinken gebracht werden bzw. unschädlich gemacht werden.

Im Ersten Weltkrieg kamen insgesamt 42 Sperrbrecher zum Einsatz, auf die aber nicht weiter eingegangen werden soll. Jedoch noch der Hinweis: Bei Räumeinsätzen sind neun dieser Sperrbrecher verloren gegangen und gesunken.

1 Abwerfen der Mine von einem Schiff
2 Die Mine schwimmt und der Voreilanker sinkt nach unten
3 Der Voreilanker ist auf die eingestellte Länge abgewickelt und öffnet die Verbindung zwischen Minenwagen und Mine
4 Der Minenwagen sinkt nach unten und wickelt das Ankertau ab
5 Der Voreilanker erreicht den Meeresboden. Eine Bremse verhindert ein weiteres abwickeln des Ankertaus
6 Der Minenwagen zieht die Mine am Ankertau auf die gewünschte Tiefe
Foto: Martin Meise / CC-BY-SA 3.0

Kapitel 2

U-BOOTE

2.1 U-Boote, Deutschland

Versuchs-U-Boot der Howaldtswerke Kiel mit der »Bau-Nr. 333«. Foto: Archiv Autor

Im Gegensatz zu den übrigen Seemächten stand in Deutschland die Kaiserliche Marine zu Beginn des 20. Jahrhunderts dem U-Boot immer noch recht kritisch bis ablehnend gegenüber. Seitens der Howaldtswerke in Kiel, hier entstand 50 Jahre zuvor mit dem von Wilhelm Bauer entwickelten und schon bei den Erprobungen gesunkenen »Brandtaucher« das erste deutsche U-Boot, versuchte man Ende der 1890er Jahre mit »Bau Nr. 333« eine deutsche U-Bootentwicklung anzustoßen. Ganz offensichtlich bestand jedoch bei der Kaiserlichen Marine kein Interesse. Das als wenig leistungsfähig und wenig betriebssicher bewertete Boot wurde vermutlich 1902 wieder verschrottet.

In den Jahren 1902 / 1903 baute die zum Krupp Konzern gehörende Germaniawerft in Kiel auf eigene Rechnung das Versuchs-U-Boot »Forelle«. Es war das erste auf einer deutschen Werft gebaute voll funktionsfähige U-Boot. Die »Forelle« hatte einen spindelförmigen Rumpf, eine Länge von 13 Meter und eine ↑/↓-Verdrängung von 15,5 / 16,3 Tonnen. Das Boot war rein elektrisch angetrieben. Die »Forelle« diente zum einen dazu die Werft mit der Konstruktion und den Eigenschaften eines U-Bootes vertraut zu machen und zum anderen als Werbeobjekt, um in- und ausländische Kunden für einen größeren U-Bootentwurf zu überzeugen.

Das Versuchs-U-Boot »Forelle« nach seiner Ankunft in Russland. Foto: Archiv Autor

Nach Fertigstellung folgten verschiedene Vorführungen vor Kaiser Wilhelm II, seinem Bruder Prinz Heinrich von Preußen und vor verantwortlichen Marinestellen. Auch russische Marinevertreter zeigten Interesse. In der Folge bestellte im Juni 1904 die russische Marine als erster U-Bootkunde drei größere U-Boote, die als »Karp«, »Kambala« und »Karas« 1908 abgeliefert wurden. Die U-Boote hatten eine ↑/↓-Verdrängung von 210 / 239 Tonnen und eine Tauchtiefe von 30 Meter. Die schon vorhandene »Forelle« wurde in den Kaufvertrag miteingeschlossen und nach dessen Abschluss zu weiteren Erprobungen per Eisenbahn nach Russland verbracht.

Die Kaiserliche Marine sah sich nun im Zugzwang. Im Herbst 1904 begannen bei der Germaniawerft die ersten Entwicklungsarbeiten für ein eigenes U-Boot, das am

3. Dezember 1904 beauftragt wurde. Am 4. August 1906 folgte für »U 1« der Stapelhub mittels eines Werftkrans und am 14. Dezember 1906 die Indienststellung. Der Bau weiterer U-Boote lief nun an. Bei Kriegsbeginn war deren Zahl auf 29 U-Boote angewachsen, wobei etwa die Hälfte dieser Einheiten in den Jahren 1912 (5), 1913 (6) und in der ersten Jahreshälfte 1914 (5) in Dienst gestellt wurde.

Das U-Boot »Karp« war das Typboot von drei U-Booten, die die russische Marine bei der Germaniawerft in Kiel bauen ließ. Foto: Archiv Autor

Zum Vergleich: Im Flottenbestand der englischen Marine waren im Sommer 1914 bereits 68 U-Boote, bei der französische Marine 52 U-Boote und bei der amerikanischen Marine 32 U-Boote vorhanden. In gleicher Länderreihenfolge befanden sich weitere 22, 25 und 20 zusätzliche U-Boote im Bau bzw. in der Planung. (Schröder, Die U-Boote des Kaisers, Seite 422)

Das erste U-Boot der Kaiserlichen Marine »U 1«. Foto: Archiv Autor

Der U-Bootkrieg 1914-1918

In dem Internet-Lexikon Wikipedia finden sich zwei kurzgefasste Darstellungen über den U-Bootkrieg 1914-1918. Aus den Texten wird nachfolgend zitiert. Beide Beiträge wurden dabei wechselseitig ergänzt.

»Um das ungünstige deutsch-britische Kräfteverhältnis der Seestreitkräfte auszugleichen, entschloss sich die deutsche Kriegführung entgegen der Auffassung des Großadmirals Alfred von Tirpitz zum Kleinkrieg durch Minen- und U-Boot-Einsatz gegen Großbritannien.

Tirpitz wollte die U-Boote lediglich als Unterstützung für die Hochseeflotte einsetzen. An einen Einsatz gegen Handelsschiffe dachte man auch deswegen nicht, da sie nicht geeignet erschienen, einen Kreuzerkrieg entsprechend der Prisenordnung durchzuführen. Ein Umdenken setzte ein, als genau dies dem Boot »U 17« im Oktober 1914 gelang und zudem U-Boote mehrere spektakuläre Erfolge gegen Kriegsschiffe erzielt hatten. (*)

In Erwiderung der britischen Fernblockade (Linie Schottland – Norwegen), die am 2. November 1914 die Nordsee zum Kriegsgebiet erklärte, erklärte Deutschland am 4. Februar 1915 die Gewässer rings um Großbritannien zum Kriegsgebiet. Am 22. Februar 1915 befahl die deutsche Reichsregierung den uneingeschränkten U-Bootkrieg gegen Handelsschiffe kriegführender und neutraler Staaten innerhalb dieser Gewässer. (Anm.d.Verf.: Damit war der Handelskrieg der U-Boote gegen England nun endgültig im Gange)

Am 13. Mai 1915 wurde der U-Bootkrieg eingeschränkt, nachdem »U 20« (Kapitänleutnant Walther Schwieger) den mit 10 Tonnen Waffen beladenen britischen Passagierdampfer »Lusitania« versenkt hatte. Da unter den 1198 Todesopfern 114 bis 128 US-Staatsbürger waren, protestierten die USA in Großbritannien gegen die Blockade und drohten Deutschland nach weiteren scharfen Protestnoten mit Kriegseintritt.

Das von Deutschland im Februar 1915 erklärte Kriegsgebiet in den Gewässern rings um England und Irland. Foto: Archiv Autor

Aufgrund der amerikanischen Proteste befahl der Kaiser am 13. Mai 1915, neutrale Schiffe und feindliche Passagierdampfer zu schonen, und am 18. September, den uneingeschränkten U-Bootkrieg um die britischen Inseln einzustellen. Im Wesentlichen wurden die U-Boote im Herbst 1915 und 1916 jedoch nur im Rahmen von Flottenoperationen verwendet, wobei die Erfolge relativ gering ausfielen. Im Mittelmeer wurde der U-Bootkrieg dagegen mit wenigen Booten, aber erheblichen Abschusszahlen fortgeführt.

Am 29. Februar 1916 verschärfte die deutsche Admiralität den U-Bootkrieg durch warnungsloses Versenken bewaffneter Handelsschiffe. Tirpitz und Falkenhayn (Anm.d.Verf.: General der Infanterie Erich von Falkenhayn, Chef des Großen Generalstabs) konnten sich mit ihrer Forderung nach einem uneingeschränkten U-Bootkrieg jedoch nicht bei Bethmann-Hollweg (Anm.d.Verf.: Theobald von Bethmann-Hollweg, Reichskanzler) und dem Kaiser durchsetzen. Unnachgiebig drängte er, seine Positionen umzusetzen. Daraufhin wurde Tirpitz gezwungen, als Staatssekretär des Reichsmarineamtes zurückzutreten, was er mit seinem Schritt vom 17. März 1916 dann auch vollzog.

Nach der Skagerrakschlacht, die Deutschland taktisch gewonnen, jedoch strategisch verloren hatte, war die deutsche Admiralität der Ansicht, durch einen uneingeschränkten U-Bootkrieg Großbritannien innerhalb von sechs Monaten besiegen zu können. Gegen die Meinung der politischen Führung, die einen Kriegseintritt der USA befürchtete, erklärte Deutschland am 1. Februar 1917 erneut den uneingeschränkten U-Bootkrieg.

Bis zum 31. Dezember 1917 wurden 6,141 Millionen BRT alliierter Schiffsraum und 1,127 Millionen BRT neutraler Schiffsraum versenkt. Der uneingeschränkte U-Bootkrieg wurde von den USA zum Anlass genommen, am 6. April 1917 in den Krieg einzutreten. Trotz anhaltender Versenkungen von 600.000 BRT pro Monat konnte nun der Nachschub von den USA nach Großbritannien nicht mehr nachhaltig gestört werden. Der uneingeschränkte U-Bootkrieg wurde im Zuge des Notenaustausches mit Präsident Woodrow Wilson auf der Grundlage seiner 14-Punkte-Rede am 21. Oktober 1918 eingestellt.

Die größten Erfolge bei minimalen Verlusten erzielten deutsche U-Boote im Mittelmeer, sowohl gegen Kriegs- als auch gegen Handelsschiffe. Obwohl dort meist noch nach Prisenordnung vorgegangen wurde, waren die Versenkungsergebnisse, bezogen auf die Zahl der eingesetzten U-Boote, größer als im Zweiten Weltkrieg.

Infolge der Bestimmungen des Waffenstillstands vom 11. November 1918 wurden alle 170 U-Boote der deutschen Kaiserlichen Marine in den folgenden Wochen an Großbritannien und vereinzelt an andere Entente Staaten ausgeliefert. Der Großteil dieser Boote wurde verschrottet. Zu Selbstversenkungen wie bei der Hochseeflotte in Scapa Flow 1919 oder wie bei vielen U-Booten nach dem Zweiten Weltkrieg kam es zwar nicht, aber eine ganze

Auswirkungen des U-Bootkrieges im Mittelmeer. Foto: Admiralstab der Marine

Reihe von Booten sank auf den Überführungsfahrten aus ungeklärter Ursache.«
(https://de.wikipedia.org/wiki/Seekrieg_im_Ersten_Weltkrieg),
(https://de.wikipedia.org/wiki/U-Boot-Krieg)

Die Haupteinsatzgebiete der deutschen U-Boote im Ersten Weltkrieg waren die Nordsee, der Ärmelkanal, die Gewässer um England und Irland sowie das Mittelmeer, hier bei optimalen Operationsbedingungen und in enger Zusammenarbeit mit der österreichisch-ungarischen k.u.k. Marine. Dabei gab es die Besonderheit, dass ab 1915 deutsche U-Boote mit ihren Besatzungen pro forma an die k.u.k Marine übergeben wurden, zeitweilig eine k.u.k Nummer erhielten und unter österreichischer Flagge fuhren. Sie waren aber nie integraler Bestandteil der k.u.k. Marine. Der Form halber war aber immer mindestens ein Besatzungsmitglied tatsächlich österreichischer Marineangehöriger. Mit dieser Maßnahme wollte man einerseits vermeiden, dass es im Fernmeldeverkehr und im Nachschubwesen zu Verwechselungen kommt. Andererseits sollte eine Geheimhaltung / Feindtäuschung gegenüber Italien erreicht werden. Italien hatte am 23. Mai 1915 Österreich-Ungarn den Krieg erklärt, aber gegenüber dem Deutschen Reich diesen Schritt erst am 28. August 1916 vollzogen. Mit diesem Flaggenwechsel vermied man Schwierigkeiten beim

Kriegsvölkerrecht, das heißt: Die deutschen U-Boote unter der österreichischen Flagge konnten in dieser Zeitspanne auch italienische Schiffe angreifen. Auch nach dem Kriegseintritt Italiens gegenüber Deutschland blieben einige deutsche U-Boote noch eine Zeit lang formal Kriegsschiffe der österreich-ungarischen Marine. Nicht immer wurden bei den formellen Übernahmen auch die Bootsnummern übernommen, weil diese oft schon bei den eigenen k.u.k. U-Booten vorhanden waren.

An dieser Stelle ist noch ergänzend anzumerken, dass sich auch in Konstantinopel ein Verband deutscher U-Boote befand, der dem Kommando der Mittelmeerdivision zugeordnet war und im Schwarzen Meer gegen die russische Flotte und russische Handelsschiffe U-Bootkrieg führte.

Wie in Joachim Schröder »Die U-Boote des Kaisers« auf den Seiten 430 und 437 zusammengefasst dargestellt ist, hatten die deutschen U-Boote im Ersten Weltkrieg Versenkungserfolge von 6394 Handelsschiffen mit 11.948.702 BRT sowie 100 Kriegsschiffen mit einer Gesamttonnage von 366.247 Tonnen. Dem standen die in den beiden nachfolgenden Tabellen aufgelisteten eigenen Verluste an U-Booten gegenüber.

Ein Schiff findet durch einen Torpedoschuss sein Ende. Foto: US Navy

Name	**1914**	**1915**	**1916**	**1917**	**1918**	**Summen**
Seestreitkräfte	1	10	6	22	30	69
U-Boote		1	2	9	6	18
Mine / Netz	2	1	5	14	12	34
Eigensprengung	1			2	15	18
Verschollen	1	4	5	9	17	36
Frontunfall		2	1	5	1	9
Heimatunfall		1		5	5	11
Außerdienststellung		2	1	2		5
Internierung		1		4	15	20
Strandung		1	2	2		5
Luftstreitkräfte			1	1		2
Seeluftstreitkräfte					2	2
Summen	5	23	23	75	103	229

Auf einzelne Seegebiete aufgeschlüsselt ergibt sich für die im Fronteinsatz in Verlust geratenen U-Boote folgendes Bild:

	1914	1915	1916	1917	1918	Summen
um England	5	16	14	58	59	152
Eismeer			1	2		3
Ostsee		1	1	1		3
Mittelmeer		1	2	2	10	15
Schwarzes Meer		1	4			5
Summen	5	19	22	63	69	178

Nach einer englischen Quelle wurden im November 1917 zur Abwehr gegen die damals etwa 178 vorhandenen aktiven deutschen U-Boote folgende Anzahl von Kriegsschiffen und Luftfahrzeuge aufgewendet:

277 Zerstörer – 30 Kanonenboote –
44 Patrouillenboote – 24 Minensucher –
65 U-Boote – 338 Motorboote –
68 Küstenmotorboote – 49 Dampfjachten –
849 Fischdampfer – 687 Netzfischer –
77 U-Boot-Fallen –
50 Luftschiffe – 194 Flugzeuge
(https://de.wikipedia.org/wiki/U-Boot-Krieg)

(*) Anmerkungen des Verfassers:

- Versenkung des englischen Kreuzers »Pathfinder« vor der Ostküste Schottlands am 5. September 1914 durch »U 21« (Kapitänleutnant Otto Hersing)
- Versenkung der drei englischen Panzerkreuzer »Hogue«, »Aboukir« und »Cressy« vor Hoek van Holland am 22. September 1914 durch »U 9« (Kapitänleutnant Otto Weddigen)
- Versenkung des englischen Geschützten Kreuzers »Hawke« vor Aberdeen am 15. Oktober durch »U 9« (Kapitänleutnant Otto Weddigen)
- Versenkung des englischen Dampfers »Glitra« vor der norwegischen Küste am 20. Oktober 1914 durch »U 17« (Kapitänleutnant Johannes Feldkirchner) unter Beachtung der Prisenordnung, die »Glitra« war das erste im Ersten Weltkrieg versenkte Handelsschiff

Vorkriegs-U-Boote

U-Boot »U 1«

Das am 14. Dezember 1906 in Dienst gestellte U-Boot »U 1« hatte bei einer Länge von 42,39 Meter und einer Breite von 3,75 Meter eine ↑/↓-Verdrängung von 238 / 283 Tonnen. Seine Tauchtiefe betrug 30 Meter.

Bei Überwasserfahrt wurde es durch zwei Petroleummotoren mit einer Gesamtleistung von 400 PS angetrieben. Zwei Elektro-Fahrmotoren von ebenfalls 400 PS Gesamtleistung standen für den Unterwasserbetrieb zur Verfügung. An ↑/↓-Geschwindigkeit wurden 10,8 / 8,7 Knoten erreicht. Das Boot hatte über Wasser eine Fahrstrecke von 1500 Seemeilen bei zehn Knoten. Getaucht waren dies 50 Seemeilen bei fünf Knoten. An Bewaffnung war lediglich ein 45-cm-Bugtorpedorohr eingebaut. Drei Torpedos konnten insgesamt mitgenommen werden.

Der Einsatz von »U 1« erfolgte ausschließlich zu Testzwecken und als Schulungsboot. Zahlreiche technische Nachbesserungen kamen zum Einbau. Erfolgreiche Hochseefahrten und Teilnahme an Flottenmanövern gehörten zu seinem Fahrprogramm. Im Großen und Ganzen hat sich »U 1« dabei bewährt.

»U 1« kam nicht in den Kriegseinsatz. Diesen Ansprüchen hielt man es für nicht mehr gewachsen, denn die technische Entwicklung war mittlerweile schnell fortgeschritten. Am 19. Februar 1919 wurde »U 1« aus der Liste der Kriegsschiffe gestrichen und zum Abwracken verkauft. Dass es dazu aber dann doch nicht kam, ist dem Deutschen Museum in München zu verdanken. Obwohl schon große Teile fehlten, bemühte es sich um das U-Boot für seine schiffbautechnische Sammlung. Im

Die beiden Elektro-Fahrmotoren und dahinterliegend ein Petroleummotor des U-Bootes »U 1«. Foto: Hans Karr

Postkartendarstellung zur Versenkung von drei englischen Panzerkreuzern durch »U 9«. Foto: Archiv Autor

Februar 1921 gelangte »U 1« in Einzelteilen per Bahn nach München und musste dort wieder mühevoll für die museale Ausstellung hergerichtet werden. Zur besseren Besichtigung des Inneren wurde der Druckkörper aufgeschnitten. Seither ist es eines der größten Exponate im Deutschen Museum und auch heute noch Magnet für die Museumsbesucher.

U-Boot »U 2«

Bei der Kaiserlichen Werft in Danzig entstand in den

Das U-Boot »U 1« als Großexponat im Deutschen Museum in München. Foto: Hans Karr

Jahren 1906 bis 1908 das U-Boot »U 2«. Das Boot litt aber unter der noch fehlenden Erfahrung der Werft im U-Bootsbau und den vielen Neuerungen, die gegenüber »U 1« durchgeführt wurden. Die ↑/↓-Verdrängung betrug jetzt schon 341 / 430 Tonnen. Die Bootslänge war auf rund 45 Meter angestiegen. Die Tauchtiefe blieb bei 30 Meter. Die ↑/↓-Maschinenleistung erhöhte sich auf 600 / 630 PS und damit auch die ↑/↓-Geschwindigkeit auf 13 / 9 Knoten. Die ↑/↓-Fahrstrecke betrug 1600 Seemeilen bei 13 Knoten bzw. 50 Seemeilen bei fünf Knoten. »U 2« war mit zwei 45-cm-Torpedorohren ausgerüstet und hatte einen Vorrat von sechs Torpedos an Bord. Auch »U 2« kam nur zu Versuchs- und Schulungszwecken zum Einsatz.

Uboote »U 3« bis »U 18«

Diese weiterentwickelten U-Boote entstanden wieder auf der Kaiserlichen Werft in Danzig und bei der Germaniawerft in Kiel. Ab »U 5« waren vier Petroleummotoren für die Überwasserfahrt eingebaut. Für die Boote ab »U 9« erhöhte sich die Tauchtiefe auf 50 Meter. »U 3« und »U 4« kamen nicht zum Kriegseinsatz. Sie wurden als Schulboote genutzt.

Bei »U 3« wäre noch zu erwähnen, dass das Boot am 17. Januar 1911 bei einem Tauchunfall gesunken ist. Erst am Folgetag konnte es durch das U-Boothebeschiff »Vulkan« geborgen werden. Drei Besatzungsmitglieder verloren bei dem Unfall ihr Leben.

Wie bereits im Vorkapitel erwähnt erlangte »U 9« Berühmtheit durch die nahezu gleichzeitige Versenkung von drei englischen Kreuzern im Ärmelkanal vor der niederländischen Küste.

U-Boote »U 19« bis »U 41«

Auch diese Bauserie entstand wieder auf der Kaiserlichen Werft in Danzig und bei der Germaniawerft in Kiel. Hervorzuheben ist die Tatsache, dass ab »U 19« die Boote mit technisch ausgereiften, wenn auch noch mit Kinderkrankheiten behafteten Dieselmotoren ausgerüstet wurden. Damit verschwand bei Überwasserfahrt die weit sichtbare und verräterische gelb-weiße Abgaswolke und das Knallen des Auspuffs der bisherigen Petroleummotoren. Bei der Torpedowaffe kamen 50-cm-Rohre zum Einbau. Die Rohrbewaffnung wurde auf ein 8,8-cm-Geschütz erhöht. Die Artillerie wurde als bedeutende Bewaffnung angesehen. Torpedos sollten nur für hochrangige Schiffsziele genutzt werden. Die U-Boote »U 19« bis »U 29« stellten noch zu Friedenszeiten in Dienst. Von August 1914 bis Februar 1915 folgten die restlichen Einheiten.

Das U-Boot »U 35« gilt bis heute mit 226 versenkter Schiffe als das erfolgreichste U-Boot der Welt. Unter mehreren Kommandanten wurden 546.707 BRT an Schiffsraum versenkt und weitere 32.490 BRT beschädigt.

Das U-Boot »U 36« konnte in der Nordsee das Vollschiff »Pass of Balmaha« als Prise nehmen. Mit einer Prisenbesatzung an Bord wurde der Segler nach Hamburg eingebracht und dann zum Hilfskreuzer »Seeadler« umgebaut. Unter dem Kommando von Kapitänleutnant Felix Graf von Luckner führte das Schiff einen erfolgreichen Handelskrieg. Es war das letzte Segelschiff, das als reguläres Kriegsschiff einen Kampfeinsatz durchführte.

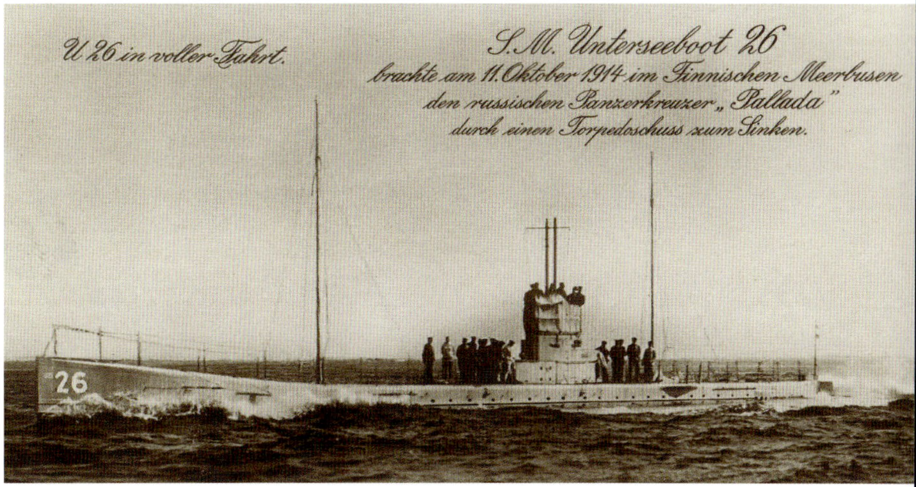

Das U-Boot »U 26« auf einer Postkartendarstellung. Foto: Archiv Autor

Das U-Boot »U 38« im Dock. Gut zu erkennen sind die beiden 50-cm-Hecktorpedorohre, das Backbord hintere Tiefenruder, die Backbord Schraube und das Seitenruder. Foto: Bibliothek für Zeitgeschichte

Mobilmachungs-U-Boote (I)

Bei Kriegsbeginn waren 45 U-Boote fertig bzw. im Bau. Gemäß Mobilmachungsplan war vorgesehen sofort weitere U-Boote in Auftrag zu geben. Als neue und nun dritte Bauwerft für U-Boote kam die A.G. Weser in Bremen zum Zuge. Insgesamt 23 Ms-U-Boote, so die Kurzbezeichnung für dieses Bauprogramm, konnten daraufhin von April 1915 bis Mai 1916 in Dienst stellen und der Flotte zulaufen.

Es waren die Boote »U 43« bis »U 65«, die in mehreren Bestellungen von den drei U-Bootwerften gefertigt wur-

U-Boot »U 46«. Foto: Bibliothek für Zeitgeschichte

U-Boot »U 49«. Foto: Bibliothek für Zeitgeschichte

Das U-Boot »U 53« im Hafen von Newport, Rhode Island, USA am 7. Oktober 1916. Foto: tormentor4555 / CC-BY-SA 1.0

den. Für jedes Boot wurde eine Bauzeit von 1 ½ Jahren angenommen. Vertragsgemäß sollten sie bis Ende 1916 geliefert werden, was ja dann auch eingehalten werden konnte. Allerdings wurde die Möglichkeit, dass diese Boote noch im Krieg zum Einsatz kommen würden, zunächst als sehr gering angesehen.

Die Einheiten hatten durch technische Änderungen und optimierter Formgebung verbesserte Seeeigenschaften sowie verbesserte Tauch- und Steuereigenschaften. Sie manövrierten recht gut und waren für eine ozeanische Verwendung geeignet.

In der am Schluss des Kapitels eingefügten Tabelle 3 sind die technischen Daten dieser Ms-U-Boote aufgelistet. Die 23 U-Boote waren nicht alle einheitlich in der Ausführung. Alle Bauvarianten aufzuführen würde aber den Umfang der Darstellung allzu sehr ausweiten. Es werden daher nur die Daten des ersten (»U 43«) und des letzten (»U 65«) U-Bootes, sozusagen als untere und obere Grenzwerte dieser Baureihe, mit Stand bei der Ablieferung angegeben.

Als erstes Militär-U-Boot überquerte das dieser Bauserie angehörende »U 53« (Kapitänleutnant Hans Rose) im September / Oktober 1916 den Atlantik. Die auf Befehl des Admiralstabes unternommenen Fahrt sollte die Kampfkraft der deutschen U-Bootwaffe demonstrieren. Zuvor waren bei »U 53« auf der Germaniawerft einige Tauchtanks als Treibstoffbunker für die Hin- und Rückfahrt umgerüstet worden. Dabei gelang dem Kommandanten ein regelrechtes Husarenstück, als er am 7. Oktober 1916 für 2½ Stunden in den Hafen von Newport, Rhode Island, USA einlief. Dort besuchten Marineangehörige der damals noch neutralen USA das U-Boot.

Ab dem Folgetag führte »U 53« außerhalb der amerikanischen Hoheitsgewässer im Seegebiet um Nantucket Feuerschiff Handelskrieg nach Prisenordnung. Dabei wurden drei englische Handelsschiffe sowie ein norwegischer und ein holländischer Frachter, die beide Bannware geladen hatten, versenkt. Insgesamt konnte sich »U 53« auf seinem Versenkungskonto 20.388 BRT gutschreiben. Am 9. Oktober musste das Boot aus logistischen Gründen seinen Rückmarsch nach Deutschland antreten.

In England war man über diese Aktion und das Verhalten der insgeheim schon als Verbündeten angesehenen USA »not amused«. In einer englischen Quelle wird dies wie folgt kommentiert:

»There was a great deal of anger amongst the Allied powers after the visit of U-53 to a US port and the subsequent sinking of Allied shipping. While all of the sinkings were done according to prize court laws and nobody was killed during them, the attacks instilled fear in the British because of the reach of the German U-boats, and the US because these attacks occurred so close to its shores. Britain was further outraged that most of the attacks occurred while the submarine was surrounded by US destroyers. After a soothing speech by Sir Edward Grey, these complaints were calmed when he pointed out that the US ships had no legal right to interfere with these attacks and had done all they could to rescue the sailors in the water. German newspapers celebrated the trip as a great demonstration of the reach of the German Navy and Captain Rose was praised for his actions.« (https://en.wikipedia.org/wiki/SM_U-53)

Exportboote für Österreich und Norwegen

»U 66« bis »U 70«

Bei Kriegsbeginn befanden sich auf der Germaniawerft in Kiel fünf U-Boote für die österreichische Marine im Bau. Man war der Annahme, dass im Krieg eine Überführung der fertiggestellten U-Boote in die Adria nicht möglich sein würde. Die deutsche Regierung beantragte bei Österreich den Kauf dieser Boote, was auch bewilligt wurde. Die fünf nun als »U 66« bis »U 70« bezeichnete Boote wurden daraufhin unter deutscher Regie zu Ende gebaut und dabei in technischer Hinsicht den eigenen Bedürfnissen angepasst. Sie stellten vom Juli 1915 bis September 1915 in Dienst.

Im Verlaufe des Krieges hatten sich die Boote gut bewährt. Als einziger Mangel ist das 45-cm-Kaliber der Torpedorohre anzusehen. Aber das ließ sich nach Übernahme der Boote baulich nicht mehr ändern und musste in Kauf genommen werden. Die Einheiten kamen in den englischen Gewässern zum Einsatz und erzielten gute Versenkungserfolge.

U-Boot »U A«

Die Kaiserliche Marine konnte noch ein sechstes für das Ausland bestimmtes U-Boot übernehmen. Ebenfalls auf der Germaniawerft war für Norwegen ein als »A 5« bezeichnetes U-Boot im Bau. Am 5. August 1914 wurde das bereits fertige Boot beschlagnahmt und soweit noch möglich den deutschen Bedürfnissen angepasst. Als Besonderheit ist anzumerken, dass alle achteren Ruder sich im Schraubenstrom befanden. Diese Anordnung war weltweit erstmalig zur Ausführung gekommen. Bereits am 14. August konnte das Boot als »U A« in Dienst gestellt werden. Mit seiner beschränkten Hochseeverwendung kam es beim Küstenschutz und zu Schulungszwecken zum Einsatz.

U-Minenleger

Ende 1914 / Anfang 1915 reifte bei der Marineleitung der Entschluss ein spezielles großes U-Boot zum Legen von Minen zu entwickeln. Die Boote sollten möglichst noch im Jahr 1915 fertig werden. Bereits Anfang 1915 konnten die A.G. Vulcan in Hamburg und die Kaiserliche Werft in Danzig beauftragt werden die U-Boote zu bauen. Es handelte sich um »U 71« bis »U 80«. Bereits am 10. Dezember 1915 stellte der erste U-Minenleger in Dienst. In Rekordzeit war in zehn Monaten ein 800-Tonnen-U-Boot entstanden. Am 6. Juni 1916 setzte »U 80« Flagge und Wimpel und beendete als letztes Boot diese Bauserie. Erstmals im deutschen U-Bootbau waren dies Einhüllenboote. Das heißt: Der Druckkörper war auch zu gleich die Außenhaut des Bootes. Die U-Boot-Minenleger werden als schlechte Seeschiffe bewertet, die mittelmäßig manö-

U-Boot »U 75«. Foto: Bibliothek für Zeitgeschichte

vrierten und nur bei gutem Wetter recht gut steuerten. Die Mitnahmekapazität an Minen betrug 38 Stück, die trocken gelagert waren. Im Bootsinneren waren infolge der zahlreichen Minenlager die räumlichen Gegebenheiten, auch unter der Berücksichtigung der ohnehin schon engen U-Bootverhältnisse, als sehr beengt zu bezeichnen.

U-Minenkreuzer

U-Boot »U 117«. Foto: Bibliothek für Zeitgeschichte

Bei der Überführung des an Frankreich auszuliefernden U-Bootes »U 118« brach im Sturm die Schlepptrosse. Das Boot wurde am 15. April 1919 am Strand von Hastings angetrieben und dann später vor Ort abgewrackt. Vor dem Turm ist das eingerüstete 15-cm-Geschütz zu erkennen. Foto: Archiv Autor

Die kurzfristige und schnelle U-Bootkonstruktion der 800-Tonnen-U-Boot-Minenleger spiegelte sich in vielen Unzulänglichkeiten und Mängel wider. Dies führte schon sehr früh zu dem Wunsch nach einem verbesserten Typ. Anfang 1916 wurde mit dessen Umsetzung begonnen.

Bei den beiden Hamburger Werften Vulcan und Blohm+Voss wurden die U-Boote »U 117« bis »U 126« in Auftrag gegeben. Die Indienststellungen erfolgten im Zeitraum von März 1918 bis Oktober 1918. Die Boote waren wieder Zweihüllen-Konstruktionen und hatten eine ↑/↓-Verdrängung von 1164 / 1512 Tonnen. Sie waren ausgezeichnete Seeschiffe jedoch war das Manövrier- und Drehverhalten der Boote mittelmäßig.

»Eine Besonderheit dieses Entwurfs war die Unterbringung von weiteren zehn Torpedos in druckfesten Behältern an Oberdeck, die in eigens dafür vorgesehenen Mulden an Bb- und Stb-Seite des Oberdecks gelagert wurden. Statt der Torpedos konnten dort auch 30 zusätzliche Minen in Deckslagerkästen untergebracht werde. Von dort sollten sie über Schienen zur achteren Ablaufstelle transportiert werden«, schreibt Eberhard Rössler in seinem Buch »Geschichte des deutschen Ubootbaus« auf der Seite 89.

Mobilmachungs-U-Boote (II)

Im Frühjahr 1915 zeigte sich immer deutlicher, dass der Krieg nicht so schnell zu Ende gehen würde. Außerdem wurde schon klar, dass die Hauptwaffe zur See gegen England die U-Bootwaffe sein würde. Zudem zeigten die Verluste von U-Booten ihre Wirkung. Ein zweites Mobilmachungsprogramm wurde initiiert. Alle zum U-Bootbau fähige Werften sollten zur Umsetzung des Bauprogramms der Mobilmachungs-U-Boote (Ms-U-Boote) herangezogen werden, um die insgesamt 127 geplanten Boote zu bauen. Ihre technischen Daten variierten leicht, wie es bei einer so großen Bauserie schon als normal angesehen werden muss.

Von August 1916 bis zum November 1918 stellten nur 40 Boote tatsächlich noch in Dienst. Im Bau befanden sich zum Kriegsende nochmals 20 Boote in unterschiedlichem

Bauzustand. Bei den restlichen 67 Einheiten wurden die Bauaufträge zum Kriegsende storniert. Bei den Einsätzen gingen 16 Boote durch Feindeinwirkung verloren.

Die Vergabe der Bootsnummern war wie folgt: »U 81« bis »U 116«, »U 158« bis »U 172« und - nicht durchgehend - »U 201« bis »U 276«. Das letzte noch aus diesem Bauprogramm in Dienst gestellte U-Boot war am 6. November 1918 »U 165«. Tragischerweise ging das Boot am 18. November 1918 vor der Auslieferung auf der Weser durch Unfall verloren.

Die Ms-U-Boote (II) erwiesen sich als gute Seeschiffe für eine uneingeschränkte ozeanische Verwendung. Sie manövrierten und drehten recht gut.

Neben den sechs 50-cm-Torpedorohren (4 x Bug, 2 x Heck) war eine unterschiedliche Artilleriebewaffnung vorhanden. Auf den ersten Booten kamen 8,8-cm-Geschütze zur Einrüstung. Auf späteren Booten 10,5-cm-Geschütze. Zum Teil waren zwei Geschütze an Bord, oft auch als Mix von 8,8 und 10,5 Zentimeter.

U-Boot »U 86«. Foto: Bibliothek für Zeitgeschichte

Große U-Boote / U-Schiffe

Die großen U-Boote der Baureihe »U 127« bis »U 138« können als Vorläufer des späteren U-Kreuzers angesehen werden. Das Hauptgewicht bei der Konstruktion wurde auf eine hohe Überwassergeschwindigkeit gelegt. Die Bootsform wie auch die Bootslänge wurden dementsprechend ausgelegt.

Eine starke und robuste Maschinenanlage von zwei 1750 PS und zwei 450 PS Dieselmotoren sowie zwei 845 PS Elektro-Fahrmotoren wurden eingebaut. Die kleineren Dieselmotoren dienten primär zum Laden der Batterie, konnten aber auch zusätzlich auf die Welle geschaltet werden und so als Ergänzung zu den beiden großen Dieselmotoren wirken. Diese Zuschaltung funktionierte wie folgt: Die elektrische Leistung der angekuppelten Dynamos wurde auf die E-Fahrmotoren geleitet und über diesen Weg auf die Welle gegeben.

U-Boot »U 135«. Foto: Archiv Autor

Die Seeausdauer dieser für ozeanische Verwendung vorgesehenen U-Boote wird mit sechs Wochen angegeben. Sie waren vorzügliche Seeschiffe mit mittleren Manövrier- und Dreheigenschaften. Für ein U-Boot waren sie verhältnismäßig wohnlich eingerichtet.

Von den zehn U-Booten liefen allerdings nur vier vom Stapel und davon stellten zwei in Dienst. »U 135« setzte am 20. Juni 1918 und »U 136« am 15. August 1918 Flagge und Wimpel. Die übrigen Boote waren bei Kriegsende etwa zu 80 bis 90 Prozent fertig.

U-Kreuzer

Der U-Bootkrieg zog sich 1915 / 1916 in immer weitere Gebiete des Atlantiks. Es lag daher nahe einen U-Handelsstörer für ozeanische Verwendung zu schaffen. Die Antriebsanlage war wie auf den U-Booten »U 127« bis »U 138« konzipiert, jedoch mit mehr Leistung. Die Hauptwaffe sollte die Artillerie bilden. Eine recht respektable Artilleriebewaffnung von 15-cm-Geschützen war angedacht, um die Funktion als Handelsstörer wahr-

U-Kreuzer »U 139«. Foto: Bibliothek für Zeitgeschichte

U-Kreuzer »U 141«. Foto: Bibliothek für Zeitgeschichte

nehmen zu können. Außerdem sollten diese U-Boote so geschützt sein, dass sie vor bewaffneten Handelsschiffen nicht zu tauchen genötigt waren. Eine leichte Panzerung war deshalb vorgesehen.

Im Sommer 1916 wurden dann entsprechende Pläne ausgearbeitet. Der Panzerschutz bestand aus einer 25 Millimeter dicken Druckkörperhaut, einem 60 Millimeter dicken Turmpanzer und einem um 10 Millimeter verstärkten Oberdeck. Der Munitionsschacht war mit 25 Millimeter geschützt. Für die vorgesehen Rolle als Handelsstörer waren zur normalen Besatzung noch 21 Mann Prisenkommando an Bord.

Im Juli konnten die ersten drei U-Kreuzer bei der Germaniawerft in Kiel beauftragt werden. Weitere Aufträge folgten und die Werften A.G. Weser in Bremen wie die A.G. Vulcan in Hamburg wurden in das Bauprogramm eingebunden. Insgesamt waren mit »U 139« bis »U 150« und mit »U 173« bis »U 200« 40 Einheiten geplant. Davon sind aber nur neun zur Ablieferung gekommen. Vom 18. Mai 1918 bis zum 28. September 1918 stellten diese U-Kreuzer in Dienst. Im Bau waren bei Kriegsende noch insgesamt 27 Einheiten, die nicht mehr fertiggestellt wurden. Vier weitere U-Boote wurden schon nicht mehr begonnen.

U-Kreuzer / ex Handels-U-Boote

Mit Ausbruch des Ersten Weltkriegs riegelte die englische Royal Navy mit einer Totalblockade die Zugänge zu den deutschen Häfen wirkungsvoll ab. Im Norden überwachte sie die Enge zwischen Norwegen und Schottland und im Südwesten sperrte sie den Ärmelkanal. In Folge litt schon im zweiten Kriegsjahr das deutsche Kaiserreich an erheblichen Versorgungsproblemen, insbesondere bei kriegswichtigen Stoffen.

Das Handels-U-Boot »Deutschland« wurde nach zwei erfolgreichen Handelsfahrten in die USA von der Kaiserlichen Marine übernommen und zum U-Kreuzer »U 155« umgebaut.

Mit speziell entwickelten unbewaffneten Handels-U-Booten wollte man die Situation verbessern und den Handel mit den USA wieder aufnehmen. Die eigens hierfür gegründete und in Bremen ansässige Deutsche Ozean-Reederei sollte diese Fracht-U-Boote betreiben.

Bereits im April 1916 stellte mit der »Deutschland« die erste Einheit in Dienst. Mit einer Ladung von in den USA sehr begehrten Farbstoffen und pharmazeutischen Präparaten sowie Post lief das Handels-U-Boot am 9. Juli 1916 in Baltimore ein. Die erste Atlantik-Überquerung eines U-Bootes war damit abgeschlossen. Über 4300 Seemeilen davon 190 unter Wasser, hatte die »Deutschland« dabei zurückgelegt. Sie hinterließ in den USA einen großen Eindruck und wurde gebührend bestaunt.

Mit 349 Tonnen Gummi, 327 Tonnen Nickel und 79 Tonnen Zinn erreichte die »Deutschland« am 23. August wieder die Wesermündung. Die Fahrt Weser aufwärts wurde für die Besatzung zu einem wahren Triumphzug. Wie Helden wurden die Männer gefeiert. Fahnen und Wimpel wurden am Ufer geschwenkt und Musikkapellen spielten auf.

Der englische Kriegsgegner reagierte auf die deutschen Handels-U-Boote sehr empfindlich und befürchtete, dass seine Seeblockade dadurch unterlaufen würde. Man wusste ja nicht, wie viele Handels-U-Boote das Kaiserreich im Bau hatte. Mit dieser »Geheimwaffe« hatte man nicht gerechnet. Die US-Regierung wurde - allerdings erfolglos - aufgefordert amerikanische Gewässer und Häfen für die Handels-U-Boote zu sperren.

Vom Oktober bis Dezember 1916 machte die »Deutschland« eine zweite ebenso erfolgreiche Reise in die USA mit Zielhafen New London. Eine dritte Reise wurde für Anfang 1917 vorbereitet, aber nicht mehr durchgeführt. Der Kriegseintritt der USA im April 1917 ließ den Einsatz von Handels-U-Booten nicht mehr zu.

Das Schwesterschiff »Bremen« begann am 21. August 1916 seine erste Reise über den Atlantik von der es nicht wiederkehren sollte. Aus dem Seegebiet der Orkney-Inseln kam das letzte Lebenszeichen: Ein Funkspruch, dass alles an Bord in Ordnung sei. Seither gilt die »Bremen« als verschollen.

Als drittes Fracht-U-Boot lief am 4. April 1917 die »Oldenburg« vom Stapel, ist aber nicht mehr als solches fertig gestellt worden. Die »Oldenburg« und fünf weitere schon begonnene Einheiten wurden von der Kaiserlichen Marine übernommen, umkonstruiert und 1918 als U-Kreuzer »U 151« ex »Oldenburg«, »U 152«, »U 153«, »U 154«,

Innenaufnahme von dem Handels-U-Boot »Deutschland«. Foto: Archiv Autor

Das U-Boot »U 155« ex »Deutschland« nach der Ablieferung in London auf der Themse. Foto: Archiv Autor

»U 156« und »U 157« in Dienst gestellt. Optimale U-Boote waren sie jedoch nicht. Durch die auf ein Frachtschiff zugeschnittene Formgebung hatten sie schlechte Tauch- und Manövriereigenschaften. Außerdem war die Überwassergeschwindigkeit zu gering. Vorteilhaft war aber der große Fahrbereich.

Auch die »Deutschland«, die bisher als Handelsschiff klassifiziert war und mit ziviler Besatzung ihre beiden Frachtreisen nach den USA durchgeführt hatte, wurde zum Kriegsschiff umgebaut. In »U 155« umbenannt erhielt sie an Oberdeck sechs Torpedorohre und vier Geschütze. Bis Kriegsende blieb »U 155« im Kriegseinsatz.

U-Boote der »UB I«-Klasse

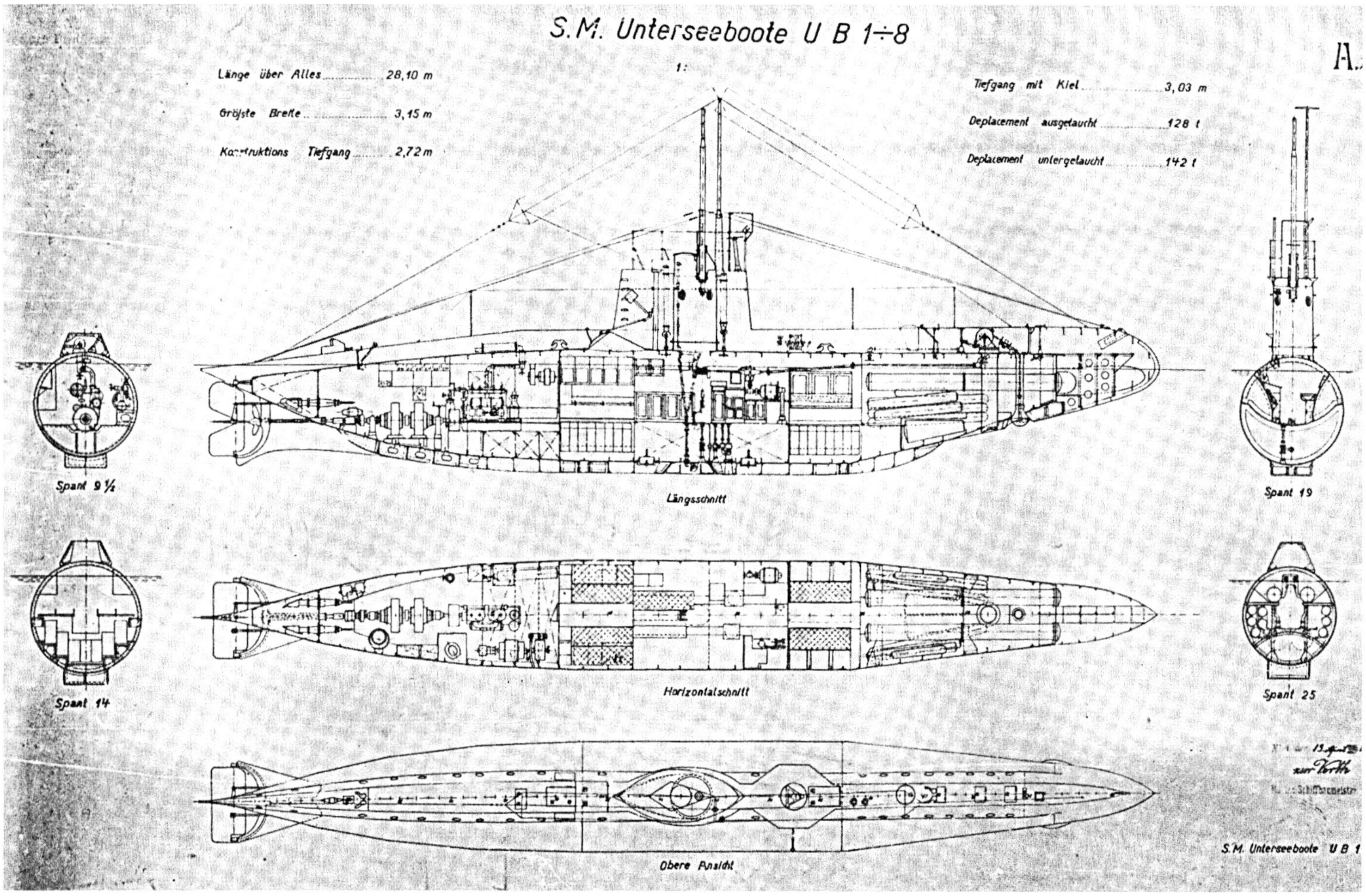

Der Generalplan der UB-Boote »UB 1« bis »UB -8«. Foto: Archiv Autor

Mit der Besetzung von Belgien wurde Deutschland Anlieger am Englischen Kanal. So reifte auch schnell der Gedanke in Anbetracht der relativ langen Bauzeiten der großen ozeanfähigen U-Boote auch kleinere Typen von Küsten-U-Booten zu bauen, die man von belgischen Häfen aus im Kanal gegen den englischen Schiffsverkehr einsetzen konnte. Es kam in Folge zur Entwicklung von der »UB I«-Klasse (Torpedoboote mit Minenlegekapazität) und der in den nachfolgenden Kapiteln behandelten »UC I«-Klasse (Minen-U-Boote). Wegen der geringen Größe von knapp über 100 Tonnen kamen nur eine Einhüllen-Bauweise und der Einwellenantrieb in Frage.

Die »UB I«-Boote unterteilten sich in die beiden Bauserien »UB 1« bis »UB 8« bei der Germaniawerft in Kiel und in »UB 9« bis »UB 17« bei der A.G. Weser in Bremen sowie der Kaiserlichen Werft in Danzig. Die vertraglich vereinbarte Bauzeit war auf vier Monate festgelegt. Es gab geringe Unterschiede in den Bauausführungen der drei beteiligten Werften. Zwischen Januar 1915 und Mai 1915 stellten die 17 Einheiten bereits in Dienst.

Die Boote kamen zerlegt via Eisenbahn in ihre Einsatzgebiete. In Antwerpen-Hoboken erfolgte der Zusammenbau der Kanalboote (9) und im österreichischen Pola (6) der Zusammenbau für den zusätzlich eingeplanten Mittelmeereinsatz. Diese Einheiten wurden in Folge an die österreichische Marine abgegeben und mit eigenen U-Nummern in Dienst gestellt. Zwei Einheiten verblieben als Schulboote in Deutschland.

Die schnelle Konstruktion und die schnelle Fertigung wirkten sich wohl nicht allzu positiv auf die »UB I«-Boote aus. Sie werden mit schlechten See- und Manövriereigenschaften bewertet. Ihr Drehverhalten wurde als mittelmäßig eingestuft. In ihrem Einsatzwert für die Kriegsführung wurden die Boote jedoch durchaus positiv gesehen.

»UB 3« am Kranhaken der Bauwerft. Foto: Bibliothek für Zeitgeschichte

U-Boote der »UB II«-Klasse

Im Frühjahr 1915 brauchte man mehr und mehr Küsten-U-Boote im Ärmelkanal und im Mittelmeer. Der Bau musste schnell erfolgen. Da die ersten Einsätze der U-Boote der »UB I«-Klasse Erfolge zeigten, wurde seitens der Front der Wunsch nach weiteren Einheiten geäußert. Diese Boote sollten spätestens zum Herbst zur Ablieferung kommen.

In der Verdrängung etwa doppelt so große Küsten-U-Boote wurden konstruiert. Die Boote waren wieder Einhüllenboote und besaßen außen Satteltanks, um einen größeren Kraftstoffvorrat mitnehmen zu können. Wegen der kriegsbedingten Dringlichkeit waren lange Überlegungen und Vorstufenstudien nicht möglich. Die U-Bootinspektion stand auf dem Standpunkt: »Die besten Boote sind wertlos, wenn sie zu spät kommen.«

Bei mehreren Werften wurden 30 »UB II«-Boote in Auftrag gegeben. Die Boote unterschieden sich leicht in der Ausführung. Die letzten Boote hatten eine größere ↑/↓-Verdrängung von 279 / 305 Tonnen sowie eine etwas geringere ↑/↓-Geschwindigkeit von 8,8 / 6,2 Knoten. Einige der Boote hatten eine größere ↑/↓-Fahrstrecke von 7200 / 5 bzw. 45 / 4 Seemeilen / Knoten. Zwischen Dezember 1915 und Juli 1916 stellten die Einheiten in Dienst. Ihre Einsatzorte lagen wieder in Flandern und im Mittelmeer. Wie zuvor bei der »UB I«-Klasse wurden sie per Eisenbahntransport im zerlegten Zustand dorthin gebracht und vor Ort zusammengebaut.

Eberhard Rössler bewertet in seinem Buch »Die Unterseeboote der Kaiserlichen Marine« auf Seite 44 die »UB II«-Klasse wie folgt: »Die Boote haben sich im Laufe des Krieges ebenfalls sehr bewährt und sind für gewisse Aufgaben nahe an der feindlichen Küste gar nicht zu ersetzen. Ihre große Tauchschnelligkeit (Anm.d.Verf.: circa 30 Sekunden) und geringe Sichtbarkeit bei Überwasserfahrt sind Vorzüge, die große Boote nie in diesem Maße haben könnten.«

U-Boot »UB 23«. Fotos: Bibliothek für Zeitgeschichte

Turm und 5-cm-Geschütz eines U-Bootes der »UB II«-Klasse. Foto: Archiv Autor

U-Boote der »UB III«-Klasse

Die U-Boote »UB 77« (links, »UB III«-Klasse) und »U 82« (rechts, Ms-Boot (II)) Mitte Januar 1919 auf dem Weg nach England zu ihrer Ablieferung. Foto: Bibliothek für Zeitgeschichte

Im Frühjahr 1916 begannen die Entwurfsarbeiten für einen weiteren Typ von nun deutlich größeren UB-Booten. Die Ausdehnung des Kriegsschauplatzes machte dies notwendig. Die vorhandenen Küsten-U-Boote der »UB II«-Klasse war dafür zu schwach bewaffnet und hatte auch nicht einen entsprechend großen Fahrbereich. Auch die seinerzeitige Diskussion um die erneute Freigabe des uneingeschränkten U-Bootkrieges machte die Entwicklung eines schnell zu bauenden U-Bootes erforderlich. Die Bauzeit sollte deshalb auch unter zwölf Monaten liegen. Als Einsatzraum war das erweiterte Küstenvorfeld - also die Nordsee und die englischen Gewässer - vorgesehen. Im Mai 1916 konnten bereits die ersten U-Boote in Auftrag gegeben werden.

Wesentliche schiffbauliche Unterschiede zur »UB II«-Klasse waren neben der größeren Verdrängung die Bauweise als Zweihüllenboot und der Antrieb über zwei Wellen sowie die größere Tauchtiefe von jetzt 75 Meter.

Insgesamt 202 Einheiten wurden im Laufe der Zeit geordert. Davon stellten in dem Zeitrahmen vom 11. Juni 1917 bis 31. Oktober 1918 insgesamt 120 tatsächlich in Dienst. Drei U-Boote wurden nach Kriegsende noch fertiggebaut und mussten dann an die Alliierten abgeliefert werden. Bei 79 U-Booten kam es nicht mehr zu einer Abnahme. Wenn im Bau schon begonnen, wurden sie behelfsmäßig zu Wasser gelassen und dann abgebrochen. Wenn noch kein Baubeginn erfolgt war, wurden die Aufträge annulliert.

Die »UB III«-Klasse war im Prinzip eine verkleinerte Version der Mobilmachungs-U-Boote (II). Mit ihren fünf 50-cm-Torpedorohren und einer Artillerie von 8,8-cm- oder 10,5-cm-Geschützen hatten sie etwa den gleichen Offensivwert wie die Ms-U-Boote (II). Lediglich der ↑/↓-Fahrbereich war geringer. Insgesamt ist die »UB III«-Klasse als hochwertig einzuschätzen.

Auf eines dieser leistungsfähigen U-Boote soll wegen eines besonderen Vorfalls kurz näher eingegangen werden. Das am 19. Juli 1918 östlich von Hartlepool bei einer Angriffsoperation auf einen Küstenkonvoi durch Geleitfahrzeuge mit Wasserbomben zum Auftauchen gezwungene und dann durch Rammen sowie weiteren Rohrwaffenbeschuss versenkte U-Boot »UB 110« (Kapitänleutnant Werner Fürbringer) wurde am 4. Oktober 1918, mit der Absicht

U-Boot »UB 99«. Foto: Bibliothek für Zeitgeschichte

Das am 19. Juli 1918 östlich von Hartlepool versenkte U-Boot »UB 110« wurde im September 1918 mit der Absicht gehoben, das Boot als Kampfeinheit für die Royal Navy wieder in Stand zu setzen. Dies hat sich aber dann als illusorisch erwiesen. »UB 110« wurde anschließend verschrottet. Fotos: Archiv Autor

»UB 125« musste nach dem Krieg an Japan abgeliefert werden und wurde dort als »O 6« in Dienst gestellt. Foto: Bibliothek für Zeitgeschichte

gehoben, das Boot als Kampfeinheit für die Royal Navy wieder in Stand zu setzen. Dies hat sich aber dann nach der technischen Untersuchung von Experten als vollkommen illusorisch erwiesen. »UB 110« wurde anschließend auf der Swan Hunter-Werft am Tyne abgewrackt.

Viel tragischer als das Schicksal des U-Bootes ist aber das Schicksal der Besatzung. Hier kam es von Seiten der Engländer zu einem schweren Kriegsverbrechen. Die Besatzung konnte sich zunächst bis auf die beiden Funker aus dem sinkenden U-Boot retten, das währenddessen weiter von den Geleitschiffen beschossen wurde. Anschließend eröffneten die Fahrzeuge auch auf die im Wasser treibende und überlebende U-Bootbesatzung das Feuer, sodass nur 13 der 34 Besatzungsmitglieder überlebten. Zahlreiche Besatzungsmitglieder trieben tot in ihren Schwimmwesten an der Versenkungsstelle.

In einer englischen Quelle wird der Vorfall wie folgt geschildert:
»While Lightoller (Anm.d.Verf.: Kommandant des an der Versenkung beteiligten Zerstörers »Garry«) does not mention any massacre in his own recounting of the sinking, he does state that he refused to accept the hands up air business. Lightoller explained, »In fact it was simply amazing that they should have had the infernal audacity to offer to surrender, in view of their ferocious and pitiless attacks on our merchant ships. Destroyer versus Destroyer, as in the Dover Patrol, was fair game and no favour. One could meet them and take them on as a decent antagonist. But towards the submarine men, one felt an utter disgust and loathing; they were nothing but an abomination, polluting the clean sea.« Lightoller claimed that he simply left the rescue work to the others, and was more concerned about his own ship, which took serious damage in the ramming. Lieutenant Commander Lightoller was awarded a bar to his Distinguished Service Cross for sinking »UB-110«. Contradictory information exists about the numbers of »UB-110« crew lost, with Lightoller claiming 15 survivors with 13 lost, while a German account claims 13 survivors with 21 lost, most in the post-battle massacre. Official British records list 12 survivors.« *(https://en.wikipedia.org/wiki/SM_UB-110)*

U-Boote der »UC I«-Klasse

U-Boot »UC 1«. Foto: Archiv Autor

Bereits im Oktober 1914 begannen die Ausarbeitungen für ein neues Projekt von Küsten-U-Booten. Als Ergänzung zu den Torpedobooten der »UB I«-Klasse, sollte diese nun als »UC I«-Klasse bezeichnete Neuentwicklung eine reine Minenbewaffnung bekommen. Die ersten 15 Einheiten wurden schon Ende November 1914 in Auftrag gegeben. Als Bauzeit für ein Boot veranschlagte man fünf bis sechs Monate. Tatsächlich kam das erste Boot »UC 1« auch schon am 7. Mai 1915 in Dienst. Die Schwesterboote folgten bis zum 28. Juni 1915.

Grundsätzlich wurde von der »UB I«-Konstruktion ausgegangen. Von diesem Entwurf wurden das Achterschiff und der Turm übernommen. Das Vorschiff musste jedoch komplett neu konzipiert werden. Hier wurden in der Mittschiffslinie sechs nach achtern schräg stehende Minenschächte im Durchmesser von einem Meter eingebaut. Diese Anordnung sollte gewährleisten, dass die

Minen – die Mitnahme von zwei Minen pro Schacht war möglich – auch bei Fahrt geworfen werden konnten.

Genau wie die UB-Boote wurden auch die UC-Boote in zerlegtem Zustand mit der Eisenbahn nach Flandern (»UC 1-7« und »UC 9-11«) und nach Pola (»UC 12-15«) transportiert und dort zusammengebaut. »UC 8« blieb zunächst als Schulboot in Deutschland.

Genau wie die »UB I«-Boote werden auch die »UC I«-Boote als Einheiten mit schlechten See- und Manövriereigenschaften bewertet. Dennoch hatten die Boote durch das Verlegen von Minenfeldern im Ärmelkanal, im Mittelmeer und im Schwarzen Meer gute Erfolge zu verzeichnen. Alle »UC I«-Boote bis auf »UC 8« gingen im Laufe des Seekriegs durch Feindeinwirkung verloren.

Dieses Küsten-U-Boot sollte auf eigenem Kiel über See nach Flandern verlegen und geriet in der Nähe von Terschelling Feuerschiff in niederländischen Gewässern am 4. November 1915 auf Grund. Holländische Schlepper konnten den Havaristen wieder flott machen, brachten »UC 8« aber nach Geldern. Hier wurde das Boot interniert. Da alle diplomatischen Versuche »UC 8« wieder frei zu bekommen fehl schlugen, überließ man im März 1917 das Boot den Niederländern als Geschenk. Als niederländisches U-Boot »M 1« blieb es bis 1932 im Dienst.

Das U-Boot »UC 5« geriet am 27. April 1916 in der Themsemündung auf Grund und wurde von den Engländern geborgen und eingeschleppt. Die Besatzung ging in englische Kriegsgefangenschaft. Später wurde »UC 5« in England und in den USA zur Schau gestellt. Foto: Bibliothek für Zeitgeschichte

U-Boote der »UC II«-Klasse

Die unerwarteten Erfolge der »UC I«-Boote führten zu Überlegungen zum Bau von größeren Minen-U-Booten. Im Sommer 1915 fiel die Entscheidung eine größere Anzahl solcher U-Boote zu bestellen. Entsprechende Entwürfe wurden in aller Eile ausgearbeitet und im September die ersten Boote beauftragt. Vom Juni 1916 bis zum Januar 1917 liefen die auf verschiedenen Werften gebauten 64 Einheiten der Flotte zu.

Von der Konstruktion her waren es Zweihüllenboote mit zwei Wellen in der Größenordnung einer ↑/↓-Verdrängung von 417 / 493 Tonnen. Ab »UC 49« erhielten die Boote an Stelle des bislang üblichen abgerundeten Bugs

»UC 55« im Dock. Gut zu erkennen sind das Hecktorpedorohr, die Ruder- und Schraubenanordnung und das aufgesetzte Backbord Bugtorpedorohr. Foto: Bibliothek für Zeitgeschichte

»UC 79« war das letzte Boot der Bauserie der »UC II«-Klasse. Auf dem Bild sind gut das Steuerbord Bugtorpedorohr und der sogenannte Haifischbug mit der aufgesetzten Netzsäge zu erkennen.

den sogenannten Haifischbug mit einer an Oberdeck installierten Netzsäge. Wie beim Bau auf mehreren Werften sozusagen zwangsläufig üblich, hatten die verschiedenen Bauserien von einander leicht abweichende technische Daten.

Als Bewaffnung befanden sich ein Geschütz im 8,8-cm- oder 10,5-cm-Kaliber und drei 50-cm-Torpedorohre an Bord. Die beiden Bugtorpedorohre waren seitlich an der überhöhten Back angeordnet. Das Heckrohr war in den Bootskörper integriert. Wie bei den Vorgängern konnten die Minen in sechs schräggestellten Schächten mitgeführt werden, jeweils drei Minen pro Schacht.

Die U-Boote der »UC II«-Klasse waren für eine Hochseeverwendung geeignet. Sie hatten aber auch wieder beschränkte See- und Manövriereigenschaften aber gutes Drehvermögen. Insbesondere die außen liegenden Bugtorpedorohre verursachten bei bewegter See viel Spritzwasser.

Der Aktionsradius der »UC II«-Klasse war mit bis zu mehr als 10.000 Seemeilen so groß, dass die Boote in der gesamten englischen und irischen Küste ihre Minen verlegen konnten. Die Boote stützten sich für Unternehmungen auf Häfen in Flandern ab. Sie kamen aber auch mit Ausgangsbasis Pola im Mittelmeer zum Einsatz. Diesen Stützpunkt erreichten sie im eigenständigen Verlegungsmarsch.

U-Boote der »UC III«-Klasse

Mit der Entwicklung eines weiteren Minen-U-Bootes sollte eine Verbesserung der »UC II«-Klasse erreicht werden. Außerdem war eine kürzere Tauchzeit gefordert. Die daraufhin entwickelte »UC III«-Klasse verfügte gegenüber den Vorgängerbooten über folgende Anpassungen und Änderungen:

- Anpassung der Rohrdurchmesser zum Fluten und Entlüften und dadurch eine deutlich geringere Tauchzeit von bisher 48 bei der »UC II«-Klasse auf jetzt 15 Sekunden
- gestreckterer und flacherer Bug, dadurch jedoch nur noch eine Kapazität von 14 Minen
- Verlegung der Bugtorpedorohre nach der Bootsmitte seitlich vom Turm
- Erhöhung der Tauchtiefe auf 75 Meter

Wie sich bei den Erprobungsfahrten feststellen ließ, sind auch Minuspunkte zu verzeichnen. Die jetzt in Schiffsmitte beidseitig des Turms seitlich angeordneten Torpedorohre verursachten weiterhin Gischt und führten zu einem Fahrtverlust. Die Unterwasserstabilität der Boote war schlechter als auf den U-Booten der »UC II«-Klasse. Ansonsten waren die Einheiten gut für eine Hochseeverwendung geeignet und besaßen bessere Seeeigenschaften sowie Manövrier- und Dreheigenschaften.

Ab Ende Juni 1917 wurden 113 U-Boote dieses Typs in Auftrag gegeben. Nur die 16 U-Boote »UC 90« bis »UC 105« wurden noch bis Ende Oktober 1918 in Dienst gestellt bzw. fertiggestellt. »UC 90« wurde am 13. November 1918 in Karlskrona interniert, kehrte später nach Deutschland zurück und musste an Japan ausgeliefert werden, wo das Boot als »O 4« in Dienst stellte bis es 1921 abgewrackt wurde. »UC 91« ging am 5. September 1918 nach einer Kollision mit einem Frachtschiff in der Ostsee unter, wurde durch das U-Boothebeschiff »Vulkan« gehoben, repariert und ist dann am 10. Februar 1919 auf der Auslieferungsfahrt durch Unfall erneut gesunken.

Das U-Boot »UC 95« nach dem Krieg anlässlich einer Schaustellungsfahrt in einem Hafen der Alliierten. Foto: US Navy

Auch die übrigen U-Boote hatten keine Frontverwendung mehr und mussten nach dem Krieg an die alliierten Siegermächte überführt werden.

Die neun Boote »UC 106« bis »UC 114« wurden bis März 1919 fertig gebaut und mussten dann direkt an die Siegermächte abgeliefert werden. Mit »UC 80« bis »UC 89« sowie »UC 115« bis »UC 138« wurden 34 unfertige Boote in den Werften wieder abgewrackt. Die Bauaufträge der 54 U-Boote »UC 139« bis »UC 192« wurden annulliert.

U-Boothebeschiffe »Vulkan« und »Cyclop«

U-Boothebeschiff »Vulkan«

Das erste deutsche U-Boot »U 1« stellte am 14. Dezember 1906 in Dienst. Schon rechtzeitig machte man sich in der Marineführung Gedanken über ein Bergungs- und Dockschiff für Unterstützungsaufgaben sowie für eventuelle Not- und Unglücksfälle. Dies setzte notwendigerweise ein verhältnismäßig großes, seefähiges und mit einem Hebewerk ausgerüstetes Schiff voraus. Noch bevor mit »U 2«, »U 3« und »U 4« im Sommer 1908 und im Frühjahr / Sommer 1909 weitere U-Boote folgten, lief am 28. September 1907 ein solches Spezialschiff, das U-Boothebeschiff »Vulkan«, bei den Howaldtswerken in Kiel vom Stapel und stellte am 4. März 1908 in Dienst. Tatsächlich notwendig gewordene Einsätze vor und während des Ersten Weltkrieges bestätigten die Richtigkeit dieser vorsorglichen Maßnahme.

Das U-Boothebeschiff »Vulkan« war als Dockschiff in Katamaran-Bauweise ausgelegt und bestand aus zwei parallel zueinander angeordneten pontonförmigen Schiffskörpern von jeweils fünf Metern Breite. Vorn und achtern waren diese durch brückenförmige Überbauten miteinander verbunden. Bei einer gesamten Schiffsbreite von 16,50 Meter ergab sich eine nutzbare Dockbreite von 6,50 Meter. Die Hebekraft der Motorwinden betrug 500 Tonnen. Die Bergung eines U-Bootes war bis zu einer Wassertiefe von 70 Meter möglich.

Die »Vulkan« besaß einen turbo-elektrischen Antrieb. In jedem der beiden Schiffsrümpfe befand sich eine Expansionsdampfmaschine, die einen Turbogenerator antrieb und von zwei Kesseln ihren Dampf mit 15 atü Dampfdruck erhielt. Der Vortrieb erfolgte jeweils durch einen elektrischen Propellermotor mit 600 PS Leistung.

Nach der Indienststellung wurde das unbewaffnete U-Boothebeschiff »Vulkan« der Inspektion für das Torpedowesen unterstellt, die auch für die bereits im Dienst befindlichen U-Boote zuständig war. In dem noch relativ kleinen U-Bootbereich war der Kommandant der »Vul-

U-Boothebeschiff »Vulkan«. Foto: Bibliothek für Zeitgeschichte

Das U-Boothebeschiff »Vulkan« mit einem eingeschwommenen U-Boot. Foto: Bibliothek für Zeitgeschichte

kan« für die Durchführung des gesamten Dienstbetriebs zuständig. Dies änderte sich ab Oktober 1910 mit der Bildung der U-Bootsflottille sowie der Aufstellung der U-Bootschule. Letztere befand sich auf der »Vulkan«, deren Kommandant in Personalunion auch Kommandeur der Schule war. Diese Regelung blieb bis 1918 so bestehen. Mit der zunehmenden Zahl von U-Booten und deren größer werdender Bedeutung wurde im März 1914 der gesamte U-Bootbereich aus der Inspektion für das Torpedowesen ausgegliedert und eine eigene U-Bootinspektion gebildet.

Seine erste Bewährungsprobe hatte das U-Boothebeschiff »Vulkan« im Januar 1911. Am 17. Januar 1911 ereignete sich der einzige deutsche U-Bootunfall vor dem Ersten Weltkrieg: »U 3« war bei einem Tauchversuch in der Heikendorfer Bucht bei Kiel nicht mehr aufgetaucht. Unglücklicher weise lag die »Vulkan« zum Zeitpunkt des Unglücks mit ausgebauten Bodenventilen im Trockendock. Sie wurde schnellstmöglich klargemacht, während ein Schwimmkran das havarierte Boot soweit einseitig anhob, dass die Besatzung über die Torpedorohre gerettet werden konnte. Der Versuch, das Boot weiter anzuheben, um die im Turm noch festsitzenden drei Männer zu retten, schlug jedoch fehl, da »U 3« von der Krantrosse rutschte und wieder auf Grund sank. Am nächsten Tag war die »Vulkan« einsatzbereit und brachte das U-Boot an die Oberfläche. Die drei im Turm eingeschlossenen Besatzungsmitglieder, darunter der Kommandant, konnten nur noch tot geborgen werden.

Am 27. August 1915 gelang dem U-Boothebeschiff »Vulkan« die Bergung des durch einen Tauchunfall vor der Emsmündung am 22. Juni 1915 gesunkenen U-Bootes »U 30«. Von der U-Bootbesatzung hatte allerdings niemand den Unfall überlebt.

Zu einem weiteren Einsatz der »Vulkan« kam es am 11. April 1918 mit der Bergung des am 17. September 1917 in der Nordsee vor Helgoland durch eine Tauchpanne gesunkenen U-Bootes »UC 45«. Auch hier gab es keine überlebenden Besatzungsmitglieder.

Am 6. September 1918 brachte die »Vulkan« das einen Tag zuvor nach einer Kollision in der Eckernförder Bucht gesunkene U-Boot »UC 91« wieder an die Oberfläche. Bei dem Unglück kamen 16 U-Bootfahrer ums Leben.

Für das U-Boothebeschiff »Vulkan« fanden anschließend keine weitere Bergungseinsätze mehr statt. Das Schiff stellte am 17. Januar 1919 außer Dienst und musste anschließend an England ausgeliefert werden.

Zusammen mit dem U-Boothebeschiff »Cyclop« begann am 5. April 1919 die Überführungsfahrt, wobei sowohl »Vulkan« wie auch »Cyclop« geschleppt wurden. Zielhafen war Harwich. Begleitschiff war der Kleine Kreuzer »Regensburg«, der später die Besatzung wieder nach Deutschland brachte. Während der Überführungsfahrt verschlechterten sich die Wetterbedingungen. Der Wind frischte allmählich auf Stärke von 6 Bft auf. Die nicht allzu hochseetüchtige »Vulkan« geriet bei diesen Wetterbedingungen stark ins Schlingern und Stampfen. Vorsichtshalber wurde die an Bord befindliche Überführungsbesatzung abgeborgen. Das Schiff bekam in dem schweren Wetter Schlagseite und die Schiffsstabilität geriet in Gefahr. Am 6. April 1919 ging das U-Boothebeschiff »Vulkan« in Folge dessen in der Nordsee auf Position 54° 54‘ N und 6° 18‘ O verloren. Die »Cyclop« überstand die Schlechtwetterlage und erreichte Harwich.

U-Boothebeschiff »Cyclop«

Das U-Boothebeschiff »Cyclop« wurde 1913 bei der Kaiserlichen Werft in Danzig beauftragt. Der Bau begann im November 1913. Nach Kriegsbeginn kam es wegen der Arbeitsüberlastung der Werft durch den U-Bootbau, der absoluten Vorrang hatte, zu Verzögerungen und in Folge zum Baustopp.

Mit der wachsenden Zahl an U-Booten wurde der Weiterbau aber immer dringender. Die Werft in Danzig kam hierzu aber nicht mehr in Frage. Gemäß Entscheidung des Reichsmarineamtes vom 10. Juni 1916 erfolgte eine Verlagerung des Baus zu dem Bremer Vulkan in Vegesack.

Das unfertige Schiff, sein genauer Stapellauf (1916 oder 1917) ist nicht sicher belegt, wurde im Laufe des Jahres 1917 nach Vegesack geschleppt und dort fertig gebaut. Nach einer anderen Quelle wurden fertige Teile und schon vorhandene Ausrüstung bereits 1916 nach Vegesack transportiert, wo am 18. Juni 1916, also wenige Tage nach der offiziellen Auftragsvergabe an die Bremer Werft, eine Kiellegung stattfand. Der Stapellauf war demnach am 5. April 1917.

Fest steht jedoch wieder, dass die erste Probefahrt am 25. Januar 1918 erfolgte. Die ersten Hebeversuche wurden im Juni 1918 durchgeführt. Die Indienststellung der »Cyclop« fand am 1. Juli 1918 statt.

Das U-Boothebeschiff »Cyclop« war als Weiterentwicklung der »Vulkan« geplant. Allerdings unterschied es sich in der Bauausführung wesentlich. Als Katamaran ausgelegt hatte es zwei 4,81 Meter breite Schiffskörper und 10,50 Meter nutzbare Dockweite, sodass es auf eine Gesamtbreite von 20,12 Meter kam. Ein Hebewerk überspannte die beiden Rümpfe. Die Hebekraft betrug 1000 Tonnen und war damit doppelt so groß wie auf der »Vulkan«.

Für den Antrieb stand in jedem Rumpf eine Dreizylinder-dreifach-Expansionsdampfmaschine, die von zwei Kessel mit einem Dampfdruck von 15 atü versorgt wurde. Eine Bewaffnung begand sich nicht an Bord.

Zum Zeitpunkt der Indienststellung der »Cyclop« wurde das U-Bootbergungskommando aufgestellt und der »Cyclop«-Kommandant in Personalunion zu dessen Leiter ernannt. Außerdem wurde an Bord des U-Boothebeschiffes die Taucher- und Taucherretterschule untergebracht.

Der einzige erwähnenswerte Einsatz bis Kriegsende war am 30. Oktober 1918 die Hebung des am 21. Oktober 1918 nach einer Kollision mit dem Kleinen Kreuzer »Frankfurt« vor der Holtenauer Schleuse gesunkenen U-Bootes »UB 89«. Bei dem Unglück kamen sieben Besatzungsangehörige des U-Bootes ums Leben.

Sonst sind für das U-Boothebeschiff »Cyclop« keine besonderen Einsätze zu verzeichnen. Nach Kriegsende er-

U-Boothebeschiff »Cyclop«. Foto: Bibliothek für Zeitgeschichte.

folgte keine offizielle Außerdienststellung. Im Frühjahr 1919 war das Schiff vermutlich ohne Besatzung.

Wie das U-Boothebeschiff »Vulkan« musste auch die »Cyclop« an Großbritannien abgeliefert werden. Zusammen mit der »Vulkan« und dem Kleinen Kreuzer »Regensburg«, der später die Überführungsbesatzung wieder nach Deutschland brachte, begann am 5. April 1919 im Schlepp die Überfahrt nach Harwich. Während die »Vulkan« auf dieser Reise unterging, erreichte die »Cyclop« am 9. April ihren Zielhafen. Der Zustand des Schiffes war aber dermaßen desolat, dass die Briten auf eine weitere Nutzung und Wiederindienststellung verzichteten. Das U-Boothebeschiff »Cyclop« wurde im Jahr 1923 abgebrochen.

U-Boothebeschiffe, Deutschland		
Name	**»Vulkan«**	**»Cyclop«**
Bauwerften	Howaldtswerke, Kiel	Kaiserliche Werft, Danzig, Bremer Vulkan, Vegesack
Stapellauf	28. September 1907	1916 / 1917
Indienststellung	4. März 1908	1. Juli 1918
Verdrängung (t)	2476	4872
Länge x Breite x Tiefgang (m)	85,30 x 16,50 x 3,85	94,00 x 20,12 x 6,31
Besatzungsstärke	108	150
Antrieb	2 x Dampfmaschine, 2 x Turbogenerator, 2 x Propellermotor	2 x Dampfmaschine
Antriebsleistung (PS)	2 x 600 (Propellermotor)	2 x 900
Wellen / Ruder	2 x 1 / 1	2 x 1 / 1
Geschwindigkeit (kn)	12	9
Bunkerkapazität Kohle (t)	130	(?)
Bunkerkapazität Öl (t)	(?)	(?)
Fahrstrecke	(?)	(?)

U-Boote, Deutschland, Tabelle 1						
Name	**»U 3«, »U 4«**	**»U 5« bis »U 8«**	**»U 9« bis «U 12«**	**»U 13« bis »U 15«**	**»U 16«**	**»U 17«, »U 18«**
Typbezeichnung	Vorkriegs-U-Boote					
Anzahl der Boote	2	4	4	3	1	2
Verdrängung (↑/↓) (t)	421 / 510	505 / 636	493 / 611	516 / 644	489 / 627	564 / 691
Länge x Breite x Tiefgang (m)	51,28 x 5,60 x 3,05	57,30 x 5,60 x 3,55	57,38 x 6,00 x 3,13	57,88 x 6,00 x 3,44	57,80 x 6,00 x 3,36	62,35 x 6,00 x 3,40
Tauchtiefe (m)	30	30	50	50	50	50
Besatzungsstärke	22	28	29	29	29	29
Antrieb	2 x Petroleummot., 2 x E-Fahrmotor	4 x Petroleummot., 2 x E-Fahrmotor	4 x Petroleummot., 2 x E-Fahrmotor	4 x Petroleummot., 2 x E-Fahrmotor	4 x Petroleummot., 2 x E-Fahrmotor	4 x Petroleummot., 2 x E-Fahrmotor
Antriebsleistung (PS)	2 x 300 / 2 x 515	4 x 225 / 2 x 520	2 x 300 + 2 x 200; 2 x 580	2 x 350 + 2 x 250; 2 x 580	2 x 342 + 2 x 258; 2 x 580	4 x 425 / 2 x 560
Wellen / Seitenruder	2 / 2	2 / 2	2 / 2	2 / 2	2 / 2	2 / 2
Geschwindigkeit (↑/↓) (kn)	11,8 / 9,4	13,4 / 10,2	14,2 / 8,1	14,8 / 10,7	15,6 / 10,7	14,9 / 9,5
Bunkerkapazität Öl (t)	48	54	52	64	66	74
Fahrstrecke (↑/↓) (sm / kn)	1800 / 12,0 – 55 / 4,5	1900 / 13,0 – 80 / 5,0	1800 / 14,0 – 80 / 5,0	2000 / 14,0 – 90 / 5,0	2100 / 15,0 – 90 / 5,0	6700 / 8,0 – 75 / 5,0
Torpedorohre (Bug) / (Heck)(cm)	2 x 45 / 2 x 45	2 x 45 / 2 x 45	2 x 45 / 2 x 45	2 x 45 / 2 x 45	2 x 45 / 2 x 45	2 x 45 / 2 x 45
Torpedoanzahl	6	6	6	6	6	6
Artillerie (cm)	-----	-----	1 x 5	1 x 5	1 x 5	1 x 5

U-Boote, Deutschland, Tabelle 2				
Name	**»U 19« bis »U 22«**	**»U 23« bis »U 26«**	**»U 27« bis »U 30«**	**»U 31« bis »U 41«**
Typbezeichnung	Vorkriegs-U-Boote			
Anzahl der Boote	4	4	4	11
Verdrängung (↑/↓) (t)	650 / 837	669 / 864	675 / 867	685 / 878
Länge x Breite x Tiefgang (m)	64,15 x 6,10 x 3,58	64,70 x 6,32 x 3,45	64,70 x 6,32 x 3,48	64,70 x 6,32 x 7,68
Tauchtiefe (m)	50	50	50	50
Besatzungsstärke	35	35	35	35
Antrieb	2 x Dieselmotor, 2 x E-Fahrmotor	2 x Dieselmotor, 2 x E-Fahrmotor	2 x Dieselmotor, 2 x E-Fahrmotor	2 x Dieselmotor, 2 x E-Fahrmotor
Antriebsleistung (PS)	2 x 850 / 2 x 600	2 x 900 / 2 x 600	2 x 1000 / 2 x 600	2 x 925 / 2 x 600
Wellen / Seitenruder	2 / 2	2 / 1	2 / 1	2 / 1
Geschwindigkeit (↑/↓) (kn)	15,4 / 9,5	16,7 / 10,3	16,7 / 9,8	16,4 / 9,7
Bunkerkapazität Öl (t)	99	110	101	110
Fahrstrecke (↑/↓) (sm / kn)	7600 / 8 – 80 / 5	9910 / 8 – 85 / 5	8420 / 8 – 85 / 5	8790 / 8 – 80 / 5
Torpedorohre (Bug) / (Heck)(cm)	2 x 50 / 2 x 50	2 x 50 / 2 x 50	2 x 50 / 2 x 50	2 x 50 / 2 x 50
Torpedoanzahl	6	6	6	6
Artillerie (cm)	1 x 8,8	1 x 8,8	1 x 8,8	1 x 8,8

Abkürzungen zu Seite 151 und 152:
DM = Dieselmotor
EM = E-Fahrmotor

U-Boote, Deutschland, Tabelle 3					
Name	»U 43« bis »U 65«		»U 66« bis »U 70«	»U A«	»U 71« bis »U 80«
Typbezeichnung	Ms-U-Boote (I)		(Österreicher)	(Norweger)	U-Minenleger
Anzahl der Boote	23		5	1	10
Verdrängung (↑/↓) (t)	725 / 940	810 / 927	791 / 933	270 / 342	755 / 832
Länge x Breite x Tiefgang (m)	65,00 x 6,20 x 4,74	68,36 x 6,30 x 4,04	69,50 x 6,30 x 3,79	46,70 x 4,78 x 2,80	56,80 x 5,90 x 4,84
Tauchtiefe (m)	50	50	50	50	50
Besatzungsstärke	36	36	36	21	32
Antrieb	2 x DM, 2 x EM	2 x DM, 2 x EM	2 x DM, 2 x EM	2 x DM, 2 x EM	2 x DM, 2 x EM
Antriebsleistung (PS)	2 x 1000 / 2 x 600	2 x 1100 / 2 x 600	2 x 1150 / 2 x 620	2 x 350 / 2 x 190	2 x 450 / 2 x 450
Wellen / Seitenruder	2 / 1	2 / 1	2 / 1	2 / 1	2 / 2
Geschwindigkeit (↑/↓) (kn)	15,2 / 9,7	16,5 / 9,0	16,8 / 10,3	14,2 / 7,3	9,9 / 7,8
Bunkerkapazität Öl (t)	132	108	87	13	90
Fahrstrecke (↑/↓) (sm / kn)	11.400 / 8 – 51 / 5	9170 / 8 – 60 / 5	7370 / 8 – 115 / 5	900 / 10 – 76 / 3	7880 / 7 – 83 / 4
Torpedorohre (Bug) / (Heck)(cm)	2 x 50 / 2 x 50	2 x 50 / 2 x 50	4 x 45 / 1 x 45	2 x 45 / 1 x 45	1 x 50 / 1 x 50, 2 x 100 (Heck-Minenrohre)
Torpedoanzahl	6	8	6	5	4
Artillerie (cm)	1 x 8,8	1 x 8,8 / 1 x 10,5	1 x 8,8	1 x 8,8	1 x 8,8 / 1 x 10,5
Minen	-----	-----	-----	-----	38

U-Boote, Deutschland, Tabelle 4					
Name	»U 117« bis »U 126«	»U 81« bis »U 165«	»U 127« bis »U 138«	»U 139« bis »U 150«, »U 173« bis »U 200«	»U 151« bis »U 157«
Typbezeichnung	U-Minenkreuzer	Ms-U-Boote (II)	Große U-Boote	U-Kreuzer	U-Kreuzer (ex Handels-U-Boote)
Anzahl der Boote	10	40 + (20) + (67)	2 + (8)	9 + (27) + (4)	7
Verdrängung (↑/↓) (t)	1164 / 1512	808 / 946 bzw. 882 / 1233	1175 / 1534	2153 / 2766	1512 / 1815
Länge x Breite x Tiefgang (m)	81,52 x 7,42 x 4,22	70,06 x 6,30 x 4,02 bzw. 72,30 x 6,50 x 4,00	83,50 x 7,54 x 4,26	97,50 x 9,06 x 5,36	65,00 x 8,90 x 5,30
Tauchtiefe (m)	75	50	75	75	50
Besatzungsstärke	40	35	46	62 + 21	56 + 20
Antrieb	2 x DM, 2 x EM	2 x DM, 2 x EM	2 x DM, 2 x DM, 2 x EM	2 x DM, 2 x DM, 2 x EM	2 x DM, 2 x EM
Antriebsleistung (PS)	2 x 1200 / 2 x 600	2 x 1200 / 2 x 600 bzw. 2 x 1450 / 2 x 615	2 x 1750 / 2 x 450, 2 x 845	2 x 3000 / 2 x 225, 2 x 1300	2 x 400 / 2 x 400
Wellen / Seitenruder	2 / 1	2 / 2	2 / 1	2 / 2	2 / 1
Geschwindigkeit (↑/↓) (kn)	14,7 / 7,0	16,8 / 8,4	17,0 / 8,1	17,5 / 8,5	12,4 / 5,2
Bunkerkapazität Öl (t)	217	119 bis 133	191	451	285
Fahrstrecke (↑/↓) (sm / kn)	13.900 / 8,0 – 35 / 4,5	11.220 / 8,0 - 56 / 5,0 bzw. 11.470 / 8,0 - 50 / 5,0	10.000 / 8,0 - 50 / 4,5	20.000 / 6,0 - 70 / 4,5	25.000 / 5,5 - 65 / 3,0
Torpedorohre (Bug) / (Heck)(cm)	4 x 50 / 2 x 50	4 x 50 / 2 x 50	4 x 50 / 2 x 50	4 x 50 / 2 x 50	2 x 50 (Bug)
Torpedoanzahl	14	12 bis 16	14	19 bis 24	18
Artillerie (cm)	1 x 15, 2 x 10,5 (»U 123«)	siehe Text	2 x 15	2 x 15 und teilweise 2 x 8,8 zusätzlich	2 x 10,5, und 2 x 8,8; 2 x 15 (»U 155«)
Minen	42 + 30	-----	-----	-----	-----

U-Boote, Deutschland, Tabelle 5						
Name	**»UB 1« bis »UB 17«**	**»UB 18« bis »UB 47«**	**»UB 48« bis »UB 249«**	**»UC 1« bis »UC 15**	**»UC 16« bis »UC 79«**	**»UC 80« bis »UC 192«**
Typbezeichnung	»UB I«-Klasse	»UB II«-Klasse	»UB III«-Klasse	»UC I«-Klasse	»UC II«-Klasse	»UC III«-Klasse
Anzahl der Boote	17	30	120 + (3) + (79)	15	64	16 + (9) + (34) + (54)
Verdrängung (↑/↓) (t)	127 / 142	263 / 292	516 / 651 bzw. 533 / 656	168 / 183	417 / 493 bzw. 427 / 508	491 / 571
Länge x Breite x Tiefgang (m)	28,10 x 3,15 x 3,03	36,13 x 4,36 x 3,70	55,30 x 5,80 x 3,68 bzw. 55,83 x 5,80 x 3,77	33,99 x 3,15 x 3,04	52,15 x 5,22 x 3,68 bzw. 53,15 x 5,22 x 3,64	56,51 x 5,54 x 3,77
Tauchtiefe (m)	50	50	75	50	50	75
Besatzungsstärke	14	23	34	14	26	32
Antrieb	1 x DM, 1 x EM	2 x DM, 2 x EM	2 x DM, 2 x EM	1 x DM, 1 x EM	2 x DM, 2 x EM	2 x DM, 2 x EM
Antriebsleistung (PS)	1 x 60 / 1 x 120	2 x 142 / 140	2 x 550 / 2 x 394	1 x 90 / 1 x 175	2 x 250 / 2 x 230 bzw. 2 x 300 / 2 x 310	2 x 300 / 385
Wellen / Seitenruder	1 / 1	1 / 1	2 / 2	1 / 1	2 / 2	2 / 2
Geschwindigkeit (↑/↓) (kn)	6,5 / 5,5	9,2 / 5,8	13,6 / 8,0	6,2 / 5,2	12,0 / 7,4	11,5 / 6,6
Bunkerkapazität Öl (t)	3,5	28	75	3	56	67
Fahrstrecke (↑/↓) (sm / kn)	1650 / 5 - 45 / 4	6650 / 5 - 45 / 5	9040 / 6 - 55 / 4	780 / 5,0 - 50 / 4,0	9430 / 7,0 - 55 / 4,0 bzw. 10.420 / 7,0 - 52 / 4,0	9850 /7,0 - 40 / 4,5
Torpedorohre (Bug) / (Heck)(cm)	2 x 45 (Bug)	2 x 50 (Bug)	4 x 50 / 1 x 50	-----	2 x 50 / 1x 50	2 x 50 / 1 x 50
Torpedoanzahl	2	4 bis 6	10	-----	7	7
Artillerie (cm)	1 x MG	1 x 5 teilweise 1 x 8,8	1 x 8,8 teilweise 1 x 10,5	1 x MG	1 x 8,8 oder 1 x 10,5	1 x 8,8 oder 1 x 10,5
Minen	8	14	-----	12	18	14

2.2 U-Boote, Österreich

Genau wie das Deutsche Reich interessierte sich auch Österreich-Ungarn erst relativ spät für U-Boote. Mangels brauchbarer heimischer Entwürfe beschloss die Marineführung zunächst drei bewährte ausländische Typen mit jeweils zwei Einheiten zu beschaffen. Der Bau erfolgte zwischen 1907 und 1910 sowohl auf heimischen Werften wie auch im Ausland. Obwohl diese sechs als Versuchs- und Erprobungsboote gedachten Einheiten doch noch so manche technischen Mängel aufwiesen, kamen sie mangels anderweitiger Alternativen bei Kriegsbeginn zum Kampfeinsatz und erzielten sogar teilweise recht gute Erfolge.

Die Versenkungserfolge 1914 / 1915 insbesondere gegen alliierte Kriegsschiffe führten dazu, dass sich im weiteren Verlauf des Krieges kaum noch feindliche Großkampfschiffe in die Adria wagten. Ergänzt wurden diese frühen U-Boote durch diverse und aus der Not heraus eiligst beschaffter Neubauten, die allerdings auch nicht besonders »kriegstüchtig« waren. Der Neubau von bewährten deutschen U-Booten der »UB II«-Klasse - sowohl in Deutschland geordert als auch in Lizenz in Österreich gebaut - sowie die Überlassung von deutschen in der Adria operierenden U-Booten entspannte die Lage aber auch nicht grundlegend.

Dennoch konnen die österreichischen U-Boote bei feindlichen Handelsschiffen Versenkungserfolge von insgesamt 250.000 BRT verbuchen. An Kriegsschiffen fielen ihnen zwei Panzerkreuzer, drei Zerstörer, zwei Torpedoboote und drei U-Boote zum Opfer. Weitere Kriegsschiffe wurden beschädigt.

Gegen Kriegsende war eine Anzahl von 32 U-Booten verschiedenster Typen und Größen auf mehreren Werften im Bau bzw. geordert. Keines der Boote wurde noch vor Kriegsende fertig. Gemäß den Friedensverhandlungen mussten die Arbeiten eingestellt und die unfertigen Boote abgebrochen werden.

Das Operationsgebiete der österreichischen U-Boote - sowie auch diejenigen des deutschen Verbündeten - lagen hauptsächlich in der Adria aber auch im mittleren und östlichen Mittelmeer.

U-Boote der »U 1«-Klasse

U-Boot »U 1«. Foto: Bibliothek für Zeitgeschichte

Name	Bauwerft	Kiellegung	Stapellauf	in Dienst
»U 1«	Seearsenal, Pola	02.07.07	10.02.09	15.04.11
»U 2«	Seearsenal, Pola	18.07.07	03.04.09	22.06.11

Die »U 1«-Klasse bestand aus den beiden U-Booten »U 1« und »U 2«. Gebaut wurden die beiden U-Boote im Seearsenal Pola. Es waren Einhüllenboote deren Konstruktion auf Plänen von Simon Lake (Lake Torpedo Boat Company, Bridgeport, Connecticut, USA) basierte. Genau wie in Deutschland waren die Boote an Stelle eines Namens, nur mit dem Buchstaben »U« und einer laufenden Nummerierung gekennzeichnet.

Die U-Boote »U 1» und »U 2« hatten einige Besonderheiten aufzuweisen. Zum einen war dies der Einbau einer Ausstiegsschleuse für Taucher. Zum anderen waren sie so konstruiert, dass der Tauchvorgang auf ebenen Kiel stattfand. Im allgemeinen U-Bootbetrieb war jedoch ein Tauchen schräg nach unten üblich. Wegen der im Decksaufbau angeordneten Tauchzellen, dauerte die Tauchzeit recht lange und betrug acht Minuten.

Als skurril kann man die beiden Metallräder betrachten, die vorne und achtern an der Unterseite des Rumpfes von innen herabgelassen werden konnten. Angetrieben von den Schiffsschrauben sollte das Boot damit auf dem Grund fahren können. In der Praxis hat sich diese Einrichtung aber als völlig nutzlos erwiesen.

Die Antriebsanlage der beiden U-Boote bestand aus zwei Benzinmotoren mit jeweils 360 PS für die Überwasserfahrt und zwei Elektro-Fahrmotoren von je 100 PS für die Tauchfahrt. Im Jahre 1915 wurden die Benzinmotoren durch die im Bordbetrieb wesentlich sicheren Dieselmotoren ersetzt. Die vorherigen Motoren waren undicht und hatten auf Grund der entstehenden Benzindämpfe und der Motorabgase zu ernsthaften Gesundheitsproblemen bei der Besatzung geführt.

Als Bewaffnung waren drei 45-cm-Torpedorohre und ein 3,7-cm-Geschütz eingerüstet.

Die beiden U-Boote waren kaum fronttauglich, kamen aber anfangs dennoch zu Kampfeinsätzen in Verwendung. Später wurden sie hauptsächlich zu Schulungszwecken genutzt. Nach Kriegsende mussten sie an Italien abgeliefert werden. Die Boote wurden danach verschrottet.

U-Boote der »U 3«-Klasse

Die etwas größeren Zweihüllenboote »U 3« und »U 4« entstanden auf der Germaniawerft in Kiel. Im Schlepp gelangten sie nach der schiffbaulichen Fertigstellung nach Pola, wo die Endausrüstung durchgeführt wurde. Die beiden Boote waren eine verbesserte Ausführung vom dem deutschen U-Boot »U 1«.

Die Germania-Boote hatten große Probleme mit der Tiefensteuerung. Die Tiefenruder wurden deshalb mehrfach umgebaut.

Die Boote waren für die Überwasserfahrt mit zwei Petroleummotoren von jeweils 300 PS ausgerüstet. Für die Tauchfahrt standen zwei Elektro-Fahrmotoren mit je 160 PS zur Verfügung.

An Bewaffnung waren zwei 45-cm-Bugtorpedorohre vorhanden. Die Artillerie bestand aus einem 3,7-cm-Geschütz.

Trotz aller Unzulänglichkeiten und der nur bedingt vorhandenen Fronttauglichkeit kamen beide U-Boote mangels vorhandener Alternativen ab Kriegsbeginn zum Einsatz.

»U 3« konnte im Gegensatz zu dem Schwesterboot keine Versenkungserfolge aufweisen. Im Gegenteil: Das Boot wurde am 13 August 1915 bei Montenegro vom italienischen Hilfskreuzer »Citta di Catania« gerammt und nach erzwungenem Auftauchen durch den französischen Zerstörer »Bisson« durch Artilleriebeschuss versenkt.

»U 4« beschädigte am 9. Juni 1915 den englischen Kreuzer »Dublin« durch Torpedobeschuss. Am 18. Juli 1915 gelang es dem Boot den italienischen Panzerkreuzer »Guiseppe Garibaldi« zu versenken. Nach Kriegsende wurde »U 4« Frankreich zugesprochen und dort abgewrackt.

U-Boot »U 3«.
Foto: Bibliothek für Zeitgeschichte

Name	Bauwerft	Kiellegung	Stapellauf	in Dienst
»U 3«	Germaniawerft, Kiel	12.03.07	20.08.08	12.09.09
»U 4«	Germaniawerft, Kiel	12.03.07	20.11.08	29.08.09

U-Boote der »U 5«-Klasse

Das eingedockte U-Boot »U 5«. Foto: Bibliothek für Zeitgeschichte

U-Boot »U 6«. Foto: Bibliothek für Zeitgeschichte

Die Einhüllenboote »U 5« und »U 6« entsprachen dem vom amerikanischen Ingenieur John Philip Holland entworfenen Typ des amerikanischen U-Bootes »Octopus«. Gebaut wurden die beiden Einheiten auf der Whitehead-Werft in Fiume unter Zulieferung von Teilen durch die Electric Boat Company, Newport, Connecticut, USA.

Name	Bauwerft	Kiellegung	Stapellauf	in Dienst
»U 5«	Whitehead, Fiume	09.04.08	10.02.09	01.04.10
»U 6«	Whitehead, Fiume	21.02.08	12.06.09	01.07.10
»U 12«	Whitehead, Fiume	1909	14.03.11	21.08.14

Mit den beim Bau dieser beiden Boote gewonnenen Erfahrungen baute die Werft auf eigene Rechnung mit »S.S.3« noch ein drittes U-Boot. Versuche das Boot international zu verkaufen schlugen zunächst fehl. Nach Kriegsausbruch konnte die k.u.k Marine diese Einheit gut gebrauchen, kaufte das U-Boot und stellte es als »U 12« in Dienst.

Technisch waren diese drei U-Boote nur sehr bedingt fronttauglich, was die k.u.k. Marine aber bei Kriegsbeginn nicht davon abhalten sollte, die U-Boote umfangreich einzusetzen. Durch ihre ausgeprägte Tropfenform hatten die Boote aber bei Tauchfahrt hervorragende Eigenschaften.

Auch auf diesen U-Booten waren für den Überwasserantrieb wieder Benzinmotoren zum Einbau gekommen. Leider mit den gleichen gesundheitlich negativen Folgen für die Besatzung wie sie bereits auf »U 1« und »U 2« aufgetreten waren. Ein Austausch durch Dieselmotoren fand 1915 auf »U 6« statt.

Die Bewaffnung der »U 5«-Klasse bestand aus zwei 45-cm-Bugtorpedorohren. Erstmals konnte auch für jedes Rohr ein Reservetorpedo mitgeführt werden. Als Artilleriebewaffnung war wieder ein 3,7-cm-Geschütz vor dem Turm eingerüstet.

»U 5« versenkte 1915 den französischen Panzerkreuzer »Leon Gambetta«, das italienische U-Boot »Nereide« und den italienischen Hilfskreuzer »Principerte Uberto«. Als einziges Boot des Trios hat »U 5« den Krieg überlebt. Es lief zwar im Mai 1917 auf eine Mine und ist dabei gesunken, konnte aber wieder geborgen und repariert werden. Nach dem Krieg war es an Italien abzuliefern und wurde dort anschließend verschrottet.

»U 6« ist am 13. Mai 1916 an der Otranto-Netzsperre hängengeblieben und musste daraufhin von der Besatzung versenkt werden.

»U 12« erhielt am 8. August 1915 vor Venedig einen Minentreffer und ist mit der gesamten Besatzung gesunken. Von italienischer Seite wurde das Boot gehoben, um seine schiffbauliche Konstruktion und Technik auswerten zu können.

U-Boote der »U 7«-Klasse

Mit den U-Booten der »U 7«-Klasse hat es eine besondere Bewandtnis. Fünf U-Boote wurden 1914 von der k.u.k. Marine bei der Germaniawerft in Kiel geordert. Sie sollten nach der Auslieferung als »U 7« bis »U 11« in Dienst gestellt werden. Der Bau erfolgte unter Einbeziehung der österreichischen Industrie und unter Berücksichtigung der Forderungen der k.u.k. Marine. Doch dann kam alles ganz anders. Nach Kriegsausbruch war man auf deutscher Seite der Meinung, dass im Krieg eine Überführung der fertiggestellten U-Boote in die Adria nicht möglich sein würde. Die deutsche Regierung beantragte bei Österreich den Kauf dieser Boote, was auch bewilligt wurde. Die fünf nun in als »U 66« bis »U 70« bezeichneten U-Boote wurden daraufhin unter deutscher Regie zu Ende gebaut und bei der Kaiserlichen Marine in Dienst gestellt.

U-Boot »U 14«

Das k.u.k U-Boot »U 14« war das ehemalige französische U-Boot »Curie« der »Brumaire«-Klasse. Das Boot hatte am 20. / 21. Dezember 1914 versucht in die Bucht von Pola einzudringen und ist dabei in der Netzsperre hängen geblieben. Es musste zwangsläufig auftauchen und wurde dann von österreichischen Kriegsschiffen und Strandbatterien beschossen und versenkt. Nach seiner Hebung übernahmen im Februar 1915 die Österreicher das Boot als Kriegsbeute, setzten es wieder in Stand und stellten es am 1. Juni 1915 als »U 14« für die k.u.k. Marine in Dienst. Die in der Reihenfolge der Bootnummern eigentlich fällige Zahl 13 wollte man nicht vergeben.

Wegen technischer Unzulänglichkeiten wurden im Zeitraum vom Februar bis Dezember 1916 erhebliche Umbauten vorgenommen. Dabei erhielt das Boot zwei leistungsstärkere Dieselmotoren von jeweils 420 PS eingebaut. Außerdem mussten die Beschussschäden repariert werden. Zudem erhielt das U-Boot einen größeren Turmaufbau.

Die Torpedobewaffnung entsprach baulich französischen Standards. Vorhanden waren zum Einsatz von 45-cm-Torpedos vier schwenkbare Breitseitenlancierrahmen und zwei fest eingebaute Torpedorohre im Decksaufbau. Außerdem besaß »U 12« noch ein innen im Bootskörper eingebautes Bugtorpedorohr. An Artillerie war ursprünglich ein 3,7-cm-Geschütz an Bord. Nach dem Umbau wurde aus deutscher Produktion ein 8,8-cm-Geschütz eingerüstet.

Das ehemalige französische U-Boot »Curie« als österreichisches U-Boot »U 14« im Aussehen nach dem 1916 erfolgten Umbau. Foto: Bibliothek für Zeitgeschichte

Das mit einer ↑/↓-Verdrängung von 410 / 520 Tonnen nun größte U-Boot der k.u.k. Marine unternahm zahlreiche Feindfahrten; auch weit außerhalb der Adria bis in das östliche Mittelmeer. Etwa 50.000 BRT versenkter Schiffstraum kann das Boot für sich verbuchen. Nach dem Krieg kam es zwangsläufig zur Rückgabe des U-Bootes an Frankreich. In »Curie« zurückbenannt blieb es bis 1929 im Dienst der französischen Marine.

U-Boote der »U 10«-Klasse

Die »U 10«-Klasse bestand aus den fünf U-Booten »U 10«, »U 11«, »U 15«, »U 16« und »U 17«. Dies waren vom Typ her deutsche Einhüllenboote der »UB I«-Klasse. »U 10« und »U 11« waren die ehemals deutschen U-Boote »UB 1« und »UB 15«. Die Boote »U 15«, »U 16« und »U 17« waren eigene Bauaufträge der k.u.k Marine an die A.G. Weser in Bremen. Zwischen Mai und September 1915 kamen die fünf Einheiten in drei Sektionen zerlegt per Bahn in Pola an. Im Seearsenal erfolgte dann der Zusammenbau. Zwischen Juli und Oktober 1915 stellten die

Links: U-Boot »U 10« ex »UB 1«. Fotos: Archiv Autor

Rechts: U-Boot »U 17«. Foto: Bibliothek für Zeitgeschichte

U-Boote bei der k.u.k Marine in Dienst.

Bei den fünf U-Booten der »U 10«-Klasse kam es zu intensiven Kriegseinsätzen, die zum Teil auch recht erfolgreich verliefen. »U 10« und »U 16« gingen bei Kriegseinsätzen verloren. Die drei übrigen U-Boote mussten nach Kriegsende an Italien abgeliefert werden, wo sie dann anschließend abgebrochen wurden.

U-Boote der »U 20«-Klasse

U-Boot »U 23«. Foto: Bibliothek für Zeitgeschichte

Die Whitehead-Werft in Fiume wollte unbedingt tiefer in den U-Bootbau einsteigen. Nach dem Bau der »U 5«-Klasse entwickelte man einen eigenen Typ, der an die Holland-U-Boote angelehnt war. Einen ersten Exporterfolg konnte die Werft in Dänemark erreichen. Auf der Staatswerft in Kopenhagen entstanden 1911 / 1912 unter der Bauaufsicht von Whitehead-Ingenieuren drei U-Boote der »Havmanden«-Klasse. Bei Kriegsbeginn, als die k.u.k Marine dringend und schnell U-Boote benötigte, hat man auf diesen Typ wegen der sofortigen Verfügbarkeit der Konstruktionspläne zurückgegriffen, obwohl er eigentlich technisch schon wieder überholt war. Je zwei Einheiten entstanden 1916 / 1917 beim Seearsenal in Pola und bei der Ungarischen Unterseebootbau AG (UBAG) in Fiume, einer Tochtergesellschaft der Whitehead-Werft.

Name	Bauwerft	Kiellegung	Stapellauf	in Dienst
»U 20«	Seearsenal, Pola	20.09.15	18.09.16	20.10.17
»U 21«	UBAG, Fiume	29.03.05	15.08.16	15.08.17
»U 22«	UBAG, Fiume	29.03.05	27.01.17	23.11.17
»U 23«	Seearsenal, Pola	08.12.15	05.01.17	25.11.17

Die U-Boote der »U 20«-Klasse waren Einhüllenboote. Sie hatten eine ↑/↓-Verdrängung von 240 / 273 Tonnen. Der Antrieb bestand aus einem 450 PS Dieselmotor und einem 160 PS Elektro-Fahrmotor. Die Bewaffnung setzte sich zusammen aus zwei 45-cm-Bugtorpedorohren und einem 7-cm-Geschütz.

Es fanden mehrere Feindfahrten statt, allerdings ohne Versenkungserfolge. Bei den kleinen Booten gab es zudem viele technische Probleme. Letztendlich haben sie sich nicht bewährt.

»U 20« und »U 23« gingen durch Feindeinwirkung verloren. Von den beiden anderen U-Booten musste nach dem Krieg jeweils ein Boot an Italien und an Frankreich abgeliefert werden. Dort erfolgte dann der Abbruch.

U-Boote der »U 27«-Klasse

Mitte 1915 erwarb die Werft Cantiere Navale Triestino (CNT) in Pola von der A.G. Weser in Bremen die Lizenz zum Bau von U-Booten der »UB II«-Klasse. Die Beschaffung von acht U-Booten war geplant. Die Einhüllenboote mit Satteltank sollten sowohl bei CNT (»U 27«, »U 28«, »U 40« und »U 41«) als auch bei Danubius (»U 29«, »U 30«, »U 31« und »U 32«) in Budapest gefertigt werden. Die Kiellegungen der U-Boote erfolgten im Frühjahr 1916. In der ersten Jahreshälfte 1917 stellten die Einheiten nach und nach in Dienst. Die Budapester Boote wurden zerlegt mit der Bahn nach Pola gebracht und dann dort zusammengebaut.

Die U-Boote der »U 27«-Klasse hatten zahlreiche und zum Teil auch erfolgreiche Einsätze. Ein Boot ist als Kriegsverlust zu verzeichnen. »U 30« gilt seit dem April 1917 als vermisst. Vermutlich ist es auf der Otranto-Sperre einer Mine zum Ofer gefallen. Die übrigen Boote mussten nach Kriegsende an Italien (5) und Frankreich (2) abgeliefert werden, wo sie verschrottet wurden.

U-Boot »U 27«. Foto: Bibliothek für Zeitgeschichte

U-Boote der »U 43«-Klasse

Die am 24. April 1916 und am 4. Juli 1916 in Dienst gestellten deutschen U-Boote »UB 43« und »UB 47« der »UB II«-Klasse waren Einhüllenboote mit Satteltank. Sie operierten erfolgreich vom österreichischen Stützpunkt Pola aus im Mittelmeer. Am 21. Juli 1917 wurden beide U-Boote von der Kaiserlichen Marine außer Dienst gestellt und gingen am 30. Juli 1917 für die k.u.k. Marine als »U 43« und »U 47« erneut in Dienst. Nach der Frontverwendung von deutscher Seite hatte Österreich die schon erheblich abgefahrenen Einheiten aufgekauft.

Unter österreichischer Flagge konnte »U 43« nur einen Frachter versenken. »U 47« dagegen zwei und das französische U-Boot »Circe«. Beide Boote überlebten den Krieg und mussten an Frankreich abgetreten werden, wo sie verschrottet wurden.

U-Boot »U 43« ex »UB 43«. Foto: Bibliothek für Zeitgeschichte

U-Boote, Österreich, Tabelle 1					
Name	**»U 1«-Klasse**	**»U 3«-Klasse**	**»U 5«-Klasse**	**»U 7«-Klasse**	**»U 14«**
Typbezeichnung	Lake	Germania	Holland	Germania	ex »Curie«
Anzahl der Boote	2	2	3	5	1
Verdrängung (↑/↓) (t)	223 / 278	240 / 300	240 / 273	Baubeginn bei der Germaniawerft / Kiel kriegsbedingt von Deutschland aufgekauft und als »U 66« bis »U 70« in Dienst gestellt	410 / 552
Länge x Breite x Tiefgang (m)	30,70 x 3,60 x 3,85	43,20 x 3,80 x 2,95	32,10 x 4,20 x 3,90		52,15 x 5,20 x 3,20
Besatzungsstärke	17	21	19		28
Antrieb	2 x Benzinmotor, 2 x E-Fahrmotor	2 x Petroleummot., 2 x E-Fahrmotor	2 x Benzinmotor, 2 x E-Fahrmotor		2 x Dieselmotor, 2 x E-Fahrmotor
Antriebsleistung (PS)	2 x 360 / 2 x 100	2 x 300 / 2 x 160	2 x 250 / 2 x 115		2 x 240 / 2 x 330 nach Umbau 2 x 420 / 2 x 330
Wellen / Seitenruder	2 / 1	2 / 1	2 / 1		2 / 1
Geschwindigkeit (↑/↓) (kn)	10,5 / 6,0	12,0 / 8,5	11,0 / 8,5		12,0 / 8,0
Fahrstrecke (↑/↓) (sm / kn)	950/6,0 – 15 / 5,0	1200 / 8,0 – 40 / 3,0	800 / 8,5 – 48 / 6,0		1200 / 10,0 – 85 / 4,5
Torpedorohre (Bug) / (Heck)(cm)	2 x 45 (Bug) / 1 x 45 (Heck)	2 x 45 (Bug)	2 x 45 (Bug)		7 x 45, 1 x Bug / 2 x Aufbau / 4 x Lancierrahmen
Torpedoanzahl	3	2	4		8
Artillerie (cm)	1 x 3,7	1 x 3,7	1 x 3,7		1 x 3,7 nach Umbau 1 x 8,8

U-Boote, Österreich, Tabelle 2				
Name	**»U 10«-Klasse**	**»20«-Klasse**	**»U 27«-Klasse**	**»U 43«-Klasse**
Typbezeichnung	»UB I«-Klasse	Havmanden	»UB II«-Klasse	»UB II«-Klasse
Anzahl der Boote	5	4	8	2
Verdrängung (↑/↓) (t)	127 / 143	240 / 273	272 / 307	272 / 307
Länge x Breite x Tiefgang (m)	27,90 x 3,15 x 2,70	38,80 x 3,60 x 2,75	36,90 x 4,35 x 3,70	36,90 x 4,35 x 3,70
Besatzungsstärke	15	15	19	19
Antrieb	1 x Dieselmotor, 1 x E-Fahrmotor	1 x Dieselmotor, 1 x E-Fahrmotor	2 x Dieselmotor, 2 x E-Fahrmotor	2 x Dieselmotor, 2 x E-Fahrmotor
Antriebsleistung (PS)	1 x 60 / 1 x 120	1 x 450 / 1 x 160	2 x 150 / 2 x 140	2 x 150 / 2 x 140
Wellen / Seitenruder	1 / 1	1 / 1	2 / 1	2 / 1
Geschwindigkeit (↑/↓) (kn)	6,0 / 9,0	12,0 / 9,0	9,0 / 7,5	9,0 / 7,5
Fahrstrecke (↑/↓) (sm / kn)	1650 / 5,0 – 45 / 4,0	750 / 12,0 – 40 / 6,0	6250 / 7,5 – 20 / 5,0	6940 / 5,0 – 45 / 4,0
Torpedorohre (cm)	2 x 45 (Bug)	2 x 45 (Bug)	2 x 45 (Bug)	2 x 45 (Bug)
Torpedoanzahl	2	4	5	4
Artillerie (cm)	1 x 3,7	1 x 7,0	1 x 7,5	1 x 8,8

2.3 U-Boote, England

»Underhand, unfair and damned unenglish« so war gegen Ende der 1890er Jahre in englischen Marinekreisen die Meinung gegenüber dem neu aufkommenden Kriegsschifftyp U-Boot. Hinterhältig und unfair das galt nicht als englische Marinetradition. »Keine Beschäftigung für einen Gentleman« und »jeder im Krieg gefangene U-Bootfahrer sollte als Pirat gehängt werden« so andere Ansichten aus dieser Zeit über U-Boote und ihre Besatzungen.

Doch diese Meinungen waren schnell überholt. Auch deshalb, weil der neue Schiffstyp U-Boot bei anderen Marinen plötzlich Zuspruch erhielt. Zunächst noch unter Vorgabe der »Beschaffung zu Versuchszwecken« gab die Royal Navy im November 1900 fünf U-Boote in Auftrag. Am 2. Oktober 1901 lief die »Holland 1« (↑/↓ 104/122 t, 19,29 m, ↑/↓ 8/5 kn, ↑ 500/7 sm/kn, 1 x 45,7-cm-ToRo, 9 Mann) bei der Werft Vickers in Barrow-in-Furness als erstes Boot vom Stapel. Es war eine Entwicklung, die auf den Amerikaner John Philip Holland zurückging und führte auch den Namen »HM Submarine Torpedo Boat No 1«. Vier weitere Einheiten folgten in den Jahren 1902 und 1903. »Holland 1« ist heute im Royal Navy Submarine Museum in Gosport ausgestellt.

Nachdem die britische Admiralität sich nun mal entschlossen hatte, packte sie das Thema U-Boote dann aber auch mit beiden Händen tatkräftig an. Schnell holte man den technischen Rückstand auf und konstruierte eigene auf diesen »Holland«-U-Booten basierende U-Bootklassen.

Bereits im Sommer 1914 waren 68 U-Boote in Dienst gestellt und 22 weitere im Bau. Zum Vergleich: Im Flottenbestand der französische Marine befanden sich 52 U-Boote und bei der amerikanischen Marine 32 U-Boote. In gleicher Länderreihenfolge waren weitere 25 und 20 zusätzliche U-Boote im Bau bzw. in der Planung. (Schröder, Die U-Boote des Kaisers, Seite 422)

Bei den englischen Einheiten handelte es sich um die Küsten-U-Boote der folgenden Klassen:

- »A«-Klasse, 13 Boote
  ↑/↓ 165/180 t, 30,48 m, ↑/↓ 11/7 kn, ↑ 310/10 sm/kn, 2 x 45,7-cm-ToRo, 14 Mann
- »B«-Klasse, 11 Boote
  ↑/↓ 280/313 t, 41,15 m, ↑/↓ 13/8 kn, ↑ 1000/8,7 sm/kn, 2 x 45,7-cm-ToRo, 16 Mann

Das erste englische U-Boot »Holland 1« lief am 2. Oktober 1901 vom Stapel. Foto: Olikiora / CC-BY-SA 4.0

- »C«-Klasse, 38 Boote
  ↑/↓ 290/320 t, 41,15 m, ↑/↓ 13/8 kn, ↑ 2000/7 sm/kn, 2 x 45,7-cm-ToRo, 16 Mann

Die U-Boote fuhren über Wasser mit einem Petroleummotor. Zu küstennahe Verteidigungsaufgaben und zu Schulungszwecken kamen diese U-Boote im Ersten Weltkrieg noch in Verwendung.

Mit der »D«-Klasse erhielt die Royal Navy noch vor Kriegsbeginn auch die ersten Patrouillen-U-Boote. Ihnen folgte mit 56 Einheiten die »E«-Klasse, die im Ersten Weltkrieg die erfolgreichste englische U-Bootklasse werden sollte. Auf beiden Klassen und ihren Nachfolgern wird nachfolgend näher eingegangen.

U-Boot »A 4«. Foto: Bibliothek für Zeitgeschichte

U-Boot »B 8«. Foto: Bibliothek für Zeitgeschichte

U-Boot »C 26«. Foto: Bibliothek für Zeitgeschichte

Schon im Mai 1913 bemerkte Admiral of the Fleet Lord Fisher: »Die letzten beiden Jahresmanöver, an denen Unterseeboote teilnahmen, haben die meisten von uns überzeugt, dass in Kriegszeiten nichts gegen sie ankommt. Man kann daher getrost das Unterseeboot als das Kriegsschiff der Zukunft betrachten.«

Recht sollte er behalten. Schlagartig folgten zu Kriegsbeginn innerhalb von wenigen Wochen die ersten Beweise für seine These:

- am 5. September 1914 versenkte das deutsche U-Boot »U 21« vor der Ostküste von Schottland den englischen Kreuzers »Pathfinder«
- am 13. September 1914 versenkte das englische U-Boot »E 9« in der Nordsee den Kleinen Kreuzer »Hela«
- am 22. September gelang dem deutschen U-Boot U 9« vor Hoek van Holland die spektakuläre Versenkung der drei englischen Panzerkreuzer »Hogue«, »Aboukir« und »Cressy«

Im weiteren Verlauf des Krieges kamen englische U-Boote in der Nordsee – unter anderen zu Minenlegeoperationen - zum Einsatz, drangen in die Ostsee vor und kämpften in den Dardanellen gegen die türkische Marine.

Während die deutsche U-Bootwaffe die englische Versorgung fast zum Kollabieren brachte, wiesen die englischen U-Boote diesbezüglich deutlich weniger Erfolge auf. Es fehlte ihnen schließlich auch an Zielen. Die Kaiserliche Marine blieb in ihren Häfen und die englische Blockade hatte die deutschen Handelsschiffe mehr oder weniger von den Meeren verbannt.

U-Boote der »D«-Klasse

In den Jahren 1907 und 1910 legte die Royal Navy insgesamt acht U-Boote der »D«-Klasse auf Stapel. Zwischen September 1909 und März 1912 stellten die Einheiten in Dienst. Bauwerften dieser ersten Patrouillen-U-Boote der englischen Marine waren Vickers in Barrow und HM Dockyard in Chatham.

Mit einer ↑/↓-Verdrängung von 483 / 595 Tonnen waren sie wesentlich größer als ihre Vorgänger. Die Lebensbedingungen für die Besatzung konnten entsprechend besser berücksichtigt werden. Die Boote waren für den Auslands- und Patrouillendienst ausgelegt.

Als Antrieb waren zwei Dieselmotoren von jeweils 875 PS eingerüstet. Damit kamen auf den englischen U-Booten zum ersten Mal Dieselmotoren anstelle der bisher üblichen Petroleummotoren der Vorgängerbooten an Bord. Für die Unterwasserfahrt standen zwei 275 PS Elektro-Fahrmotoren zur Verfügung. Der Vortrieb erfolgte über zwei Wellen. Für die Bevorratung von Kraftstoff waren zwei Satteltanks vorhanden.

Die Bewaffnung bestand aus drei 45,7-cm-Torpedorohren, wovon zwei im Bug und erstmals auch eines im Heck eingebaut waren. Erst ab »D 4« kam auf englischen U-Booten ebenfalls zum ersten Mal eine Artilleriebewaffnung an Bord. Eingerüstet wurde ein 7,6-cm-Geschütz.

Wegen ihrer geplanten Auslands- und Patrouillenverwendung war als besondere Ausrüstung eine Funkanlage an Bord eingebaut. Die Antenne war in einem Mast auf dem Turm untergebracht. Für die damaligen Verhältnisse und die Größe der Einheiten ist dies schon eine bemerkenswerte und erwähnungswerte Tatsache.

Als Hauptaufgabe für den Kriegsfall wurde den U-Booten der »D«-Klasse die Vernichtung deutscher Kriegsschiffe zugedacht. Im Laufe des Krieges – um nur zwei Beispiele zu nennen - versenkte am 12. September 1917 »D 7« das aufgetaucht fahrende deutsche U-Boote »U 45« vor der Nordküste von Irland. »D 4« versenkte am 12. Mai 1918

U-Boot »D 3«. Foto: Bibliothek für Zeitgeschichte

»UB 72« im Ärmelkanal. Im umgekehrten Fall gelang »UB 73« vor der Westküste Irlands am 28. Juni 1918 die Versenkung von »D 6«.

U-Boote der »E«-Klasse

Die U-Boote der »E«-Klasse waren eine Weiterentwicklung der »D«-Klasse. Sie erwiesen sich als die erfolgreichsten englischen U-Boote im Ersten Weltkrieg und bildeten das Rückgrat der englischen U-Bootwaffe. Sie waren gut geeignet für offensive Operationen außerhalb der heimischen Gewässer. Ihr Bau begann bereits in der Vorkriegszeit. Im November 1912 erfolgte die Kiellegung von »E 1« und »E 2«, die eigentlich in der Bauserie der »D«-Klasse als »D 9« und »D 10« gebaut werden sollten, dann aber in das »E«-Bauprogramm überführt wurden. Bis August 1917 entstanden insgesamt 58 Einheiten dieser Klasse. Sie unterteilten sich in vier Baugruppen:

- Gruppe 1: »E 1« bis »E 8«
- Gruppe 2: »E 9« bis »E 20«
- Gruppe 3: »E 21« bis »E56«
- Gruppe 4: »AE 1« und »AE 2«, für die Australien bestimmt

Die U-Boote der »E«-Klasse waren die ersten englischen U-Boote die in wasserdichte Abteilungen unterteilt waren. Zwei Schotte trennten den Innenraum in drei Abteilungen.

Der Antrieb der Boote erfolgte aufgetaucht durch zwei Dieselmotoren und unter Wasser durch zwei Elektro-Fahrmotoren. Über zwei Wellen erreichte die »E«-Klasse eine ↑/↓-Geschwindigkeit von 15 / 10 Knoten.

Als Bewaffnung waren auf der Gruppe 1 und 4 vier 45,7-cm-Torpedorohre (1 x Bug, 2 x querab, 1 x Heck)

U-Boot »E 5«. Foto: Bibliothek für Zeitgeschichte

an Bord. Auf der Gruppe 2 und 3 befanden sich fünf 45,7-cm-Torpedorohre (2 x Bug, 2 x querab, 1 x Heck). Sechs Boote der Gruppe 3 wurden auch als Minenleger hergerichtet. Die Aufnahmekapazität betrug 20 Minen, die in zehn senkrechten Schächten mitgeführt wurden. Aus Gewichtsgründen mussten deshalb die Querab-Torpedorohre ausgebaut werden. An Artillerie befand sich auf den Booten der Gruppe 2 und 3 hinter dem Turmaufbau ein 7,6-cm-Geschütz.

Die »E«-Klasse war hauptsächlich in der Nordsee und der Ostsee im Einsatz. Hier stand vor allen Dingen der Schiffsverkehr mit den Erztransporten zwischen Schweden und Deutschland im besonderen Fokus der Boote. Zudem sollten sie die russische Marine unterstützen. Darüber hinaus operierten einige der U-Boote in türkischen Gewässern wie dem Marmara-Meer und den Dardanel-

Das U-Boot »E 34« bei einem Dockaufenthalt. Foto: Bibliothek für Zeitgeschichte

U-Boot »E 9«. Foto: Bibliothek für Zeitgeschichte

In der Zentrale des U-Bootes »U 34« überwacht ein Offizier vermutlich die Durchführung eines Tauchmanövers. Foto: Archiv Autor

len sowie in der Adria und allgemein im übrigen Mittelmeer. Auf das Konto der »E«-Klasse gehen sieben versenkte deutsche U-Boote und eine beträchtliche Anzahl von Überwassereinheiten. Der Preis für diese Erfolge war hoch. Fast die Hälfte der Boote ging in den Kampfeinsätzen verloren. Die letzten der den Krieg überlebenden U-Boote der »E«-Klasse stellten 1922 / 1923 außer Dienst.

U-Boote der »H«-Klasse

Die U-Boote der »H«-Klasse sind der Kategorie Küsten-U-Boot zuzuordnen. Insgesamt waren 54 Einheiten vorgesehen, davon wurden aber wieder elf U-Boote annulliert. Das Bauprogramm unterteilte sich in drei Gruppen:

- Gruppe 1: »H 1« bis »H 10«
- Gruppe 2: »H 11« bis »H 20«
- Gruppe 3: »H 21« bis »54«

Wegen der starken Auslastung der englischen Werften wurde die Gruppe 1 in Kanada bei Canadian Vickers in Montreal gebaut wurde. Die Gruppe 2 entstand in den USA bei der Fore River Yard, Quincy, Massachusetts. Das erste Boot »H 1« wurde im Januar 1915 auf Kiel gelegt. Als letztes Boot ging »H 44« erst nach dem Krieg am 15. April 1920 in Dienst. Nicht gebaut wurden die U-Boote »H 27«, »H 35« bis »H 40«, »H45«, »H 46«, »H 53« und »H 54«.

Beim Antrieb der »H«-Klasse ist die Besonderheit zu erwähnen, dass die beiden Elektro-Fahrmotoren eine größere Leistung besaßen, als die beiden Dieselmotoren.

Bewaffnet waren die U-Boote in der Gruppe 1 und 2 mit vier 45,7-cm-Bugtorpedorohren. Bei der Gruppe 3 hatten die Rohre ein Kaliber von 53,3 Zentimeter. Eine Artilleriebewaffnung war nicht an Bord.

Die bei den U-Bootfahrern beliebte »H«-Klasse war für Aufgaben in der Küstenverteidigung vorgesehen. Die

U-Boot »H 22«. Foto: Bibliothek für Zeitgeschichte

Boote kamen rund um die Britischen Inseln zum Einsatz. Einige Einheiten wurden auch bis in die Adria verlegt. Neun U-Boote der »H«-Klasse gingen im Krieg verloren.

Nach dem Krieg nutzte die Royal Navy viele der Boote weiterhin zu Ausbildungszwecken. Vier gingen in den 1920er Jahren bei Unfällen verloren. Bei Ausbruch des Zweiten Weltkriegs war die Klasse veraltet, wurde aber für die Ausbildung- und zur Küstenverteidigung weiterverwendet, um die schweren Verluste der U-Bootflotte in der Anfangsphase des Krieges auszugleichen. In den Jahren 1944/45 wurden die noch vorhandenen Boote zum Verschrotten verkauft.

U-Boot »H 12«. Foto: Bibliothek für Zeitgeschichte

U-Boote der »K«-Klasse

Die Admiralität der Royal Navy stellte schon vor dem Ersten Weltkrieg die Forderung nach einem U-Boot, das in der Lage sein sollte die Überwasserverbände der Flotte zu begleiten und mit diesen gemeinsam zu operieren. Als hierfür notwendige Überwassergeschwindigkeit waren mindestens 21 Knoten gefordert. Da die daraufhin entwickelte und mit drei jeweils 1200 PS starken Dieselmotoren ausgerüstete und aus sieben Einheiten bestehende »J«-Klasse mit 19 Knoten die Vorgabe nicht erfüllte, kam es bei der nachfolgenden »K«-Klasse hinsichtlich des Antriebs zu einem vollkommen neuen Lösungsansatz. Für die Überwasserfahrt wurden nun Dampfturbinen vorgesehen, da sich mit diesen wesentlich höheren Leistungen erzielen ließen.

Im Jahre 1915 wurden 14 U-Boote auf Kiel gelegt, die in den Jahren 1916 / 1917 in Dienst stellten. 1916 erfolgten nochmals sieben Kiellegungen, von denen vier Boote 1917 / 1918 der Flotte zuliefen. Von den drei übrigen U-Booten gingen 1920 zwei in Dienst und eines wurde nicht mehr fertiggestellt. Das im Juni 1918 auf Kiel gelegte »K 26« nahm erst 1923 seinen Dienst auf. Insgesamt waren 27 Einheiten eingeplant, wovon allerdings nur die erwähnten 21 Boote tatsächlich gebaut und fertiggestellt wurden.

Das U-Boot »K 4« nach seiner Strandung am 17. November 1917. Foto: New York Tribune

Der vorgesehene Dampfturbinenantrieb der »K«-Klasse ließ sich allerdings nur in einem für damalige Verhältnisse sehr großen U-Boot verwirklichen. Als Zweihüllenboote ausgelegt hatten die Boote folglich eine Länge von 103,02 Meter und verdrängten ↑/↓ 1980 / 2566 Tonnen. Sie waren in neun Abteilungen unterteilt, die wie folgt genutzt wurden: Bugtorpedoraum, Wohnbereich der Offiziere, Kontrollraum, Torpedoraum für die Querab-Rohre, Kesselraum, Turbinenraum, Maschinenraum für Dieselgenerator und Elektro-Fahrmotoren, Wohnbereich der Mannschaft und der Rudermaschinenraum. Die U-Boote der »K«-Klasse hatten einen recht langen Turmaufbau mit einer Brücke, zwei Schornsteinen und der Artilleriebewaffnung. Der Bug war wulstförmig gestaltet

Auf dieser Aufnahme des U-Bootes »K 12« ist die wulstige Bugform, die bei hohen Fahrtstufen das Unterschneiden des Bootes verhindern sollte, gut zu erkennen. Foto: Royal Navy

und überragte das Oberdeck.

Bei Überwasserfahrt schwappte bei grober See über die Schornsteine oftmals Wasser ins Boot und löschte die Kesselbefeuerung. Das Boot blieb dann vorübergehend relativ hilflos liegen. Mit den zwölf vorhandenen Luken und weiterer für den Betrieb notwendiger Druckkörperdurchbrechungen war die Sinksicherheit ohnehin stets ein Problem. Hinzu kam die große Anzahl von Ventilen, die bei der Handhabung des Bootes zu bedienen waren.

Der bei den ersten Einheiten vorhandene flache und ebene Bug barg die Gefahr, dass das Boot bei hoher Geschwindigkeit unterschneiden und dann ungewollt aus eigenem Antrieb tauchen konnte. Um diesen dynamischen Abtrieb zu beseitigen, wurde ab »K 6« die Bugform wulstig ausgestaltet und hochgeführt. Vollkommen beseitigen ließ sich das Problem jedoch nicht.

Der Antrieb der »K«-Klasse bestand aus zwei Dampfturbinen für die Überwasserfahrt. Der Dampfdruck wurde in zwei ölbefeuerten Kesseln erzeugt. Die beiden Turbinen hatten eine Gesamtleistung von 10.500 PS und waren jeweils über ein Getriebe auf eine Welle geschaltet. Die Boote erreichten mit dieser Maschinenanlage eine Geschwindigkeit von 24 Knoten und erfüllten damit die Forderungen der Admiralität für die Verwendung als Flotten-U-Boot voll und ganz. Als Nachteil war allerdings der hohe Kraftstoffverbrauch anzusehen.

Dass Tauchklarmachen der »K«-Klasse benötigte etwa fünf Minuten, um die Kessel stillzulegen und die Ventilatoren zu schließen. Theoretisch sollte der Dampfantrieb ausgeschaltet und die Elektro-Fahrmotoren vor dem Tauchen eingekuppelt werden. In der Praxis war jedoch in der Regel genügend Restdampf vorhanden, um das Boot mit Höchstgeschwindigkeit untertauchen zu lassen. Hierbei konnte aber das Boot oft nicht schnell genug über die Tiefenruder unter Kontrolle gebracht werden, sodass die Gefahr bestand, dass es die Sicherheitstiefe überschritt.

Für die Unterwasserfahrt war die »K«-Klasse mit vier Elektro-Fahrmotoren mit insgesamt 1400 PS ausgerüstet, die einen Geschwindigkeit von neun Knoten ermöglichten. Ein 800 PS starker Dieselmotor diente bei der Überwasserfahrt dem Aufladen der Fahrbatterie.

Die U-Boote der »K«-Klasse waren mit acht 45,7-cm-Torpedorohren bewaffnet. Davon waren vier als Bugrohre und vier als Querab-Rohre eingebaut. Da der Einsatz der Boote überwiegend im Überwasserfahrbetrieb erfolgen sollte, hatten sie für U-Boote eine recht starke Artilleriebewaffnung von zwei 10,2-cm- und einem 7,6-cm-Geschütz eingerüstet bekommen.

Die für ihre Zeit sehr großen U-Boote der »K«-Klasse waren zwar eine kühne, technische und modern ausgelegte Entwicklung, aber schwer zu handhaben und kompliziert zu bedienen. Sie bekamen wegen ungewöhnlich vieler schwerer Unfälle, die teilweise auf konstruktive Schwächen zurückzuführen waren, einen sehr schlechten Ruf und in der Royal Navy schnell den Beinamen Calamity-Class (Unglück, Unheil). Hierzu nur ein Beispiel.

Am späten Abend des 31. Januar 1918 kam es im Firth of Forth im Rahmen eines Manövers zum wohl schwersten Zwischenfall in der Geschichte der ständig vom Unglück verfolgten »K«-Klasse. Innerhalb von 75 Minuten kollidierten mehrere U-Boote sowohl untereinander als auch mit den an der Übung beteiligten Überwassereinheiten. Bei der Massenhavarie sanken »K 4« und »K 17«. Die U-Boote »K 6«, »K 7«, »K 14«, »K 22« und der Kreuzer »Fearless« erlitten erhebliche Schäden. Das dramatische Ereignis, bei dem 105 Seeleute ums Leben kamen, ging als »Battle of May Island« in die englische Marinegeschichte ein. Ursache waren dieses Mal aber keine Konstruktionsfehler oder technische Versager, sondern schlichtweg die falsche Einsatzkonzeption Überwasserschiffe mit U-Booten zu mischen.

Auch nach dem Krieg blieb die »K«-Klasse nicht von schweren Unglücken verschont. Bis Mitte der der 1920er Jahre stellten die Boote dann auch nach und nach außer Dienst und wurden verschrottet. In einer englischen Quelle wird festgehalten: »They were simply too complicated and too dangerous to use with any modern degree of safety.«

U-Boote der »L«-Klasse

Die U-Boote der »L«-Klasse waren ursprünglich als eine verbesserte »E«-Klasse vorgesehen. Auf Grund der Vielzahl und des Ausmaßes der Veränderungen ist letztendlich eine neue Bootsklasse entstanden. Geplant waren insgesamt 75 U-Boote. Davon wurden in der Zeit von Mai 1916 bis Februar 1919 nur noch 37 auf Kiel gelegt und nach Fertigstellung - überwiegend 1918, zum Teil auch später - bei der Royal Navy in Dienst gestellt. Die restlichen Einheiten wurden annulliert oder schon gar nicht mehr im Bau begonnen.

Der Boote der »L« lassen sich in drei Gruppen einteilen:

- Gruppe 1: »L 1« bis »L 8«
- Gruppe 2: »L 9« bis »L 51«, nicht durchgehend gebaut
- Gruppe 3: »L 52« bis »L 75«, nicht durchgehend gebaut

Bei der Maschinenanlage ist erwähnenswert, dass die Boote zur Schleichfahrt einen zusätzlichen Elektro-Fahrmotor mit 20 PS Leistung eingebaut hatten. Ab der Gruppe 3 waren auch nur noch Bugtorpedorohre vorhanden, die zudem das größere Kaliber von 53,3 Zentimeter hatten.

Die »L«-Klasse repräsentierte die abschließende Entwicklung eines Standard-U-Bootes und Patrouillen-U-Bootes der Royal Navy. Von einigen wenigen Einzelerfolgen abgesehen kamen diese leistungsfähigen Boote für einen entscheidenden Kriegseinsatz aber zu spät. Die U-Boote der »L«-Klasse waren von robuster Konstruktion und blieben während der 1920er Jahre im Dienst. In den 1930er Jahren wurden die meisten Einheiten zum Verschrotten verkauft. Einige blieben aber auch noch als Schulboote der Royal Navy erhalten. Die letzten beiden Boote der »L«-Klasse holten 1946 endgültig Flagge und Wimpel nieder, wurden verkauft und abgewrackt.

U-Boote der »L«-Klasse im Päckchen an der Pier. Foto: Terry Whalebone / CC-BY-SA 2.0

U-Boot »L 12«. Foto: Bibliothek für Zeitgeschichte

U-Boote der »R«-Klasse

Anfang 1917 als sich der deutsche U-Bootkrieg wieder ausweitete und an Stärke zunahm, suchte die Royal Navy in vielerlei Hinsicht nach Mitteln, um dieser Gefahr gerecht zu werden. Eine dieser Maßnahmen war die Entwicklung und der Bau der U-Boote der »R«-Klasse. Für zehn der zwölf geplanten U-Boote erfolgte in der Zeit vom Februar 1917 bis Dezember 1917 die Kiellegung. Der Bau von zwei U-Booten wurde annulliert. Die Indienststellung des ersten Bootes »R 1« fand am 14. Oktober 1918 statt. Als letzte Einheit stellte »R 4« am 23. August 1919 in Dienst. An Hand dieser Daten ist offensichtlich, dass die »R«-Klasse im Kriegsgeschehen keine Rolle mehr spielte. Sie kamen schlichtweg zu spät, um den deutschen U-Bootkrieg noch beeinflussen zu können.

Die U-Boote der »R«-Klasse waren für die U-Jagd kon-

U-Boot »R 3«. Foto: Royal Navy

U-Boot »R 4«. Foto: Bibliothek für Zeitgeschichte

zipiert. Um ein gegnerisches U-Boot stellen zu können, mussten sie in der Lage sein eine hohe Unterwassergeschwindigkeit zu erreichen. Dem trug man Rechnung mit einer strömungsgünstigen Tropfenformgebung. Bei Überwasserfahrt hatten die Boote allerdings deswegen schlechte Seeeigenschaften. Der leistungsstarke Elektro-Antrieb sowie die technische Auslegung als Einwellenschiff waren wiederum für die U-Jagdaufgabe optimal. Die Boote waren um Jahrzehnte ihrer Zeit voraus und man kann sie getrost als die Urahnen aller modernen U-Jagd-U-Boote bezeichnen.

Die Maschinenanlage bestand aus einem Dieselmotor von 240 PS für die Überwasserfahrt. Der Vortrieb erfolgte über eine Welle. Der Elektro-Fahrmotor für die Tauchfahrt war mit 1200 PS leistungsstärker als der Dieselantrieb für die Überwasserfahrt. Nach einer anderen Quelle waren zwei Elektro-Fahrmotoren von je 600 PS eingebaut. Zudem kam für eine geräuscharme Schleichfahrt ein 25 PS Elektro-Fahrmotor zum Einbau. Mit der starken Auslegung des Elektroantriebs hatte die »R«-Klasse optimale Voraussetzungen für ein U-Jagd-U-Boot. Nachteil dieser Maschinenanlage war aber die lange Ladezeit, die der schwache Dieselmotor benötigte, um die Batterie aufladen zu können.

An Bewaffnung waren sechs 45,7-cm-Bugtorpedorphre vorhanden. Sechs Reservetorpedos konnten mitgenommen werden. Auf eine Artillerieeinrüstung hatte man verzichtet, da die vorgesehenen U-Jagdaufgaben im getauchten Zustand erfolgen würden und somit ein Geschütz diesbezüglich als überflüssig angesehen wurde.

Einige U-Boote der »R«-Klasse waren schon mit Unterwassermikrophonen zur Verfolgung gegnerischer U-Boote ausgerüstet. Diese passiven Sensoren waren in dem wulstförmigen Bug untergebracht. Dadurch waren die Boote in der Lage ohne Sehrohrgebrauch feindliche U-Boote zu orten und in ihren Bewegungen zu verfolgen.

U-Boote, England, Tabelle 1					
Name	**»D«-Klasse**	**»E«-Klasse (1)**	**»E«-Klasse (2)**	**»E«-Klasse (3)**	**»E«-Klasse (AE)**
Anzahl der Boote	8	8	12	36	2
Verdrängung (↑/↓) (t)	483 / 595	665 / 796	667 / 807	662 / 807	664 / 780
Länge x Breite x Tiefgang (m)	49,69 x 4,15 x 4,27	54,25 x 4,59 x 3,66	55,17 x 4,59 x 3,66	55,17 x 4,59 x 3,66	53,65 x 4,59 x 3,66
Tauchtiefe (m)	(?)	45	45	45	45
Besatzungsstärke	25	30	30	30	30
Antrieb	2 x Dieselmotor, 2 x E-Fahrmotor	2 Dieselmotor, 2 x E-Fahrmotor	2 Dieselmotor, 2 x E-Fahrmotor	2 Dieselmotor, 2 x E-Fahrmotor	2 Dieselmotor, 2 x E-Fahrmotor
Antriebsleistung (PS)	2 x 875 / 2 x 275	2 x 1750 / 2 x 600	2 x 1600 / 2 x 840	2 x 1600 / 2 x 840	2 x 1750 / 2 x 600
Wellen	2	2	2	2	2
Geschwindigkeit (↑/↓) (kn)	14,0 / 10,0	15,0 / 9,5	15,3 / 10,3	15,0 / 10,0	15,0 / 10,0
Fahrstrecke (↑/↓) (sm / kn)	2500 / 10 – 45 / 5	3000 / 10 – 65 / 5	3000 / 10 – 65 / 5	3000 / 10 – 65 / 5	3000 / 10 – 65 / 5
Torpedorohre (cm)	2 x 45,7 (Bug) / 1 x 45,7 (Heck)	1 x 45,7 (Bug) / 2 x 45,7 (querab) / 1 x 45,7 (Heck)	2 x 45,7 (Bug) / 2 x 45,7 (querab) / 1 x 45,7 (Heck)	2 x 45,7 (Bug) / 2 x 45,7 (querab) / 1 x 45,7 (Heck)	1 x 45,7 (Bug) / 2 x 45,7 (querab) / 1 x 45,7 (Heck)
Torpedoanzahl	-----	-----	-----	-----	-----
Artillerie (cm)	1 x 7,6	-----	1 x 7,6	1 x 7,6	-----
Minen	-----	-----	-----	20 (teilweise)	-----

U-Boote, England, Tabelle 2			
Name	**»H«-Klasse (1) + (2)**	**»H«-Klasse (3)**	**»K«-Klasse**
Anzahl der Boote	10 + 10	23	20 + (1)
Verdrängung (↑/↓) (t)	364 / 434	423 / 510	1980 / 2566
Länge x Breite x Tiefgang (m)	45,80 x 4,66 x 4,27	52,12 x 4,66 x 4,27	103,02 x 8,14 x 4,88
Tauchtiefe (m)	45	45	50 bis 60
Besatzungsstärke	22	22	59
Antrieb	2 x Dieselmotor, 2 x E-Fahrmotor	2 x Dieselmotor, 2 x E-Fahrmotor	2 x Dampfturbine, 2 x E-Fahrmotor, 1 x Dieselmotor
Antriebsleistung (PS)	2 x 480 / 2 x 620	2 x 480 / 2 x 620	2 x 5250 / 4 x 350 / 1 x 800
Wellen	2	2	2
Geschwindigkeit (↑/↓) (kn)	13,0 / 10,0	11,5 / 9,0	24,0 / 9,0
Fahrstrecke (↑/↓) (sm / kn)	1600 / 10,0 – 130 / 2,0	2985 / 7,5 – 130 / 2,0	12.500 / 10
Torpedorohre (cm)	4 x 45,7 (Bug)	4 x 53,3 (Bug)	4 x 45,7 (Bug) / 4 x 45,7 (querab)
Torpedoanzahl	12	10 bis 12	16
Artillerie (cm)	-----	-----	2 x 10,2 / 1x 7,6
Minen	-----	-----	-----

U-Boote, England, Tabelle 3				
Name	»L«-Klasse (1)	»L«-Klasse (2)	»L«-Klasse (3)	»R«-Klasse
Anzahl der Boote	8	20 + (22)	9 + (16)	10
Verdrängung (↑/↓) (t)	891 / 1074	895 / 1089	960 / 1150	420 / 503
Länge x Breite x Tiefgang (m)	70,40 x 7,25 x 4,57	72,70 x 7,16 x 4,57	71,83 x 7,16 x 4,57	49,91 x 4,74 x 3,51
Tauchtiefe (m)	45	45	45	45
Besatzungsstärke	35	35	44	22
Antrieb	2 x Dieselmotor, 2 x E-Fahrmotor, 1 x E-Fahrmotor	2 x Dieselmotor, 2 x E-Fahrmotor, 1 x E-Fahrmotor	2 x Dieselmotor, 2 x E-Fahrmotor, 1 x E-Fahrmotor	1 x Dieselmotor, 1 x E-Fahrmotor, 1 x E-Fahrmotor
Antriebsleistung (PS)	2 x 1200 / 2 x 800 / 1 x 20	2 x 1200 / 2 x 800 / 1 x 20	2 x 960 / 2 x 575 / 1 x 20	1 x 240 / 1 x 1200 / 1 x 25
Wellen	2	2	2	1
Geschwindigkeit (↑/↓) (kn)	17,3 / 10,5	17,0 / 10,5	17,0 / 10,5	9,5 / 15,0
Fahrstrecke (↑/↓) (sm / kn)	3800 / 10 – 75 / 4	3800 / 10 – 75 / 4	3800 / 10 – 75 / 4	200 / 9 – 15 / 15
Torpedorohre (cm)	4 x 45,7 (Bug) / 2 x 45,7 (querab)	4 x 53,3 (Bug) / 2 x 45,7 (querab)	6 x 53,3 (Bug)	6 x 45,7 (Bug)
Torpedoanzahl	(?)	(?)	12	12
Artillerie (cm)	1 x 7,6 bzw. 1 x 10,2	1 x 10,2	2 x 10,2	-----
Minen	-----	16	-----	-----

Eine 12-pounder-gun wie sie auf den U-Booten der »E«-Klasse hinter dem Turmaufbau zur Einrüstung kam. Foto: US Navy

2.4 U-Bootfallen

U-Bootfallen, England

Mit Beginn des Ersten Weltkriegs kamen zum ersten Mal im Seekriegsgeschehen die international seit etwa 1 ½ Jahrzehnten in allen bedeutenden Seestreitkräften im Aufbau befindliche neue Waffengattung »U-Boot« zum Einsatz. Hauptakteur in der sich nach und nach entwickelten U-Bootkriegsführung sollte dabei - gefolgt von der Royal Navy - die Kaiserliche Marine werden. Zunächst beschränkten sich die deutschen U-Boote auf Angriffe gegen Kriegsschiffe, bei denen sie schon in den ersten Kriegswochen recht ordentliche Erfolge vorweisen konnten und die englische Royal Navy fast in Panik versetzten.

Bis Mitte Oktober verlor die englische Marine vier Kreuzer durch U-Bootangriffe. Mit der Versenkung des englischen Dampfers »Glitra« vor der norwegischen Küste am 20. Oktober 1914 durch »U 17« (Kapitänleutnant Johannes Feldkirchner) wurde erstmals auch ein Handelsschiff Opfer dieses neuen Kriegsschifftyps.

Sind Kriegsschiffe durchaus als Kombattanten legale Ziele für die U-Boote, so ist die internationale Rechtslage bezüglich von Handelsschiffen eine andere. Hier mussten die U-Boote unter Beachtung des Prisenrechts vorgehen, was im oben geschilderten Fall auch so geschehen ist.

Zum Prisenrecht sind im Internetlexikon Wikipedia folgende Erläuterungen zu finden:

»Das Prisenrecht ist der Teil des Seekriegsrechts und damit auch des Kriegsvölkerrechts, der die Maßnahmen von Kriegsschiffen gegenüber neutralen und feindlichen Handelsschiffen – einschließlich Passagierschiffen – regelt. Das Prisenrecht schränkt den Grundsatz der Freiheit der Meere ein. Es berechtigt nur kriegführende Staaten und gilt nur außerhalb neutraler Hoheitsgewässer.

Versteckte und getarnte Waffe hinter der klappbaren Bordwand auf einem Q-Ship.
Foto: Archiv Autor

Das Prisenrecht ist in großen Teilen Völkergewohnheitsrecht. Eine verbindliche internationale Regelung wurde zuletzt in der 1909 geschlossenen Londoner Seerechtsdeklaration - als Gegenstück zur Haager Landkriegsordnung - versucht. Es sollten nun die dort noch nicht gelösten Probleme des Seekriegsrechts gelöst werden. Sie trat aber als Vertrag nie in Kraft, ist von allen Beteiligten jedoch anerkannt.

Zum Prisenrecht gehören:
- das Kontrollrecht
- das Seebeuterecht gegenüber Schiffen unter feindlicher Flagge

U-Bootfalle »Baralong«.
Foto: Archiv Autor

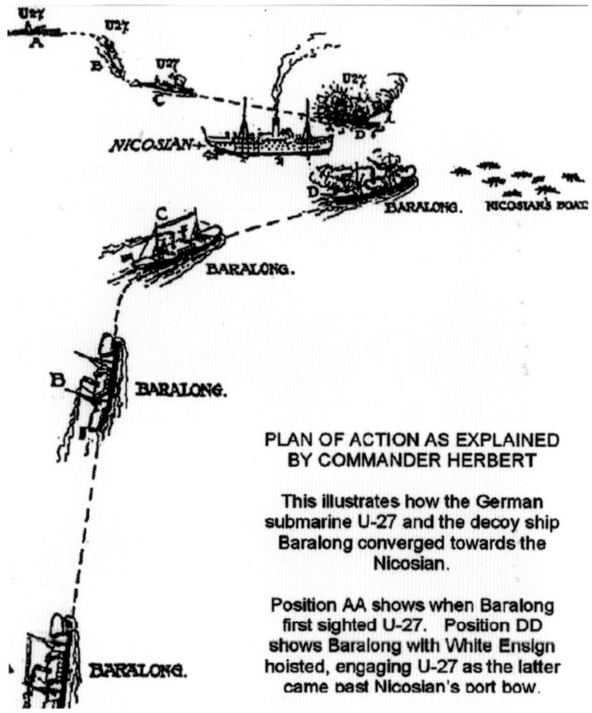

Die U-Bootfalle »Baralong« verletzte bei der Aufbringung des U-Bootes« »U 27« auf schwerste Art und Weise das Völker- und Seekriegsrecht. Foto: Archiv Autor

- das Banngutrecht
- das Blockaderecht gegenüber Schiffen unter neutraler Flagge

Das Kontrollrecht erlaubt den Kriegsparteien das Anhalten und die Kontrolle der Papiere aller Handelsschiffe, gegebenenfalls auch ihre Durchsuchung, um die zur Ausübung des Prisenrechts erforderlichen Feststellungen zu treffen. Nur feindliche Schiffe haben dagegen das Recht zum Widerstand, was allerdings die gewaltsame Durchsetzung der prisenrechtlichen Maßnahmen erlaubt. Vom Kontrollrecht ausgenommen sind neutrale Handelsschiffe im Geleit von eigenen Kriegsschiffen. Hier besteht eine Auskunfts- und gegebenenfalls eine Untersuchungspflicht des Verbandsführers. Bei Schiffen im Geleit feindlicher Kriegsschiffe wird allgemein davon ausgegangen, dass sie Teil eines militärischen Verbands sind und sie daher auch wie Kriegsschiffe behandelt werden dürfen.

Im Ersten Weltkrieg kam es wie auch später im Zweiten Weltkrieg zu weitreichenden Missachtungen des gerade erst festgehaltenen Prisenrechts. Großbritannien bewaffnete Handelsschiffe, weitete das Kontrollrecht in ein flächendeckendes System von bürokratischer Ladungskontrolle aus, die bereits in den Häfen der neutralen Staaten durch britische Botschaftsbeamte durch Ausstellung sogenannter Navicerts ausgeübt wurde, und zwang neutrale Schiffe zur abgeblendeten Fahrt in britischen Konvois. Von deutscher Seite wurden insbesondere ab 1917 im uneingeschränkten U-Bootkrieg durch U-Boote Handelsschiffe ohne jede Vorwarnung und ohne Rettungsmöglichkeit für die Besatzungen versenkt.« *(https://de.wikipedia.org/wiki/Prisenrecht)*

Die ab Herbst 1914 zunehmenden Aktivitäten der deutschen U-Boote zeigten schon recht schnell Auswirkungen auf die von Einfuhren abhängige Versorgungslage in England. Andererseits waren die U-Boote selbst stark gefährdet, denn um die Forderungen des Prisenrechts zu erfüllen, mussten sie zwangsläufig auftauchen.

Diese Zwangslage machte sich die englische Führung zum Nutzen. Einerseits bewaffnete sie die Handelsschiffe und animierte die Kapitäne aufgetauchte U-Boote zu rammen. Zwar gelang es während des Ersten Weltkrieges keinem einzigen bewaffneten Handelsschiff mit einer solchermaßen versuchten Attacke ein U-Boot zu versenken, aber die betroffenen U-Boote waren in der Regel gezwungen ihren Angriff abzubrechen oder gar die Flucht anzutreten.

Andererseits baute man in England die sogenannten U-Bootfallen, die in den durch U-Boote besonders gefährdeten Seegebieten patrouillierten. Schon im November 1914 wurde die erste diesbezügliche Einheit aktiviert. Während des Krieges kamen rund 200 U-Bootfallen in Dienst, die letzten sechs im April 1918.

Die U-Boot-Fallen, auch als Q-Ships, Decoy Vessels, Special Service Ships oder Mystery Ships bezeichnet, waren kein einheitlicher Schiffstyp, sondern Schiffe der verschiedensten Art wie Fischereifahrzeuge, Segelschiffe und Frachtschiffe bis hin zu Patrouillenbooten der Royal Navy (PQ-Boats). Angehörige der Royal Navy bildeten entweder ganz oder in großen Teilen die Besatzung dieser dann in der Regel als Q-Ships bezeichneten Einheiten. Für ein versenktes U-Boot erhielt die Besatzung eine Prämie von 1000 Pfund.

Die Q-Ships wurden mit Artillerie ausgerüstet, die versteckt und getarnt hinter einem klappbaren Sichtschutz aufgestellt wurde. Auch Torpedorohre wurden von Fall zu Fall eingerüstet. Falsche Decksaufbauten vermittelten den Eindruck eines unbewaffneten und manchmal sogar neutralen Handelsschiffes. Mit leeren Fässern und Kork wurde vorsorglich versucht die Sinksicherheit der Schiffe zu erhöhen. Um die Tarnung noch vollkommener zu machen, führten sie sogar neutrale Flaggen oder versuchten anderweitig durch ihre Farbgebung, falsche Aufbauten oder falsche Schornsteine das Aussehen eines neutralen Schiffes vorzutäuschen.

Tauchte nun ein U-Boot in der Nähe eines so getarnten vermeintlichen Handelsschiffes auf und näherte sich ihm über Wasser, um es zum Stoppen aufzufordern und wie rechtlich vorgesehen ein Prisenkommando zur Kontrolle der Ladungspapiere auszusetzen, so wurde die Tarnung fallen gelassen. Hinter den umgeklappten Bordwänden und Aufbautenattrappen kamen die Waffen zum Vorschein. Wenn eine neutrale Flagge gesetzt war, musste sie spätestens jetzt niedergeholt und das White Ensign, die englische Seekriegsflagge, gehisst werden. Überfallartig eröffnete das Q-Ship nun auf das auf eine solche Lage absolut nicht vorbereitete und vollkommen überraschte U-Boot das Feuer.

Um das U-Boot zuvor in noch größerer Sicherheit zu wiegen, verließ auch oftmals eine sogenannte »panic party« die U-Bootfalle. Das waren ausgewählte Besatzungsmitglieder, die in scheinbarer Furcht panikartig und offensichtlich konfus die Rettungsboote fierten und das Schiff verließen, um sich scheinbar in Sicherheit zu bringen und zu retten. Simuliertes hektisches Treiben an Oberdeck und auf der Brücke sowie das Überbordwerfen von vermeintlichen Geheimpapieren sollten ebenfalls das U-Boot sorglos machen.

Rund 150 solcher Zusammenstöße zwischen deutschen U-Booten und englischen Q-Ships sind dokumentiert. Von beiden Seiten wurden diese Auseinandersetzungen erbittert geführt. Spitzenreiter in Gefechten mit U-Bootfallen sind vermutlich »UC 44« unter Kapitänleutnant Kurt Tebbenjohanns mit sechs Fällen und »UB 18« unter mehreren Kommandanten mit acht Fällen. Im umgekehrten Falle hatte vermutlich das Q-Ship »Penshurst« neunmal ein feindliches Zusammentreffen mit deutschen U-Booten.

Bei diesen Zusammenstößen zwischen U-Booten und Q.Ships gab es auch einen Vorfall, der unter äußerst negativen Vorzeichen in die Geschichte des U-Bootkrieges eingegangen ist. Es handelt sich um den sogenannten Baralong-Zwischenfall.

Als Baralong-Zwischenfall wird die Versenkung des deutschen U-Boots »U 27« (Kapitänleutnant Bernd Wegener) durch die britische U-Bootfalle »Baralong« am 19. August 1915 in den Gewässern südlich der irischen Stadt Queenstown bezeichnet. Den Tathergang dieses kriminellen und völkerrechtswidrigen Vorgehens einer U-Bootfalle schildert Joachim Schröder in seinem Buch »Die U-Boote des Kaisers« auf den Seiten 167 / 168 wie folgt: »Ort des Geschehens waren die Gewässer südlich von Queenstown, also nicht unweit von der Stelle, an der drei Monate zuvor die »Lusitania« (Anm.d.Verf.: 7. Mai 1915, »U 20«, Kapitänleutnant Walther Schwieger) versenkt worden war. Die U-Bootbesatzung bereitete gerade die Versenkung des mit Konterbande beladenen amerikanischen Dampfers »Nikosan« vor. Die Besatzung des Dampfers hatte sich bereits in die Rettungsboote begeben, als sich die U-Bootfalle dem aufgetauchten U-Boot näherte und den Anschein erweckte, die Besatzung der »Nicosian« an Bord nehmen zu wollen. Als die Falle nahe genug herangekommen war, eröffnete sie allerdings aus kürzester Distanz das Feuer; auch jetzt hatte die Falle immer noch die amerikanische Flagge gehisst. »U 27« sank schnell. Dann spielten sich schlimme Szenen ab: Auf elf deutsche Seeleute, die sich hatten retten können, wurde eine regelrechte Hatz veranstaltet. Zum Teil wurden sie, noch im Wasser schwimmend, durch Gewehrschüsse aus nächster Nähe niedergestreckt. Andere wurden bis an Bord der »Nicosian« verfolgt und dort getötet. Kommandant Wegener wurde erschossen, als er sich gerade von der »Nicosian« wieder ins Wasser flüchten wollte. Als Belohnung erhielt der Kommandant der Falle, Lieutenant Commander Godfrey Herbert, die übliche Prämie von 1000 Pfund.«

Wie alle U-Bootfallen hatte auch die »Netley« ein harmloses Aussehen, doch für die U-Boote lauerte die Gefahr hinter den klappbaren Bordwänden. Foto: Bibliothek für Zeitgeschichte

In Deutschland führte der Vorfall nach dem Bekanntwerden durch die US-amerikanische Presse zu einem Sturm der Entrüstung. Seitens der deutschen Regierung wurde Ende November 1915 eine Protestnote an die britische Regierung übermittelt, die auch eidesstattliche Aussagen von sechs Besatzungsmitgliedern der »Nicosian« enthielt. Der Notenwechsel zwischen den Regierungen der beiden gegeneinander kriegführenden Länder führte aber zu keinem Ergebnis, da die britische Regierung alles abstritt und sich weigerte, den Fall aufzuklären.

Es bestehen, so schreibt Schröder an anderer Stelle, »kaum Zweifel daran, dass die britische Marineführung nicht die Absicht hatte, in ihre Gewalt geratene U-Boot-Fahrer wie normale Kriegsgefangene zu behandeln.« Außerdem verweist Schröder auch auf eine von Winston Churchill, seiner Zeit First Lord of the Admiralty (Marineminister), stammende Anordnung für die Arbeit der Q-Ships in der es heißt: »Überlebende sollten gefangengenommen oder erschossen werden – was sich immer als praktisch erweist.« Hinsichtlich der »Baralong« ist in einer englischen Quelle von 2014 nur lapidar zu lesen: »No prisoners were taken.«

Allerdings kann der tatsächliche Erfolg der Q-Ships im Hinblick auf Versenkungen als doch recht bescheiden angesehen werden. Von den insgesamt bei Einsatzfahrten in Verlust geratenen 178 deutschen U-Booten gingen in den Jahren 1915 bis 1917 durch U-Bootfallen lediglich 14 U-Boote verloren. Ein Q-Ship soll zusätzlich noch das eigene U-Boot »J 6« versenkt haben.

Andererseits konnten die U-Boote in den zahlreichen Gefechten mit den U-Bootfallen auch eigene Erfolge erzielen und dabei 19 Q-Ships versenken. Allerdings wurden bei all diesen Kampfhandlungen auch insgesamt etwa 60 U-Boote – zum Teil schwer - beschädigt.

Von den rund 200 Q-Ships sind in der nachfolgenden Tabelle die Schiffsdaten und die Angaben zur Bewaffnung von zwei ausgewählten Einheiten aufgelistet.

Name	»Pargust«	»Penshurst«
Stapellauf	10. Juni 1907	1906
in Dienst	28. März 1917	6. November 1915
außer Dienst	November 1918	25. Dezember 1917, durch »U 110« versenkt
Verdrängung (t)	2817	1191
Schiffslänge (m)	96,62	70,71
Antrieb	1 x Dampfmaschine	1 x Dampfmaschine
Geschwindigkeit (kn)	7,5	10,0
Artillerie	1 x 4 inch, / 4 x 12 pdr	2 x 4 inch / 2 x 12 pdr / 2 x 6 pdr
Torpedorohre	2 x 14 inch	-----
U-Bootversenkungen	1	2

U-Bootverluste durch U-Bootfallen

U-Boot	Datum	U-Bootfalle	Ort
»U 40«	23.06.1915	»Taranaki«	Nordsee
»U 23«	20.07.1915	»Prinzess Louise«	Nordsee
»U 36«	24.07.1915	»Prince Charles«	Shetland Inseln
»UB 4«	15.08.1915	»Inverlyon«	Ärmelkanal
»U 27«	19.08.1915	»Baralong«	irische Südküste
»U 41«	24.09.1915	»Baralong«	Scilly Inseln
»U 68«	22.03.1916	»Farnborough«	südwestlich von Irland
»UB 19«	30.11.1916	»Penshurst«	Ärmelkanal
»UB 37«	14.01.1917	»Penshurst«	Ärmelkanal
»U 83«	17.02.1917	»Farnborough«	südwestlich von Irland
»UC 18«	19.02.1917	»Lady Olive«	Ärmelkanal
»U 85«	12.03.1917	»Privet«	Ärmelkanal
»UC 29«	07.06.1917	»Pargust«	südwestlich von Irland
»UC 72«	20.08.1917	»Acton«	Scilly Inseln

Quelle: Bodo Herzog, »60 Jahre deutsche U-Boote 1906-1966«, Seite 127

U-Bootfallen, Deutschland

Die Kaiserliche Marine unterhielt während des Ersten Weltkriegs sogenannte Sonderschiffe. Dies waren Handelsschiffe, die für selbstständige und überraschende Einsätze ausgerüstet wurden, aber das handelsschiffsmäßige Aussehen beibehielten. Zu diesen Sonderschiffen zählten auch fünf U-Bootfallen.

Diese waren zusammen mit anderen Sonderschiffen in der Handelsschutz-Flottille zusammengefasst. Ihr Operationsgebiet war die Ostsee. Als ihre dortigen Gegner wurden die russischen und die in die Ostsee vorgedrungenen englischen U-Boote angesehen, welche insbesondere die so kriegswichtigen Erztransporte von Schweden nach Deutschland bedrohten. Großartige Erfolge konnten deutschen U-Bootfallen jedoch nicht aufweisen.

Das Hilfsschiff A »Alexandra« (1123 BRT, 1625 t, 65,32 m, 12 kn, 4 x 10,5 cm, 72 Mann, 06.12.15 i.Dst.) blieb bis September 1917 als U-Bootfalle in der Ostsee. Anschließend wurde es zum Lichtsperrschiff umgerüstet und als solches im Sund eingesetzt. Im Juni 1920 musste es an England abgeliefert werden. Unter verschiedenen Namen und Eignern war das ehemalige Hilfsschiff A noch lange Jahre als Handelsschiff im Dienst. Im Oktober 1950 ist es in einem Sturm gesunken.

Das Hilfsschiff B »Belmonte« (193 BRT, 315 t, 37,51 m, 4 kn, 2 x 10,5 cm, 23 Mann, 30.08.16 i.Dst.) war ein Dreimastgaffelschoner der zur U-Bootfalle ausgerüstet wurde. Da er wegen zu geringen Tiefgangs eine starke Abdrift hatte, war der Segler für diese Aufgabe aber wenig geeignet. Nach dem Ersten Weltkrieg gelangte das Schiff nach Brasilien, wo es bis 1941 in Fahrt blieb.

Das Hilfsschiff F »Friedeburg«, (211 BRT, 430 t, 33,95 m, 4,5 kn, 2 x 10,5 cm, 23 Mann, 06.09.16 i.Dst.) war ein Dreimastgaffelschoner über dessen Einsatz als U-Bootfalle bislang nichts bekannt geworden ist. Am 12. September 1917 ging das Schiff außer Dienst und wurde im August 1919 verkauft.

Das Hilfsschiff H »Hermann« (2030 BRT, 5000 t, 91,74 m, 9 kn, 4 x 10,5 cm, 70 Mann, 27.04.16 i.Dst.) wurde Mitte Juni 1916 nordwestlich von Gotland als Begleitschiff eines Geleitzuges von russischen Zerstörern versenkt.

Das Hilfsschiff K »Kronprinz Wilhelm« (1768 BRT, 2560 t, 77,02 m, 12 kn, 4 x 10,5 cm, 70 Mann, 12.11.15 i.Dst.), konnte 1916 das russische U-Boot »Gepard« schwer beschädigen. Es ist selbst am 2. November 1917 beim Einsatz in der Sund-Bewachung im Kattegatt durch englische Zerstörer im Artilleriegefecht versenkt worden.

U-Bootfalle Hilfsschiff A »Alexandra«. Foto: Archiv Autor

Eines der beiden 10,5-cm-Geschütze der U-Bootfalle Hilfsschiff B »Belmonte«. Foto: Archiv Autor

U-Bootfalle Hilfsschiff H »Hermann«.
Foto: Bibliothek für Zeitgeschichte

Kapitel 3

SEELUFTSTREITKRÄFTE

3.1 Marineluftschiffe

Luftschiff »L 1« in Hamburg-Fuhlsbüttel. Foto: Archiv Autor

Der Absturz von »L 1« am 9. September 1913 während eines Sturmes. Foto: Achille Beltrame

Ferdinand Graf von Zeppelin (* 8. Juli 1838, † 8. März 1917) war ein württembergischer Graf, General der Kavallerie und der Entwickler und Begründer des Starrluftschiffbaus. Am 13. August 1898 erwarb Zeppelin das Reichspatent Nummer 98580 für einen »Lenkbaren Luftfahrzug mit mehreren hintereinander angeordneten Tragkörpern«. Der Entwurf für sein Starrluftschiff – später allgemein als Zeppelin bezeichnet, was bis heute als Synonym für Luftschiff immer noch gebräuchlich ist - wurde hierdurch rückwirkend zum 31. August 1895 geschützt. Die Bauphase für das erste Luftschiffe begann 1899. Im Jahre 1900 kam es zu drei Aufstiegen des »LZ 1« über dem Bodensee. Schon bald nach ihrem ersten Auftreten wurden Luftschiffe im Volksmund auch als »fliegende Zigarren« bezeichnet.

Die Militärverwaltung kaufte 1908 das voll funktionsfähige Luftschiff »LZ 3«, es war der dritte gebaute Zeppelin, und stellte es als »Z I« in Dienst. Ab 1909 wurden Zeppeline in der zivilen Luftfahrt eingesetzt. Im November 1909 erfolgte die Gründung der Deutschen Luftschiffahrts AG (DELAG). Im Jahr 1910 nahm Graf von Zeppelin an einer Expedition nach Spitzbergen teil, um die Bedingungen für einen Einsatz der Luftschiffe bei der Erforschung der Arktis zu erkunden.

Im gleichen Jahr erwarb er auch ein 25 Hektar großes Areal in Potsdam, wo dann 1912 die größte Luftschiffhalle Deutschlands errichtet wurde. Die DELAG beförderte bis zum Beginn des Ersten Weltkriegs auf mehr als 1500 Fahrten insgesamt fast 35.000 Personen. Ab 1914 wurden Luftschiffe für das Heer und die Marine gebaut. Zunächst waren die Luftschiffe als Bomber und als Aufklärer wichtiger Bestandteil der Kriegsführung.

Ihr erstes Luftschiff erwarb die Kaiserliche Marine schon im Jahr 1912. Am 24. April wurde der Vertrag für »L 1« abgeschlossen und am 1. Juli in Fuhlsbüttel die Marine-Luftschiff-Abteilung (M.L.A.) aufgestellt, die im Oktober 1914 nach Nordholz verlegte. Zugleich begann bei der DELAG die Ausbildung des Marinepersonals. »L 1« war am 28. September 1912 fertiggestellt und hatte seine erste Fahrt am 7. Oktober 1912. Mit »L 2« folgte Mitte 1913 das zweite und letzte Luftschiff zu Friedenszeiten.

Im Krieg wurde, sowohl für das Heer wie auch für die Marine, die Entwicklung der Zeppelin-Militärluftschiffe stark vorangetrieben. Daneben kamen Prallluftschiffe des Typs Parseval und vor allem auch Starrluftschiffe vom

Typ Schütte-Lanz zum Einsatz. Diese waren zwar sehr innovativ, wovon auch die Zeppeline profitierten, aber aufgrund ihres hölzernen Gerippes in ihren Leistungen begrenzt. Erst gegen Ende des Krieges wurden auch sie, wie die Zeppeline, aus einem Gerüst aus Aluminium gebaut. Bis Kriegsende sind der Kaiserlichen Marine insgesamt 85 Luftschiffe zuzuordnen:

- 72 Luftschiffe Typ Zeppelin (»L 1« bis »L 72«)
- 9 Luftschiffe Typ Schütte-Lanz (»SL 3«, »SL 4«, »SL 6«, »SL 8«, »SL 9«, »SDL 12«, »SL 14«, »SL 20« und »SL 20 (II)«)
- 3 Luftschiffe Typ Parseval (»PL 6«, »PL 19« und »PL 25«)
- 1 Luftschiff Gross-Basenach (»M IV«)

Tatsächlich in Dienst gestellt wurden dagegen 76 Luftschiffe:

- 63 Luftschiffe Typ Zeppelin
- 9 Luftschiffe Typ Schütte-Lanz
- 3 Luftschiffe Typ Parseval
- 1 Luftschiff Typ Gross-Basenach

Die Zeppelin-Luftschiffe führten neben den Marinebezeichnungen noch die internen Zeppelin-Baunummer (Werksnummer) mit der Kennzeichnung »LZ« und einer laufenden Nummer, die jedoch nicht identisch mit der Marinenummer war, da in der Zeppelinzählung auch die für die DELAG und die für das Heer gebauten Luftschiffe enthalten sind.

Die Luftschiffe waren von unterschiedlicher Ausführung. Die einzelnen Typen hatten Kennungen aus Kleinbuchstaben. Sie wiesen – auch innerhalb der Typen und Baureihen - verschiedene technische Daten und verschiedene Leistungsdaten auf. Die in den operativen Einsätzen gemachten Erfahrungen flossen jeweils in die Bauausführungen der Nachfolgebauten ein. Bei der Vielzahl der Luftschiffe ist es aus Platzgründen nicht möglich detailliert auf diese Unterschiede einzugehen. Einige ausgewählte Beispiele sind in der Übersichtstabelle am Ende des Kapitels aufgelistet.

Die Marineluftschiffe waren mit Angriffs- und Abwehrwaffen ausgerüstet. Zu ersteren zählten Sprengbomben in den Gewichtskategorien von 50, 100 und 300 Kilogramm sowie 10 Kilogramm schwere Brandbomben. Zur eigenen Sicherheit waren in unterschiedlicher Anzahl nur Maschinengewehre im Kaliber von 7,9 Millimeter an Bord vorhanden. Diese wurden aber auch, wenn sich Gelegenheit dazu bot, für Angriffe auf Schiffe genutzt. Versuche auch Torpedos von Luftschiffen aus einzusetzen fanden statt. Brauchbare Ergebnisse konnten dabei allerdings nicht erzielt werden.

Das Luftschiff »L 2« bei der Landung. Foto: Archiv Autor

Das Luftschiff »L 10« ging am 3. September 1915 durch Blitzschlag verloren. Foto: Archiv Autor

Dass es nicht zu der erwarteten großen Seeschlacht zwischen der Kaiserlichen Marine und der Royal Navy in der Deutschen Bucht kam, sondern der englische Gegner im Ärmelkanal und in der Shetland-Norwegen-Enge eine Fernblockade aufbaute; war für die deutsche Admiralität die große Überraschung.

Infolgedessen kamen die Marineluftschiffe, die eigentlich als »Auge der Flotte« räumlich abgesetzt mit der Hochseeflotte operieren sollten, zunächst nur zu Aufklärungsaufgaben in Verwendung. Dabei sicherten sie die Deutsche Bucht, flogen bis zur englischen und norwegischen Küste und über der nördlichen Nordsee Aufklärung. Weiterhin überprüften sie auf ihren Fahrten die Ostseezugänge, hatten so manches Scharmützel mit englischen U-Booten und meldeten Minensperren. Auch vielfach kamen sie zur Sicherung von Minensuchverbänden zum Einsatz.

In England erkannte man schon sehr frühzeitig das Fähigkeitsspektrum der deutschen Luftschiffe und die durch sie ausgehende Gefahr. Bereits zu Weihnachten 1914 versuchte man mit von einem Flugzeugmutterschiff aus gestarteten Wasserflugzeugen den Luftschiffstützpunkt Nordholz anzugreifen, was aber total misslang.

Am 19. Januar 1915 waren erstmals Luftschiffe zum Bombenangriff gegen England aufgestiegen. Dabei griffen sie Plätze an der englischen Ostküste mit Brand- und Sprengbomben an. Drei Luftschiffe begleiteten als Fernsicherung die Hochseeflotte am 29. März und 17. April 1915 bei Flottenvorstößen. Das Luftschiff »L 9« flog am 15. April 1915 einen Angriff auf England. Dank seiner großen Reichweite von 3300 Kilometer konnte es mit seiner Bombenlast von 950 Kilogramm das Gebiet um den Tyne erreichen und bombardieren.

Das Luftschiff »L 12« landete beschädigt am 10. August 1915 bei Ostende und musste eingeschleppt werden. Foto: Archiv Autor

Luftschiff »L 50« auf dem Luftschiffstützpunkt Ahlhorn. Foto: Archiv Autor

Der weitere Kriegsverlauf mit Einsätzen von Luftschiffen sind im Internetlexikon Wikipedia zusammengefasst dargestellt. Daraus wird nachfolgend auszugsweise zitiert:

»Mit dem Aufkommen stärkerer Luftschiffe ab »L 10« wurden ab Anfang 1915 auch Bombenangriffe gegen entferntere Ziele, vor allem in Großbritannien durchgeführt. Besondere Bedeutung und hohen Überraschungseffekt hatte der erste Geschwaderangriff von den vier Zeppelinen »L 10«, »L 11«, »L 12« und »L 13« am 10. August 1915.

Angriffsfahrten, vor allem gegen England, wurden bereits seit Ende 1914 nur noch im Schutz der Dunkelheit durchgeführt. Damit zwang man die Gegner zur Weiterentwicklung der Flugabwehr und zum Einsatz von Suchscheinwerfern.

Bis zum Frühjahr 1917 bombardierten Heer und Marine gemeinsam Areale im Großbereich London. Die Bedrohung der Luftschiffe durch Jagdflugzeuge oder Flugabwehrgeschütze mit Brandmunition nahm im Frühjahr 1916 massiv zu. Da die Lebensdauer der Luftschiffe meist relativ kurz war, setzten sich Neuerungen auch schnell durch.

Ab 1916 konnten die neuen Zeppeline in größeren Höhen operieren, die sie zum Teil unfreiwillig weit über 7000 Meter führten. Mit zunehmender Flugabwehr wurden die Luftschiffangriffe immer riskanter. Sie banden aber auch zahlreiche Abwehrmittel (Flugzeuge, Flak, Scheinwerfer) des Gegners und entzogen sie damit der Front.

Besonders dramatisch war der Nachteinsatz vom 17. / 18. Oktober 1917. Von 17 gegen Mittag startenden Luftschiffen konnten zwei wegen starken Querwindes nicht aushallen, die übrigen 15 erreichten England, wo ein in großer Höhe einsetzender starker Nordsturm einen Teil der Schiffe nach Süden abtrieb und zum Rückmarsch über die gefährlichen Frontlinien in Frankreich zwang. Dabei wurde »L 44« brennend abgeschossen, »L 45« bis Südfrankreich abgetrieben und von seiner Besatzung zerstört, »L 49« von französischen Streitkräften bei der Landung erbeutet, »L 50« nach Abreißen der Gondel beim Aufschlag mannschaftslos über die Alpen ins Mittelmeer abgetrieben (Anm.d.Verf.: nach anderer Quelle nach Notlandung in Frankreich verbrannt) und das schwergetroffene »L 55« bei der Notlandung in Thüringen irreparabel beschädigt.

Neben den Kampfeinsätzen führten vor allem Unfälle und Fliegerangriffe zu Totalverlusten. Der gravierendste Vorfall geschah am 5. Januar 1918 in Ahlhorn, als bei Wartungsarbeiten in der Halle ein Luftschiff aus ungeklärter Ursache ausbrannte und damit das zweite in der Halle liegende Schiff zur Explosion brachte. Deren Heftigkeit erfasste die 800 Meter entfernt liegende weitere Halle mit drei Luftschiffen, die mit einer gewaltigen Detonation völlig zerstört wurden.

Ein von einem Trägerschiff gestarteter britischer Flugzeugangriff (Anm.d.Verf.: Flugzeugmutterschiff, Angriff am 19. Juli 1918) auf Tondern zerstörte die in der dortigen Halle liegenden »L 54« und »L 60«.

Am 5. August 1918 wurde nach einem Angriff auf London »L 70« abgeschossen. An Bord befand sich rein zufällig auch der Kommandeur der Marineluftschiffabteilung, Fregattenkapitän Peter Strasser. Nach Beendigung des Bombeneinsatzes hatte »L 70« sein Funkgerät zu intensiv genutzt. Es wurde eingepeilt und von einem britischen Jagdflugzeug abgeschossen.«
(https://de.wikipedia.org/wiki/Milit%C3%A4rluftschiff)

Ein weiterer bemerkenswerter Luftschiffeinsatz fand im November 1917 statt. Am 21. November 1917 startete in Jambol / Bulgarien das Luftschiff »L 59« mit einer Gesamtladung von rund 50 Tonnen an Versorgungsgüter für die Schutztruppen in Deutsch-Ostafrika unter General Lettow-Vorbeck. Die Fahrt musste jedoch abgebrochen werden als das Luftschiff sich schon weit über dem Sudan befand, weil sich zwischenzeitlich die militärische Lage dermaßen zu Ungunsten der Schutztruppe verändert hatte, dass eine Weiterfahrt nicht mehr zu rechtfertigen war und sinnlos erschien. »L 59« kehrte folglich um und flog zu seinem Ausgangsstützpunkt zurück.

Das Luftschiff »L 59« führte eine außergewöhnliche Fernreise bis nach Afrika durch. Nach Änderung der militärischen Ausgangslage kehrte das Luftschiff unverrichteter Dinge zu seinem Stützpunkt zurück. Foto: Harry Vissering

Das Linienschiff »Ostfriesland« wird von einem Marineluftschiff überflogen. Foto: Archiv Autor

Das Linienschiff »Grosser Kurfürst« in Begleitung eines Zeppelins. Foto: Archiv Autor

Zusammen mit »L 57« gehörte »L 59« sowie die letzten für die Marine gebauten Militärluftschiffe »L 71« und »L 72« zu den vier größten Luftschiffen des Ersten Weltkriegs. Sie galten als die effizientesten jemals gebauten Transportluftschiffe für weite Strecken, die auch Amerika hätten erreichen können. Eine Bombardierung von New York mit dem Luftschiff »L 70« wurde sogar seitens der M.L.A. im Juli 1918 vorgeschlagen, jedoch vom Chef der Hochseeflotte Admiral Reinhard Scheer abgelehnt. Die Vorlage soll nur die Bleistiftnotiz »R.S. nein« gehabt haben. Die vier genannten Marineluftschiffe stellten den Höhepunkt und gleichzeitig auch das Ende der militärischen Zeppeline dar.

Die Stationierung der deutschen Marineluftschiffe war auf verschiedene Stützpunkte verteilt. Dabei war Nordholz die größte Luftschiffbasis. Hier verfügte man unter anderem über eine drehbare Luftschiffhalle. Dies war bedeutsam, weil man damit beim Aushallen eines Luftschiffes relativ unabhängig von den vorherrschenden Windverhältnissen war. Neben Nordholz unterhielt die Marine Luftschiffstützpunkte in Tondern, Kiel-Holtenau, Cuxhaven, Hamburg-Fuhlsbüttel, Hage, Düren, Wittmundhaven, Ahlhorn und Wildeshausen sowie in Jambol / Bulgarien. Dies war der südlichste militärische Luftschiffhafen der deutschen Streitkräfte respektive der Kaiserlichen Marine.

Während des Ersten Weltkrieges führten die Luftschiffe in Nord- und Ostsee zahlreiche operative Einsätze durch und erlitten dabei 53 Verluste. Im Einzelnen:

	1914	1915	1916	1917	1918	Summe
Aufklärung Nordsee	48	297	253	242	131	971
Aufklärung Ostsee	10	53	30 M 29 H	42 M 56 H	0	220
Angriffe Nordsee	0	47	187	54	18	306
davon über England	0	27	111	28	11	177
Angriffe Ostsee	0	4	15	27	0	46
Verluste	0	10	16	16	11	53
Anmerkungen	M = Marineluftschiffe H = Heeresluftschiffe im Marineauftrag					

Den 76 tatsächlich in Dienst gestellten Marineluftschiffen kann folgendes Endschicksal zugeordnet werden:

- wegen Überalterung außer Dienst gestellt 9
- Verluste durch Naturgewalten und technisches Versagen 33
- Verluste durch Beschuss vom Boden 9 (*)
- Verluste durch Beschuss von Landflugzeuge 6 (*)
- Verluste durch Beschuss von Flugbooten 2 (*)

- Verluste durch Beschuss von Trägerflugzeugen 4 (*)
- durch die eigene Besatzung zerstört 6
- an die Siegermächte abgeliefert 7

Die 21 durch Feindeinwirkung (*) verloren gegangenen Luftschiffe entsprechen einer Verlustrate von 27,6 Prozent. Mit den 33 Verlusten durch Naturgewalten und technisches Versagen kommt man auf eine Gesamtverlustrate von 71,1 Prozent nicht mehr von ihrem Einsatz zurückgekehrter Marineluftschiffe. Zu berücksichtigen ist allerdings, dass hier auch die beiden Friedensverluste von »L 1« und »L 2« mit eingerechnet sind. Ohne diese beiden Luftschiffe kommt man auf 68,5 Prozent.

Das tragische Ende einer Reise.
Foto: Archiv Autor

Marineluftschiffe der Zeppelin-Bauserien (Auswahl)

Mar.-Nr.	Zep.-Nr.	Baujahr	Typ	Gasvol.	Länge	Ø	Leergew.	Nutzlast	Mot. leist.	Prop.	Geschw.	Reichw.	Gipfelh.	Bes.	Verbleib
				m^3	m	m	t	t	PS		km/h	km	m	Mann	
»L 1«	»LZ 14«	1912	h	22.740	158,00	14,90	17,90	8,20	495	4	76,0	2300		20	09.09.13, bei Helgoland im Sturm vernichtet
»L 2«	»LZ 18«	1913	i	27.000	158,00	16,60	20,25	11,10	660	4	75,5	2100		23	17.10.13 brennend abgestürzt
»L 3«	»LZ 24«	1914	m	22.470	158,00	14,90	16,90	9,20	630	4	84,0	2200	2800	16	17.02.15 bei Fanö gestrandet
»L 9«	»LZ 36«	1915	o	24.900	161,40	16,00	17,80	11,10	630	3	85,0	3300		16	16.09.16 in Fuhlsbüttel verbrannt
»L 12«	»LZ 43«	1915	p	31.900	163,50	18,70	21,14	15,86	840	4	96,0	4300	2800	18	10.08.15 bei Ostende gestrandet
»L 20«	»LZ 59«	1915	q	35.800	178,50	18,70	23,65	17,90	960	4	95,4	4300		16	03.05.16 bei Stavanger gestrandet
»L 31«	»LZ 72«	1916	r	55.200	198,00	23,90	35,74	28,26	1440	6	102,6	7400	3900	17	02.10.16 über London abgeschossen
»L 42«	»LZ 91«	1917	s	55.500	196,50	23,90	28,10	36,40	1200	5	99,7	10.400	5000	23	23.06.19 in Nordholz selbst zerstört
»L 45«	»LZ 85«	1917	r	55.200	198,00	23,90	32,93	31,07	1200	5	103,2	7400	3900	17	20.10.17 Notlandung in Frankreich
»L 50«	»LZ 89«	1917	r	55.200	198,00	23,90	32,03	31,97	1200	4	100,7	7400	3900	17	20.10.17 Notlandung in Frankreich
»L 53«	»LZ 100«	1917	v	56.000	196,50	23,90	24,49	40,51	1200	4	106,2	13.500	6500	19	11.08.18 in der Nordsee durch engl. Flugzeuge abgeschossen
»L 59«	»LZ 104«	1917	w	68.500	226,50	23,90	27,62	51,88	1200	4	103,0	16.000	6.600	22	07.04.18 über Otranto-Str. explodiert
»L 71«	»LZ 113«	1918	x	68.500	226,50	23,90	24,70	54,76	1470	6	117,0	12.000	6200	30	01.07.20 Probefahrt und Abgabe an England

3.2 Flugzeugmutterschiffe

Ab Kriegsbeginn schien es der Kaiserlichen Marine wünschenswert über einige flugzeugtragende Schiffe zu verfügen. Die als Flugzeugmutterschiffe bezeichneten Einheiten sollten, wie auch für die Luftschiffe vorgesehen, der Flotte folgen und mit ihren Flugzeugen als »Auge der Flotte« der Aufklärung dienen. Man wollte sich so Gewissheit über die Gegnerlage verschaffen, um mit den gewonnenen Erkenntnissen taktisch und operativ reagieren zu können.

Als geeignetes Mittel hierfür bot sich das Wasserflugzeug an. Es ließ sich mit den an Bord vorhandenen Ladebäumen auf das Wasser aussetzen und bei der Rückkehr, wenn es neben dem Schiff wasserte, auf gleiche Weise wieder an Bord nehmen. Von Nachteil bei diesem Verfahren war allerdings, dass das Schiff aufstoppen musste. Das kostete einerseits Zeit und anderseits war eine erhöhte Gefährdung, zum Beispiel durch gegnerische U-Boote, gegeben. Gleichwohl hat man dies in Kauf genommen, denn die Ausrüstung eines derartigen Flugzeugmutterschiffs bedingte lediglich an Deck herzurichtende Abstellplätze bzw. Hangars.

Mit den Flugzeugmutterschiffen erreichten die Seeflieger der Kaiserlichen Marine eine deutliche Vergrößerung ihrer Einsatzreichweite. Allerdings waren die hierzu umgebauten Handelsschiffe zu langsam, um in einem Flottenverband mitlaufen zu können. Ersatzweise wurden daher für die Schiffe andere Einsatzmöglichkeiten in Betracht gezogen, wie zum Beispiel Überwachungs- und Sicherungsaufgaben.

Mit dem Umbau von älteren Kleinen Kreuzern wollte man den Nachteil der geringen Geschwindigkeit ausgleichen. Doch die Maßnahme kam zu spät und hatte für den Kriegsverlauf keine weiteren Auswirkungen. Echte Flugzeugträger kamen indes über Planstudien nicht mehr hinaus. Erst die Kriegsmarine machte Jahre später diesen Schritt, ohne allerdings das begonnene Schiff, den Flugzeugträger »Graf Zeppelin«, zu vollenden.

Flugzeugmutterschiff »Answald«

Flugzeugmutterschiff »Answald«. Foto: Archiv Autor

Das erste Flugzeugmutterschiff der Kaiserlichen Marine war die »Answald«. Das Schiff lief am 25. September 1909 beim Bremer Vulkan in Vegesack unter diesem Namen vom Stapel. Eigner war die Hamburg-Bremer-Afrika-Linie, für die der mit 5401 BRT vermessene Frachtdampfer dann bis 1914 im Westafrika-Dienst im Einsatz war.

Für den Umbau zum Flugzeugmutterschiff wurde nach Kriegsausbruch die Kaiserliche Werft in Danzig beauftragt. Der Umfang der Arbeiten beschränkte sich im Wesentlichen auf die Errichtung von zwei Flugzeughangars an Oberdeck, in denen jeweils ein Wasserflugzeug geschützt untergebracht werden konnte. Im Jahre 1915 wurden diese Hangars nochmals vergrößert, sodass nun für die doppelte Anzahl von Flugzeugen Platz vorhanden war.

Für Reparatur- und Wartungszwecke wurden an Bord Werkstätten geschaffen sowie Räume für das flugtechnische Gerät hergerichtet. Das Aussetzen und Einnehmen der Flugzeuge erfolgten über die herkömmlichen Ladebäume des Schiffes. Bereits am 19. August 1914 stellte die »Answald« unter Beibehaltung ihres Namens und der zusätzlichen Kurzbezeichnung F.S. I für die Kaiserliche Marine als Flugzeugmutterschiff in Dienst.

Der Antrieb der »Answald« erfolgte über eine Vierzylinder-Doppelverbunddampfmaschine. Drei Kessel erzeugten für deren Betrieb einen Dampfdruck von 13,5 atü. An Bewaffnung erhielt das Schiff zwei Geschütze 8,8 cm SK L/35 eingerüstet, die am Bug und am Heck zur Aufstellung kamen.

Kurz nach der Indienststellung begannen auch schon die Erprobungen und Übungen mit dem Ein- und Aussetzen der Flugzeuge. Mit den vorhandenen Mitteln ein nicht ganz risikoloses Unterfangen, insbesondere bei Seegang und starken Winden. Des Weiteren war vorgesehen die »Answald« auch als Versorgungseinheit für Torpedoboote zu nutzen, was sich aber nicht bewährte. Auch die geringe Geschwindigkeit des Flugzeugmutterschiffs war für die Zusammenarbeit mit Flotteneinheiten nicht förderlich. Damit waren dem Schiff in seinem Einsatzspektrum Grenzen gesetzt. Für den Einsatz in der Nordsee wurde es als nur bedingt geeignet eingestuft.

Folglich verbrachte die »Answald« den Krieg in der Ostsee, wo ihre Flugzeuge zu Überwachungsaufgaben der Ostseezugänge und des dortigen Seeverkehrs eingesetzt wurden. Nach Kriegsende musste das Schiff an Großbritannien abgeliefert werden. Als »Vulcan City« kam es dort als ziviler Frachter wieder in Fahrt. Im Jahre 1933 wurde die ehemalige »Answald« abgebrochen und verschrottet.

Flugzeugmutterschiff »Santa Elena«

Anfang August 1914 übernahm die Kaiserliche Marine den Frachtdampfer »Santa Elena« (7415 BRT) der Hamburg-Südamerikanischen Dampfschiffahrts-Gesellschaft (Hamburg Süd), der am 16. November 1907 bei Blohm+Voss in Hamburg vom Stapel gelaufen war.

Auf der Kaiserlichen Werft in Danzig wurde das Schiff zum Flugzeugmutterschiff umgebaut. Die Ausrüstung entsprach derjenigen der »Answald«. Auch auf der »Santa Elena« wurden 1915 die Flugzeughangars für die Mitnahme von vier Flugzeugen vergrößert. Am 23. August 1914 stellte das Schiff unter Beibehaltung des Namens und der zusätzlichen Kurzbezeichnung F.S. II als Flugzeugmutterschiff für die Kaiserliche Marine offiziell in Dienst.

Die »Santa Elena« besaß eine Vierzylinder-vierfach-Expansionsdampfmaschine und drei Kessel mit einem Dampfdruck von 15 atü. Als Bewaffnung hatte sie achtern zwei Geschütze 8,8 cm SK L/30 eingerüstet.

Das Flugzeugmutterschiff »Santa Elena« kam in der östlichen Ostsee zum Einsatz. Seine Flugzeuge klärten den nördlichen Teil des Rigaischen Meerbusens auf, flogen Angriffe auf russische Seefliegerstationen und nahmen im Oktober 1917 am Unternehmen Albion (Besetzung der baltischen Inseln Ösel, Dagö und Moon) teil, wo sie wertvolle Aufklärungsergebnisse liefern konnten. Die spezielle Aufgabenstellung war bei dieser Operation für das Schiff wie folgt festgelegt:

- Flugstation für Seeaufklärung und Landerkundung
- Stützpunkt für Wasserflugzeuge
- Nachrichtenübermittler für den Kommandeur der Marineflieger beim Verband

Ende November 1917 verlegte die »Santa Elena« zur Unterstützung der dort stationierten »Answald« in die westliche Ostsee. Von Februar bis November 1918 kam das Flugzeugmutterschiff in der Nordsee zum Einsatz. Seine Flugzeuge flogen zur Sicherung der dort tätigen Minensuchverbände Aufklärung und sollten britische Aufklärungsflugzeuge an der Einsichtnahme der deutschen Minensuchtätigkeit hindern.

Nach dem Krieg musste die »Santa Elena« an die Siegermächte abgeliefert werden. In den Folgejahre blieb sie unter wechselnden Namen und verschiedenen Nationalitäten als Frachtdampfer in Fahrt. Im August 1944 wurde die ehemalige »Santa Elena« in Marseille als Blockschiff selbst versenkt. Das Schiff konnte 1945 gehoben werden. Danach folgten der Abbruch und die Verschrottung.

Flugzeugmutterschiff »Santa Elena«. Foto: Bibliothek für Zeitgeschichte

Flugzeugmutterschiff »Oswald«

Das Mittelschiff vom Flugzeugmutterschiff »Oswald« mit den beiden Flugzeughangars. Foto: Bibliothek für Zeitgeschichte

Das Flugzeugmutterschiff F.S. III »Oswald« war ursprünglich das als Prise aufgebrachte englische Frachtschiff »Oswestry« (3657 BRT). Es fiel daraufhin als Embargoschiff an die Kaiserliche Marine. Gebaut wurde die »Ostwestry« auf der Werft von J.L. Thompson and Sons in Sunderland, wo sie im November 1905 vom Stapel lief. Angetrieben wurde der Frachter von einer Dreizylinder-dreifach-Expansionsdampfmaschine. Zwei Kessel erzeugten einen Dampfdruck von 12,5 atü.

Die »Oswald« diente zunächst als Transport- und Lagerschiff. Im Herbst 1917 nahm sie als Transportschiff an dem Unternehmen Albion (Besetzung der baltischen Inseln Ösel, Dagö und Moon) teil.

Erst vom Februar bis Juli 1918 wurde das Schiff auf der Kaiserlichen Werft in Danzig zum Flugzeugmutterschiff umgebaut. Dabei erhielt es zwei Flugzeughangars zur Aufnahme von je zwei Flugzeugen. Außerdem wurden zwei Geschütze 8,8 cm SK L/45 eingerüstet, die am Bug und am Heck zur Aufstellung kamen.

Am 17. Juli 1918 stellte die Einheit als Flugzeugmutterschiff »Oswald« in Dienst und kam danach in der westlichen Ostsee zu Überwachungsaufgaben in Verwendung. Weiterhin erfolgten Einsätze im Kattegat als Sicherungs- und Geleitfahrzeug für eigene heimkehrende U-Boote.

Nach Kriegsende wurde die »Oswald« ex »Oswestry« an Großbritannien zurückgegeben. Im Jahre 1924 erfolgte ein Verkauf nach Japan. Das Schiff ging 1945 durch amerikanische Fliegerbomben verloren.

Flugzeugmutterschiff »Glyndwr«

Der Frachtdampfer »Craigronald« (2425 BRT) lief im Oktober 1904 bei A. Rodger Co. in Glasgow vom Stapel. Im Jahr 1911 an die Scarisbrick SS Co. Verkauft, erhielt der Frachter den Namen »Glyndwr«. Bei Kriegsausbruch lag das Schiff in Danzig. Es wurde beschlagnahmt und der Kaiserlichen Marine als Embargoschiff zugeteilt.

Schon im August erfolgte der Umbau zum Flugzeugmutterschiff. Flugzeughangars hat es dabei nicht erhalten. Die vier eingeschifften Flugzeuge standen ungeschützt im Freien auf den Lukendeckel der Laderäume. Das Aussetzen und Einnehmen der Flugzeuge wurde mit den herkömmlichen Ladebäumen des Schiffes durchgeführt. Die Indienststellung erfolgte unter Beibehaltung des Namens am 16. Dezember 1914. Eine FS-Kurzbezeichnung hat es dabei nicht erhalten.

Als Antrieb besaß die »Glyndwr« eine Dreizylinder-dreifach-Expansionsdampfmaschine. Zwei Kessel erzeugten einen Dampfdruck von 12,5 atü. An Bewaffnung war eine 3,7-cm-Maschinenkanone eingebaut. Am Bug und Heck standen zunächst je ein 5,2-cm-Geschütz. Später wurden diese Waffen durch Geschütze 10,5 cm SK L/40 ausgetauscht.

Nach ihrer Indienststellung fand die »Glyndwr« zunächst Verwendung bei der Pilotenausbildung, kam aber auch ab Frühjahr 1915 in der östlichen Ostsee zu Aufklärungsaufgaben und Bombenabwürfen im Bereich Libau zum Einsatz. Am 4. Juni 1915 lief das Schiff auf eine Mine und erhielt schwere Beschädigungen, was am 23. Juni 1915 die Außerdienststellung nach sich zog.

Die Marine wollte aber auf Dauer nicht auf das Schiff verzichten. Es wurde repariert und setzte am 16. Dezember 1915 erneut Flagge und Wimpel. Ab April 1916 kam die »Glyndwr« mit ihren Flugzeugen als Flugzeugmutterschiff in der westlichen Ostsee im Aufklärungsdienst wieder zum Einsatz. Dies währte bis zum September. Anschließend wurde das Schiff, wohl infolge seiner schweren Beschädigungen vom Vorjahr, nur noch im Sund als Lichtsperrschiff zum Scheinwerferdienst herangezogen.

Nach Kriegsende wurde die »Glyndwr« wieder an Großbritannien zurückgegeben und nahm nach einer Grundüberholung unter wechselnden Eignern wieder ihre Tätigkeit als Handelsschiff auf. Sie überstand auch den Zweiten Weltkrieg und wurde Mitte der 1950er Jahre abgebrochen.

Flugzeugmutterschiff »Glyndwr«. Foto: Bibliothek für Zeitgeschichte

Flugzeugmutterschiff »Stuttgart«

Mit den in Dienst gestellten Flugzeugmutterschiffen hatte die Kaiserliche Marine in den ersten Kriegsjahren ausreichend Erfahrung sammeln können. Diese umgebauten Handelsschiffe hatten jedoch einen entscheidenden Nachteil: Sie waren zu langsam, um in gemeinsamen Operationen mit einem Flottenverband verwendet werden zu können.

So kam Ende 1917 in der Flottenführung der Gedanke auf, ältere Kleine Kreuzer zu diesem Zweck umzubauen. Vorteile versprach man sich einerseits durch die Lösung des Geschwindigkeitsproblems und andererseits durch die Tatsache, dass ein Kleiner Kreuzer sich auch beim Zusammentreffen mit leichten gegnerischen Flotteneinheiten durchsetzen kann.

Die Wahl zum diesbezüglichen Umbau fiel auf die beiden Kleinen Kreuzer »Stuttgart« und »Stettin« der »Königsberg«-Klasse, wobei es nur noch zum Umbau der »Stuttgart« kam. Im Januar 1918 offiziell genehmigt, erfolgte dieser im Februar bis Mai 1918 auf der Kaiserlichen Werft in Wilhelmshaven.

Die »Stuttgart« erhielt dabei achtern eine Flugzeughalle aufgebaut, in der zwei Seeflugzeuge untergebracht werden konnten. Ein drittes Flugzeug konnte noch frei an Deck hinter der Halle abgestellt werden. Das Aussetzen und Einnehmen der Flugzeuge erfolgten seitwärts mit Hilfe von Ladebäumen. In Abhängigkeit vom Seegang und den Windverhältnissen gestaltete sich dies bei gestoppt liegendem Schiff zum Teil sehr umständlich und zeitaufwendig. Zudem war das Schiff in dieser Zeit für U-Bootangriffe gefährdet.

Der Antrieb des auf der Kaiserlichen Werft in Danzig gebauten Kleinen Kreuzers bestand aus in zwei Maschinenräumen aufgestellten Dreizylinder-dreifach-Expansionsdampfmaschinen, die aus elf Kesseln bei einem Dampfdruck von 16 atü ihre Energie erhielten. Der Vortrieb des Schiffes erfolgte über zwei Wellen. Damit erreichte das Schiff eine Geschwindigkeit von 23 Knoten.

Die Artillerie erfuhr beim Umbau eine Reduzierung auf vier Geschütze 10,5 cm SK L/40 und zwei Geschütze 8,8 cm Flak L/45, damit Platz für die Flugzeughalle gewonnen werden konnte.

Der Kleine Kreuzer »Stuttgart« war am 1. Februar 1908 in Dienst gestellt worden. Nach vorübergehender Außerdienststellung war er wieder ab 1909 als Artillerieschulschiff im Einsatz und in Zweitfunktion auch am normalen Flottengeschehen beteiligt. Nach Kriegsausbruch kam das Schiff in der Nord- und Ostsee zum Einsatz. Die

Der Kleine Kreuzer »Stuttgart« in seinem Aussehen als Flugzeugmutterschiff. Foto: Archiv Autor

Skagerrakschlacht überstand es ohne Ausfälle und ging Ende 1916 wieder außer Dienst. Wie sich mittlerweile im Kriegsgeschehen mehrfach gezeigt hatte, konnten die älteren Schiffe den Anforderungen des Frontdienstes nicht mehr in vollem Umfang gerecht werden.

Nach dem Umbau zum Flugzeugmutterschiff setzte die »Stuttgart« am 16. Mai 1918 erneut Flagge und Wimpel. Sie übernahm nun in der Nordsee unter dem Kommando der Aufklärungsstreitkräfte die Sicherung von Minensuchbooten.

Am 17. Dezember 1918 stellte das Flugzeugmutterschiff »Stuttgart« endgültig außer Dienst. Es wurde am 5. November 1919 aus der Liste der Kriegsschiffe gestrichen und musste am 20. Juli 1920 als Kriegsbeute an Großbritannien abgeliefert werden. Dort wurde es anschließend verschrottet.

Flugzeugmutterschiff-Projekt »Roon«

Die mit der »Stuttgart« gemachten Erfahrungen zeigten allerdings auch, dass ein Kleiner Kreuzer nicht die optimale Lösung für ein Flugzeugmutterschiff im gewünschten Sinne darstellte. Als Alternative wurde im August 1918 geprüft, den betagten, schon am 5. April 1906 in Dienst gestellten und 10.266 Tonnen verdrängenden Großen Kreuzer »Roon« hierfür auf der Kaiserlichen Werft in Kiel umzubauen. Mindestens je vier größere und kleinere Flugzeuge sollten auf dem 21 Knoten schnellen Schiff untergebracht werden.

Diese Überlegungen fanden aber ein schnelles Ende, denn die Auslastung der Werft ließ erst für den Anfang des Jahres 1919 einen Umbaubeginn zu. Außerdem wurde die »Roon« dringend als Versuchs- und Ausbildungsschiff benötigt, Funktionen, die der Große Kreuzer schon seit November 1916 innehatte. Das Kriegssende machte solche Überlegungen dann ohnehin überflüssig.

Hilfskreuzer »Wolf«

Hilfskreuzer »Wolf«. Foto: Bibliothek für Zeitgeschichte

Der am 8. März 1913 bei der Flensburger Schiffbau-Gesellschaft vom Stapel gelaufene Frachter »Wachtfels« der Bremer DDG Hansa wurde nach Kriegsbeginn bei der Kaiserlichen Werft in Wilhelmshaven zum Hilfskriegsschiff umgerüstet. Am 16. Mai 1916 stellte das Schiff als »Jupiter« in Dienst, um in den folgenden Monaten für U-Bootschleppversuche und andere Hilfsschiffsaufgaben in der Ostsee verwendet zu werden.

Doch es kam dann ganz anders. Nach weiteren Umbauten und Ergänzung der Bewaffnung (7 x 15-cm- und 3 x 5,2-cm-Geschütze, 4 x 50-cm-Torpedorohre, 465 Minen) erhielt am 29. November 1916 das Hilfsschiff »Jupiter« nun zum Hilfskreuzer umklassifiziert den Namen »Wolf«.

Der Hilfskreuzer »Wolf« war ein damals typischer Drei-Insel-Frachter mit vier Luken und einer Vermessung von 5809 BRT. Der Antrieb erfolgte über eine Dreizylinderdreifach-Expansionsdampfmaschine mit 2800 PS Leistung, die dem Schiff eine Geschwindigkeit von 10,5 Knoten verlieh. Drei Kessel erzeugten einen Dampfdruck von 13 atü.

Am 30. November trat die »Wolf« von Kiel aus ihre Ausreise zur Handelskriegführung an. Über den Kleinen

Belt, das Skagerrak und die Dänemark-Straße erreichte das Schiff mit seinen 347 Mann Besatzung am 10. Dezember 1916 unbehelligt den Atlantik. Erst am 24. Februar 1918 sollte das Schiff wieder in Kiel einlaufen.

Mit 452 Seetagen hat der Hilfskreuzer »Wolf« den längsten Hilfskreuzereinsatz im Ersten Weltkrieg durchgeführt und während dieser Zeit im Atlantischen, Indischen und Pazifischen Ozean rund 64.000 Seemeilen zurückgelegt. Auf seiner Fahrt hat er 14 Schiffe mit zusammen 38.391 BRT aufgebracht. Auf den gelegten Minenfeldern sind 13 weitere Frachter mit zusammen 75.888 BRT verloren gegangen. Außerdem mussten fünf nach Minentreffern beschädigte Frachtschiffe mit zusammen 34.587 BRT eingeschleppt werden.

Der Hilfskreuzer »Wolf« war im Sinne der Definition und des Einsatzprofils absolut kein Flugzeugmutterschiff, aber in der Marinegeschichte das erste Kriegsschiff, das für eigene operative Zwecke ein Bordflugzeug mit sich führte. Das Flugzeug konnte bei Bedarf auseinandergenommen und im Laderaum verstaut werden. Das Aus- und Einsetzen des Schwimmerflugzeugs erfolgte mit dem Ladebaum.

Die Friedrichshafen FF 33 E, so dessen Typbezeichnung, war ein ab 1914 gebautes deutsches Militärflugzeug der Flugzeugbau Friedrichshafen. Der Doppeldecker mit zwei Schwimmern hatte eine Länge von 10,45 Meter und eine Spannweite von 16,75 Meter. Das Leergewicht betrug 982 Kilogramm und die Zuladung nochmals 554 Kilogramm. Die maximale Reichweite wird mit 450 Kilometer angegeben. Mit einem 150 PS Motor erreichte das Flugzeug eine Geschwindigkeit von 121 Stundenkilometer. Während der Einsatzfahrt leistete das Flugzeug, das den Namen »Wölfchen« erhielt, wertvolle Dienste bei der Seeraumaufklärung, indem es gegnerische Schiffe hinter der Horizontlinie ausfindig machte und so zum Erfolg des Hilfskreuzers wesentlich beitrug.

Das Bordflugzeug »Wölfchen« des Hilfskreuzer »Wolf« wird zum Start klar gemacht. Foto: Archiv Autor

Flugzeugmutterschiffe der Royal Navy

Zu Beginn des Ersten Weltkriegs besaß die Royal Navy mit dem veralteten und umgebauten Panzerkreuzer »Hermes« ein einziges Schiff, von dem aus Seeflugzeuge eingesetzt werden konnten. Doch bereits am 30. Oktober 1914 wurde dieses Flugzeugmutterschiff im Ärmelkanal von »U 27« (Kapitänleutnant Bernd Wegener) versenkt.

Bereits im August 1914 wurden die drei Kanalfähren »Engadine«, »Riviera« und »Empress« zu Transportern für Seeflugzeuge umgebaut. Mit ihrer Geschwindigkeit von 21 Knoten konnten sie mit der Flotte mithalten. Ende 1914 wollte die Royal Navy die Zeppelinbasis in Nordholz angreifen. Die mit von diesen Schiffen ins Einsatzgebiet gebrachten Seeflugzeug konnten den Auftrag jedoch nicht durchführen. Der versuchte Angriff wurde zum Misserfolg.

Als direkter Ersatz für die versenkte »Hermes« diente ein 1913 eigentlich als Frachter begonnenes Schiff, das als Träger für Wasserflugzeuge fertiggestellt und am 10. Dezember 1914 als »Ark Royal« mit einem 40 Meter langen Flugdeck in Dienst gestellt wurde. Einsatzbereit war das Schiff aber erst 1915. Es wurde im östlichen Mittelmeer beim Dardanellen-Feldzug eingesetzt. Die »Ark Royal« fungierte dabei als einfaches Transportschiff für Seeflugzeuge, die zum Start ausgesetzt werden mussten. Die Flugzeuge konnten aber bei der Operation in den Dardanellen nur begrenzte Erfolge erzielen.

Im Laufe von 1915 kamen zahlreiche weitere umgebaute Handelsschiffe als Seeflugzeugträger in Dienst. Die englische Marine nannte ihre ersten derartigen Schiffe »Parent Ship for Seaplanes« (Mutterschiff für Seeflugzeuge) oder auch »Seaplane Carrier« (Seeflugzeugträger). Mit dem

Flugzeugmutterschiff »Ark Royal«. Foto: US National Archives and Records Administration

Flugzeugmutterschiffe »Ben-my-Chree«. Foto: Bibliothek für Zeitgeschichte

Flugzeugmutterschiff »Empress«. Foto: Bibliothek für Zeitgeschichte

Flugzeugmutterschiff »Pegasus«. Foto: Bibliothek für Zeitgeschichte

Schiff als Trägerplattform für Flugzeuge wollte man vor allen Dingen näher an die deutschen Zeppelinflugplätze herankommen bzw. die in ihrem Flugverhalten doch recht trägen Zeppeline schon über der Nordsee bei ihrem Anflug mit den wendigeren Seeflugzeugen bekämpfen. Darüber hinaus sollten die Flugzeugmutterschiffe mit ihren Flugzeugen die Funktion einer schnellen und weit reichenden Aufklärungskomponente für die Flotte erfüllen.

In der Skagerrakschlacht wurde erstmals mit der »Engadine« in einer großen Seeschlacht ein Seeflugzeugträger eingesetzt, um mit seinen Flugzeugen die Sichtweite der Schlachtflotte zu vergrößern und aufzuklären. Die Flugzeuge der »Engadine« waren extra hierfür mit einem Funkgerät ausgerüstet worden. Tatsächlich meldeten sie auch, dass sie deutsche Schlachtkreuzer und fünf Torpedoboote ausgemacht hätten. Das waren Einheiten der Aufklärungsgruppe von Admiral Hippers Schlachtkreuzern. Dies war das erste Mal in der Marinegeschichte, dass eine feindliche Flotte durch ein Flugzeug aufgeklärt wurde.

Alle englischen Flugzeugmutterschiffe und ihre Unternehmungen näher zu behandeln, würde in diesem Buch den zur Verfügung stehende Platz bei weiten überschreiten. Um wenigstens einen kleinen Eindruck von diesen Schiffen zu geben, werden in einer Tabelle am Ende des Kapitelabschnitte die technischen Daten von drei ausgewählten Beispielen aufgelistet. An Hand dieser Daten und den Abbildungen kann man durchaus die Leistungsfähigkeit dieser Schiffe ableiten. Allerdings waren sie bezüglich ihrer Einsatzfähigkeit extrem abhängig von den vorherrschenden Witterungs-, Wind- und Seegangsbedingungen.

Den eigentlichen Sprung zu einem Flugzeugträger von dem aus Flugzeugen starten wie auch landen konnten, schaffte die Royal Navy trotz intensiver Erprobungen mit hierzu umgebauten Schiffen aber erst nach Ende des Krieges. Der Flugzeugträger »Hermes« wurde im Januar 1918 auf Kiel gelegt, lief aber erst im September 1919 vom Stapel. Die »Eagle«, ursprünglich von Chile als Schlachtschiff »Almirante Cochrane« bestellt und im Dezember 1913 auf Kiel gelegt, wurde von Großbritannien übernommen und ab Anfang 1918 zu einem Flugzeugträger umgebaut. Die Fertigstellung als solche zog sich bis in das Jahr 1924 hin. Dann ging die Entwicklung jedoch schnell voran. Im Zweiten Weltkrieg besaß die Royal Navy eine schlagkräftige Flotte an Flugzeugträgern.

Flugzeugmutterschiffe Frankreich, Italien und Japan

Die Kaiserliche Marine und die Royal Navy waren nicht die einzigen Seestreitkräfte, die Flugzeugmutterschiffe in den Bestand ihrer Flotte einführten. Auch in Frankreich, Italien und Japan wurden Schiffe für solche Zwecke umgebaut, ausgerüstet und dann im Krieg eingesetzt.

Die französische Marine unterhielt mehrere Flugzeugmutterschiffe. Mit der »Foudre« kam das weltweit erste Schiff, das für den Einsatz von Flugzeugen verwendet wurde, in Dienst. Die »Foudre« wurde 1896 als Versorgungsschiff für Torpedoboote gebaut und 1912 zum Depotschiff für Seeflugzeuge umfunktioniert. Die französische Marine designierte das Schiff 1913 als »croiseur porte-avion« (Flugzeugträgerkreuzer).

Nach Kriegsausbruch plante Italien ebenfalls ein Flugzeugmutterschiff für seine Flotte. Man kaufte zu diesem Zweck im Februar 1915 das Frachtschiff »Quarto« und ließ es entsprechend umbauen. Am 6. Oktober 1915 wurde das nunmehrige Flugzeugmutterschiff als »Europa« für die italienische Marine in Dienst gestellt.

Das japanische Flugzeugmutterschiff »Wakamiya« war ursprünglich der russische Frachter »Lethington«. Das Schiff wurde während des Russisch-Japanischen Krieges auf einer Reise von Cardiff nach Wladiwostok aufgebracht und von der japanischen Regierung beschlagnahmt. Im Jahr 1913 übernahm die Kaiserliche Japanische Marine das Schiff als »Wakamiya«. Es wurde zu einem Flugzeugmutterschiff umgebaut und als solches im August 1914 in Dienst gestellt. Im September 1914 kam es in den Kämpfen um Tsingtau schon zum ersten Einsatz. Flugzeuge der »Wakamiya« griffen dabei am 6. September 1914 den im Hafen liegenden österreichischen Kreuzer »Kaiserin Elisabeth« und das dort ebenfalls liegende deutsche Kanonenboot »Jaguar« mit Bomben an. Beide Schiffe wurden jedoch nicht getroffen. Dies war aber sozusagen der weltweite erste Angriff von schiffsgestützten Flugzeugen auf militärische Ziele.

Flugzeugmutterschiff »Foudre«. Foto: Marine Nationale

Flugzeugmutterschiff »Europa«. Foto: Marcello Risolo

Flugzeugmutterschiff »Wakamiya«. Foto: Japanische Marine

Flugzeugmutterschiffe, Deutschland					
Name	»Answald«	»Santa Elena«	»Oswald«	»Glyndwr«	»Stuttgart«
Verdrängung (max) (t)	13.200	13.900	7640	6000	4002
Länge x Breite x Tiefgang (m)	133,60 x 16,58 x 7,80	137,30 x 16,66 x 7,02	112,50 x 15,24 x 7,48	100,70 x 13,35 x 5,80	117,40 x 13,30 x 5,40
Besatzungsstärke	107	122	95	91	322
Antrieb	1 x Dampfmaschine	1 x Dampfmaschine	1 x Dampfmaschine	1 x Dampfmaschine	2 x Dampfmaschine
Antriebsleistung (PS)	1 x 2650	1 x 2800	1 x 2200	1 x 1600	2 x 6600
Geschwindigkeit (kn)	11,0	11,5	10,0	10,0	23,0
Artillerie (cm)	2 x 8,8	2 x 8,8	2 x 8,8	2 x 5,2, später: 2 x 10,5	4 x 10,5 / 2 x 8,8
Flugzeuge	4	4	4	4	3

Flugzeugmutterschiffe, England					
Name	»Ark Royal«	»Ben-my-Chree«	»Empress«	»Engadine«	»Pegasus«
Verdrängung (max) (t)	7450	3888	1721	2250	3300
Länge x Breite x Tiefgang (m)	111,56 x 15,24 x 5,49	117,96 x 14,33 x 4,57	98,45 x 12,50 x 4,57	96,32 x 12,50 x 4,16	101,19 x 13,11 x 4,57
Besatzungsstärke	180	250	200	197	258
Antrieb	1 x Dampfmaschine	3 x Dampfturbine	3 x Dampfturbine	3 x Dampfturbine	2 x Dampfturbine
Antriebsleistung (PS)	3000	14.500	11.000	13.000	9700
Geschwindigkeit (kn)	11,0	24,5	18,0	21,5	20,3
Artillerie (cm)	4 x 12 pdr	4 x 12 pdr / 2 x 3 pdr	4 x 12 pdr / 2 x 3 pdr	4 x 12 pdr / 2 x 3 pdr	2 x 12 pdr / 1 x 12 pdr AA
Flugzeuge	8	6	4	4	9

Flugzeugmutterschiffe, Frankreich, Italien und Japan			
Name	»Foudre«	»Europa«	»Wakamiya«
Nation	Frankreich	Italien	Japan
Verdrängung (t)	5971	8800	7720
Länge x Breite x Tiefgang (m)	118,57 x 20,12 x 7,16	123,44 x 14,02 x 5,84	111,25 x 14,68 x 5,79
Besatzungsstärke	430	250	234
Antrieb	2 x Dampfmaschine	1 x Dampfmaschine	1 x Dampfmaschine
Antriebsleistung (PS)	11.800	2300	1600
Geschwindigkeit (kn)	19,0	12,0	9,5
Artillerie (cm)	8 x 10 / 4 x 6,5	2 x 7,6	2 x 7,9 / 2 x 4,7
Flugzeuge	8	8	4

Kapitel 4

ÜBERWASSERWAFEN

4.1 Leichte Artillerie, Deutschland

8,8-cm-Geschütze

Die 8,8-cm-Geschütze waren in großer Stückzahl auf allen Großkampfschiffen der Kaiserlichen Marine als Leichte Artillerie zur Abwehr von Torpedobooten eingerüstet. Vor allen Dingen nachts konnten diese schnellen aber artilleristisch nur schwach bewaffneten Torpedoträger, die sich im Feuerlee der eigenen Linienschiffe aufhielten, mit einem ausfallartigen Durchbruch durch die Linie mit ihrer Torpedobewaffnung zu einer ernsten Gefahr für die Großkampfschiffe werden. Ein Torpedotreffer im nur schwach gepanzerten oder sogar ungepanzerten Unterwasserschiff konnte fatale Folgen haben. Auf zahlreichen kleineren Einheiten, wie zum Beispiel auf den Torpedobooten selbst und auf Minensuchbooten, bildeten 8,8-cm-Geschütze in der Regel die Hauptbewaffnung der Artillerie. In modifizierter Version kamen sie auch auf U-Booten zur Einrüstung. Gegen Kriegsende fanden 8,8-cm-Geschütze in der Flugabwehr eine weitere Verwendung.

Auf den Minensuchbooten der Kaiserlichen Marine waren 8,8-cm-Geschütze die artilleristische Hauptbewaffnung Foto: Bibliothek für Zeitgeschichte

Das Geschützmodell **8,8 cm SK L/30** war auf den acht noch aus den 1890er Jahren stammenden Küstenpanzerschiffen der »Siegfried«-Klasse eingerüstet. Auch die Linienschiffe der nachfolgenden und ab 1893 nacheinander in Dienst stellenden »Brandenburg«-, »Kaiser Friedrich III«- und »Wittelsbach«-Klasse führten diese Schnellladekanonen ebenso wie die älteren Großen Kreuzer. Die Geschütze waren in Kasemattenanordnung eingerüstet. Im Bereich der Aufbauten standen sie als Einzellafette mit Schutzschild. Im Ersten Weltkrieg fanden diese als technisch veraltet anzusehenden Geschütze vielfach noch Verwendung auf Hilfsschiffen.

Zum Eigenschutz waren auf den Torpedobooten der Kaiserlichen Marine 8,8-cm-Geschütze eingerüstet.

Auf den ab dem Jahr 1904 zulaufenden Linienschiffen der »Braunschweig«-Klasse und der zeitlich darauffolgenden »Deutschland«-Klasse sowie auf den neueren Großen Kreuzer kam das Modell **8,8 cm SK L/35** zum Einbau. Es hatte eine deutlich höhere Schussweite. Die Aufstellung erfolgte im Bug- und Heckbereich in Kasematten unterhalb der Hauptdecksebene sowie mit Schutzschild versehen in den Aufbauten als Einzellafette.

Auf diesem Bildausschnitt vom Linienschiff »Prinzregent Luitpold« sind oben zwei Geschütze 8,8 cm SK L/45 und unten ein Geschütz 15 cm SK L/45 zu sehen.

Die Geschütze **8,8 cm SK L/45** hatten nochmals eine größere Schussweite. Sie kamen ab 1909 auf den Linienschiffen der »Nassau«-Klasse und deren Folgebauten sowie auf den ebenfalls in diesem Zeitraum gebauten Schlachtkreuzern und dem Großen Kreuzer »Blücher« zur Einrüstung. Auch hier wieder im Bug- und Heckbereich unterhalb der Hauptdecksebene in Kasemattenaufstellung und in den Aufbauten als Einzellafette mit Schutzschild.

Bezeichnung	8,8 cm SK L/30	8,8 cm SK L/35	8,8 cm SK L/45	8,8 cm Flak L/45
Kaliber (mm)	88	88	88	88
Rohrlänge (m)	L/30 / 2,64	L/35 / 3,08	L/45 / 3,96	L/45 / 3,96
Rohrgewicht (t)	1,63	2,04	2,50	2,50
Geschossgewicht (kg)	15,60	9,05	9,50	9,50
v_0 (m / sec)	670	770	890	890
Schussweite (km)	7,3	9,1	10,2	11,8
Kadenz (Sch / min)	10	10	10	15

Während des Krieges wurden auf den moderneren Einheiten teilweise 8,8-cm-Geschütze in der bisherigen Funktion ausgebaut. Dafür erfolgte eine neue Aufstellung zur Flugabwehr. Dieses Geschützmodell **8,8 cm Flak L/45**, auch als Ballonabwehrgeschütz bezeichnet, hatten eine Kadenz von 15 Schuss pro Minute und eine Schussweite von 11.800 Meter.

4.2 Mittelartillerie, Deutschland

10,5-cm-Geschütze

Auf den jüngeren Kleinen Kreuzern, die ab Ende der 1890er Jahre zuliefen, kam das Geschützmodell **10,5 cm SK L/40** zur Einrüstung. Geborgene Geschütze des Kleinen Kreuzers »Königsberg«, der ab Ende Oktober 1914 von britischen Seestreitkräften im Rufiji-Delta blockiert wurde und sich nach Beschuss im Juli 1915 selbst versenkte, kamen bei der Schutztruppe in Deutsch-Ostafrika unter General von Lettow-Vorbeck auf selbst gebauten Radlafetten im Landkampf zum Einsatz. Eines dieser Geschütze erhielt auch der im deutschen Kolonialgebiet auf dem Tanganjikasee fahrende Dampfer »Goetzen«, der als Hilfskriegsschiff mit der Schutztruppe zusammen operieren sollte. Das Schiff ist übrigens noch heute unter dem Namen »Liemba« auf dem Tanganjikasee als Passagier- und Frachtschiff unterwegs.

Bezeichnung	10,5 cm SK L/40	10,5 cm SK L/45
Kaliber (mm)	105	105
Rohrlänge (m)	L/40 / 4,200	L/45 / 4,725
Rohrgewicht (t)	1,555	1,755
Geschossgewicht (kg)	16,00	16,00
v_0 (m / sec)	840	890
Schussweite (km)	12,2	12,7
Kadenz (Sch / min)	15	15

Die Neubauten an Kleinen Kreuzern unmittelbar vor und während des Ersten Weltkriegs erhielten das weiterentwi-

Ein Geschütz 10,5 cm SK L/40 des Kleinen Kreuzers »Emden« ist in Australien im Hyde Park von Sydney aufgestellt. Foto: Bukvoed / CC-BY-SA 3.0

Ein Geschütz 10,5 cm SK L/40 des Kleinen Kreuzers »Königsberg« wurde auf dem zum Hilfskriegsschiff ausgerüsteten und auf dem Tanganjikasee eingesetzten Dampfer »Goetzen« als Bewaffnung eingebaut. Das Bild zeigt vermutlich ein Geschützexerzieren der Bedienungsmannschaften. Foto: Archiv Autor

Die U-Bootvariante des Geschützes 10,5 cm SK L /45. Foto: Archiv Autor

Ein Geschütz 10,5 cm SK L/ 45-auf dem Torpedoboot »B 111«. Foto: Archiv Autor

ckelte Geschütz **10,5 cm SK L/45** eingerüstet. Diese Waffe kam auch auf U-Booten ab etwa 1916 in Verwendung sowie auf einigen während des Krieges gebauter Klassen von Torpedobooten und Minensuchbooten. Diese etwas stärkere Artillerie sollte es den Booten ermöglichen die feindliche Abwehr besser durchbrechen zu können.

Eines der beiden auf »U 155«, dem ehemaligen Handels-U-Boot »Deutschland«, nach dem Umbau eingerüsteten Geschütze 15 cm SK L/40. Foto: Archiv Autor

In Bildmitte ist der vordere seitliche Steuerbord Zwillingsturm der Schweren Artillerie mit den Geschützen 30,5 cm SK L/50 des Linienschiffes »Ostfriesland« zu sehen. Darunter zwei Geschütze 15 cm SK L/45 der Mittelartillerie als Einzellafette in Kasemattenaufstellung. Foto: Archiv Autor

15-cm-Geschütze

Das Geschütz **15 cm SK L/40** war als Mittelartillerie auf den Linienschiffen der »Kaiser Friedrich III«- und »Wittelsbach«-Klasse sowie auf den um die Jahrhundertwende gebauten und in Dienst gestellten Großen Kreuzern eingebaut. Die Aufstellung erfolgte sowohl in Türmen wie auch in Kasematten.

Während des Krieges wurden die Geschütze auch auf den großen U-Booten eingerüstet. Des Weiteren kamen die Geschütze auch als Export nach Österreich-Ungarn und fanden auf einigen Schiffen der k.u.k. Marine Verwendung. Auch das Heer nutzte aus Marinebeständen überzählige Geschütze in Radlafetten.

Ab den Linienschiffen der »Nassau«-Klasse kamen die Geschütze **15 cm SK L/45** in Gebrauch. Weiterhin wurde das Geschütz auf dem Großen Kreuzer »Blücher« und den ihm nachfolgenden Schlachtkreuzern eingerüstet. Für den bis zum Kriegsende nicht mehr fertiggestellten Schlachtkreuzer »Mackensen« und seinen geplanten Schwesterschiffen war das Geschütz ebenfalls vorgesehen.

Ab Mitte des Krieges kamen Geschütze 15 cm SK L/45 auch auf den großen U-Booten und den großen Torpedobooten zur Einrüstung. Auf den Kanälen Frankreichs nutzte das Heer diese auf Prähmen aufgestellten 15-cm-Geschütze als Wechselstellungen sowie als Eisenbahngeschütze. In der Reichs- und Kriegsmarine fand das Geschützmodell erneute Verwendung auf dem ersten Kreuzerneubau »Emden« sowie als Artilleriebewaffnung auf den Hilfskreuzern.

Bezeichnung	15 cm SK L/40	15 cm SK L/45
Kaliber (mm)	150	150
Rohrlänge (m)	L/40 / 6,00	L/45 / 6,75
Rohrgewicht (t)	4,46	5,02
Geschossgewicht (kg)	46	46
v_0 (m / sec)	840	898
Schussweite (km)	13,7	16,8
Kadenz (Sch / min)	7	7

Die Luftaufnahme des Linienschiffes »Baden« macht die Anordnung der Schweren Artillerie (38 cm SK L/45) und der Mittelartillerie (15 cm SK L/45) deutlich. Foto: Bundesarchiv / Bild 183-R17062 / CCBY-SA 3.0

4.3 Schwere Artillerie, Deutschland

21-cm-Geschütze

Auf den nach der Jahrhundertwende ab 1904 in Dienst gestellten Großen Kreuzern der Kaiserlichen Marine war als Hauptartillerie das Kaliber 21 Zentimeter eingerüstet. Hatten »Prinz Adalbert«, »Friedrich Carl«, »Roon« und »Yorck« noch vier Geschütze **21 cm SK L/40** in zwei Zwillingstürmen, je einer vorne und achtern, so kamen auf »Scharnhorst« und »Gneisenau« noch beidseitig im Bereich der Schornsteine noch je zwei Einzeltürme in Kasemattenaufstellung hinzu. Die Rohranzahl erhöhte sich somit auf acht Rohre.

Die Türme waren unterschiedlich stark an der Front und an der Decke gepanzert. Hatten die ersten vier genannten Schiffe lediglich Stärken von 150 und 30 Millimeter aufzuweisen, so waren bei »Scharnhorst« und »Gneisenau« eine Panzerung von 170 und 30 Millimeter vorhanden.

Der Große Kreuzer »Blücher«, als letzter gebaut und 1909 in Dienst gestellt, besaß insgesamt zwölf Geschütze **21 cm SK L/45** in sechs Zwillingstürmen. Diese waren vorne und achtern sowie paarweise vor und hinter dem zweiten Schornstein platziert. Die Front- und Deckenpanzerung der Türme betrug 180 und 80 Millimeter.

Bezeichnung	21 cm SK L/40	21 cm SK L/45
Kaliber (mm)	210	210
Rohrlänge (m)	L/ 40 / 8,40	L/45 / 9,45
Rohrgewicht (t)	12,33	13,90
Geschossgewicht (kg)	125	125
v_0 (m / sec)	840	890
Schussweite (km)	16,3	19,1
Kadenz (Sch / min)	3	3
Höhenrichtbereich (°)	-5 bis +30	-5 bis +30

Der achtere Zwillingsturm mit den Geschützen 21 cm SK L/40 des Großen Kreuzers »Scharnhorst«. Foto: Archiv Autor

Die »Blücher« ging schon im Januar 1915 in der Schlacht an der Doggerbank verloren. Eingelagerte Reserverohre kamen als 21 cm SK L/45 Peter Adalbert wiederum im Landkrieg beim Heer als Eisenbahngeschütze zum Einsatz. Sie sollen in der Schlacht um Verdun eingesetzt worden sein.

28-cm-Geschütze

Auf den Linienschiffen der »Nassau«-Klasse waren sechs Zwillingstürme mit Geschützen **28 cm SK L/45** vorhanden. Je vorn und achtern einer und in der Schiffsmitte beidseitig zwei. Ihre Front- und Deckenpanzerung betrug 220 und 60 Millimeter. Ebenso kamen diese Geschütze auf dem Schlachtkreuzer »Von der Tann« mit vier Zwillingstürme zur Einrüstung.

Die Schlachtkreuzer »Goeben« und »Moltke« erhielten mit den Geschützen **28 cm SK L/50** die modernste Variante der 28-cm-Geschütze. Jeweils fünf Zwillingstürme waren vorne (1), in der Schiffsmitte (2) und achtern (2) an Bord vorhanden. Auch der Schlachtkreuzer »Seydlitz« erhielt fünf dieser Geschütze eingerüstet. Erstmalig wurden hier zwei Türme unmittelbar hintereinanderstehend

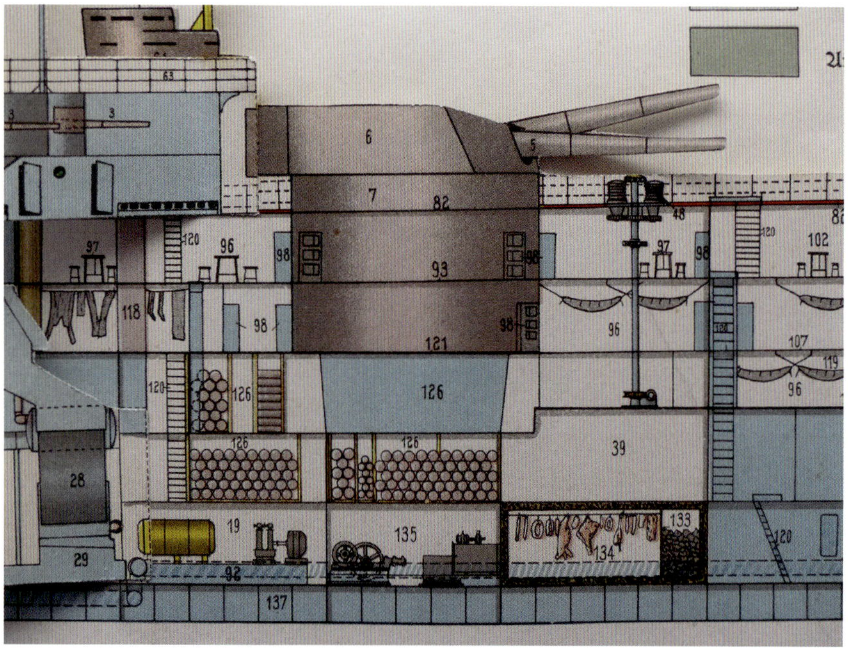

Dieser Fotoausschnitt eines zeitgenössischen Plakats zeigt einen Schnitt durch das Vorschiff der Linienschiffe der »Nassau«-Klasse. Im Mittelpunkt steht dabei der 28-cm-Zwillingsturm. Foto: Hans Karr

Einer der in der Schiffsmitte aufgestellten Zwillingstürme mit den Geschützen 28 cm SK L/50 des Schlachtkreuzers »Seydlitz« beim Feuern. Foto: Archiv Autor

Bezeichnung	28 cm SK L/45	28 cm SK L/50
Kaliber (mm)	283	283
Rohrlänge (m)	L/45 / 12,74	L/50 / 14,15
Rohrgewicht (t)	39,80	41,50
Geschossgewicht (kg)	300	284
v_0 (m / sec)	875	895
Schussweite (km)	18,9	18,1
Kadenz (Sch / min)	1,5	1,5
Höhenrichtbereich (°)	-6 bis +20	-8 bis +13

eingebaut, wobei der überhöht angeordnete Turm über den anderen hinwegschießen konnte.

Der vordere Zwillingsturm mit den Geschützen 28 cm SK L/45 des Schlachtkreuzers »Von der Tann«. Foto: Archiv Autor

Die Auswirkung eines direkten Artillerietreffers auf eines der 28-cm-Geschützrohre des Schlachtkreuzers »Seydlitz«. Das Rohr ist heute im Freigelände des Deutschen Marinemuseums in Wilhelmshaven als Exponat ausgestellt. Foto: Hans Karr

30,5-cm-Geschütz

Bereits im Juni 1906 entschied sich das Reichsmarineamt für die Großkampfschiffe beim Hauptkaliber auf 30,5 Zentimeter überzugehen. International betrachtet war dies für die Kaiserliche Marine ein längst überfälliger Schritt. Das Geschütz musste vollkommen neu entwickelt werden. Es kam dann ab 1911 auf den Linienschiffen der »Helgoland«-, »Kaiser«- und »König«-Klasse sowie auf den Schlachtkreuzern der »Derfflinger«-Klasse zum Einbau. Auf der »Helgoland«-Klasse waren sechs und auf den beiden übrigen Linienschiffs-Klassen fünf sowie auf den Schlachtkreuzern vier Zwillingstürme mit den Geschützen **30,5 cm SK L/50** eingerüstet.

Die Türme waren an der Stirnwand, den Seiten, der Decke und in der Neigung unterschiedlich mit 300, 250, 70 und 100 Millimeter gepanzert. Während des Krieges wurde der Höhenrichtbereich von +13,5 Grad auf +16 Grad erweitert und damit eine Reichweitensteigerung von 16.200 auf 20.400 Meter erreicht. In der Skagerrak-Schlacht versenkten »Derfflinger« und »Lützow« mit diesen Geschützen die englischen Schlachtkreuzer »Queen Mary« und »Invincible«.

Die Geschütze 30,5 cm SK L/50 kamen auch in den Küstenbatterien auf Helgoland und Wangerooge sowie im Ersten Weltkrieg in Seebrügge zum Einbau. Auch während des Zweiten Weltkrieges wurden diese Geschütze an der Kanalküste im Atlantikwall aufgestellt.

Bezeichnung	**30,5 cm SK L/50**
Kaliber (mm)	305
Rohrlänge (m)	L/50 / 15,25
Rohrgewicht (t)	51,5
Geschossgewicht (kg)	405
v_0 (m / sec)	850
Schussweite (km)	20,4
Kadenz (Sch / min)	2 bis 3
Höhenrichtbereich (°)	-8 bis +16

Ein Zwillingsturm mit Geschützen 30,5 cm SK L/50 auf dem Linienschiff »Ostfriesland«. Foto: Archiv Autor

Die beiden vorderen Zwillingstürme mit den Geschützen 30,5 cm SK L/50 des Linienschiffes »Grosser Kurfürst«. Foto: Archiv Autor

Das im Bau befindliche Linienschiff »Kaiserin« mit unfertigen 30,5-cm-Türmen der Schweren Artillerie. Foto: Archiv Autor

Die beiden achteren Türme der Schweren Artillerie des Linienschiffes »Kaiser«. Foto: Archiv Autor

Der Schlachtkreuzer »Mackensen« im Bau bei der Hamburger Werft Blohm+Voss. Deutlich sind die Decksdurchbrüche für die vorgesehenen Zwillingstürme mit Geschützen 35 cm SK L/45 zu erkennen. Foto: Archiv Autor

35-cm-Geschütz

Das Geschütz **35 cm SK L/45** war für die sieben geplanten Schlachtkreuzer der »Mackensen«-Klasse vorgesehen. Vier Zwillingstürme, je zwei vorne und achtern, sollten auf dieser Weiterentwicklung der vorangegangenen »Derfflinger«-Klasse zum Einbau kommen. Ursprünglich waren sogar 38-cm-Geschütze für diese Klasse vorgesehen.

Das Typschiff »Mackensen« wurde am 14. August 1914 bei der Hamburger Werft Blohm+Voss beauftragt und am 30. Januar 1915 auf Kiel gelegt. Am 21. April 1917 erfolgte der Stapellauf. Auch das Schwesterschiff »Graf Spee« lief noch am 15. September 1917 vom Stapel. Beide Schiffe wurden jedoch nicht mehr fertiggestellt. Nach dem Krieg mussten die unfertigen Einheiten gemäß den Auflagen des Versailler Vertrages abgebrochen werden. Ebenso waren die schon vorhandenen Geschützrohre zu zerstören.

Bezeichnung	35 cm SK L/45
Kaliber (mm)	350
Rohrlänge (m)	L/45 / 15,75
Rohrgewicht (t)	73,5
Geschossgewicht (kg)	600
v_0 (m / sec)	?
Schussweite (km)	20
Kadenz (Sch / min)	2,5
Höhenrichtbereich (°)	-8 bis +16

38-cm-Geschütz

Für alle ab 1913 vorgesehene Großkampfschiffe war das Kaliber von 38 Zentimeter vorgesehen. Auch die nicht mehr fertiggestellten Schlachtkreuzer der »Mackensen«-Klasse sollten nach der ursprünglichen Planung damit ausgerüstet werden, wovon man dann allerdings wieder Abstand nahm und an deren Stelle 35-cm-Geschütze einbauen wollte. Das 38-cm-Kaliber kam so nur noch auf den Linienschiffen der »Bayern«-Klasse mit vier Zwillingstürmen zur Einrüstung. Vier Schiffe waren von dieser Klasse vorgesehen und 1914 / 1915 auf Kiel gelegt worden. Sie liefen auch alle noch vom Stapel, aber nur die »Bayern« und die »Baden« stellten 1916 am 18. März und 19. Oktober noch in Dienst.

Mit dem Geschütz **38 cm SK L/45** zog die Kaiserliche Marine hinsichtlich des Geschützkalibers mit der Royal Navy gleich. Die Türme wiesen an den Seiten und der Decke unterschiedliche Panzerstärken zwischen 350 und 120 Millimeter auf. Auf »Bayern« wurde später der Höhenrichtwinkel auf -5 Grad bis +20 Grad erweitert. Damit erhöhte sich die Schussweite auf 23.200 Meter.

Die für das dritte und vierte Linienschiff vorgesehenen Geschütze kamen beim Heer als 38 cm SK L/45 Max, auch Langer Max genannt, sowohl als Eisenbahngeschütze an der Westfront wie auch in Küstenbatterien in Flandern zum Einsatz.

Bezeichnung	38 cm SK L/45
Kaliber (mm)	380
Rohrlänge (m)	L/45 / 17,1
Rohrgewicht (t)	77,5
Geschossgewicht (kg)	750
v_0 (m / sec)	800
Schussweite (km)	20,25
Kadenz (Sch / min)	2,5
Höhenrichtbereich (°)	-8 bis +16

Die beiden vorderen Zwillingstürme mit den Geschützen 38 cm SK L45 des Linienschiffes »Bayern«. Foto: Bibliothek für Zeitgeschichte

Ein Größenvergleich. 38-cm-Granaten dieser Art kamen beim Heer auf den im Hintergrund abgebildeten Eisenbahngeschützen 38 cm SK L/45 Max zum Einsatz. Foto: Archiv Autor

Luftaufnahme vom Vorschiff des Linienschiffes »Baden mit den beiden Zwillingstürme der Schweren Artillerie (38 cm SK L45). Am rechten Bildrand sind in der Kasemattenaufstellung zwei Geschütze 15 cm SK L/45 zu erkennen. Foto: Archiv Autor

Ein Eisenbahngeschütze 38 cm SK L/45 Max, auch Langer Max genannt, des Heeres. Foto: Bundesarchiv / Bild 102-00153 / CC-BY-SA 3.0

4.4 Artillerieübersicht, Deutschland

Linienschiffe							
i. D.	**Schiffe**	**Anz.**	**S.A.**	**Anz.**	**M.A.**	**Anz.**	**L.A.**
1909-1910	Nassau, Westfalen, Rheinland, Posen	12	28 cm SK L/45	12	15 cm SK L/45	16	8,8 cm SK L/45
1909-1910	Helgoland, Ostfriesland, Thüringen, Oldenburg	12	30,5 cm SK L/50	14	15 cm SK L/45	14	8,8 cm SK L/45
1911-1912	Kaiser, Friedrich der Große, Kaiserin, König Albert, Prinzregent Luitpold	10	30,5 cm SK L/50	14	15 cm SK L/45	8	8,8 cm SK L/45
1913-1914	König, Großer Kurfürst, Markgraf, Kronprinz (Wilhelm)	10	30,5 cm SK L/50	14	15 cm SK L/45	8	8,8 cm SK L/45
1916	Bayern, Baden, Sachsen, Württemberg	8	38 cm SK L/45	16	15 cm SK L/45	4	8,8 cm SK L/45

Schlachtkreuzer							
i. D.	**Schiffe**	**Anz.**	**S.A.**	**Anz.**	**M.A.**	**Anz.**	**L.A.**
1910	Von der Tann	8	28 cm SK L/45	10	15 cm SK L/45	16	8,8 cm SK L/45
1911-1913	Moltke, Goeben, Seydlitz	10	28 cm SK L/50	12	15 cm SK L/45	12	8,8 cm SK L/45
1914-1917	Derfflinger, Lützow, Hindenburg	8	30,5 cm SK L/50	12	15 cm SK L/45	4	8,8 cm SK L/45
----	Mackensen, Graf Spee, Prinz Eitel Friedrich	8	35 cm SK L/45	12	15 cm SK L/45	8	8,8 cm SK L/45

Große Kreuzer							
i. D.	**Schiffe**	**Anz.**	**S.A.**	**Anz.**	**M.A.**	**Anz.**	**L.A.**
1905-1906	Yorck, Roon	4	21 cm SK L/40	10	15 cm SK L/40	14	8,8 cm SK L/35
1907-1908	Scharnhorst, Gneisenau	8	21 cm SK L/40	6	15 cm SK L/40	18	8,8 cm SK L/35
1909	Blücher	12	21 cm SK L/45	8	15 cm SK L/45	16	8,8 cm SK L/45

Kleine Kreuzer		
Vorkriegsbauten	»Bremen«- bis »Dresden«-Klasse	10 x 10,5 cm SK L/40
	»Kolberg«- bis »Graudenz«-Klasse	12 x 10,5 cm SK L/45
	nach den Umbauten im Krieg:	
	»Stuttgart«, als Flugzeugmutterschiff	4 x 10,5 cm SK L/40
	»Kolberg«, »Augsburg«	6 x 15 cm SK L/45
	»Strassburg«, »Stralsund«, »Graudenz«, »Regensburg«	7 x 15 cm SK L/45
	»Graudenz«, »Regensburg«	7 x 15 cm SK L/45
	»Midilli« ex »Breslau«	8 x 15 cm SK L/45
Kriegsbauten	»Pillau«- bis »Wiesbaden«-Klasse	8 x 15 cm SK L/45
	»Brummer«-Klasse	4 x 15 cm SK L/45
	»Königsberg (II)- und »Cöln (II)«-Klasse	8 x 15 cm SK L/45

Definitionen		
Leichte Artillerie	bis 10-cm-Kaliber	Schutz vor Torpedoboten / zur Abwehr kleinerer Seeziele / später auch zur Flugabwehr (Flak) / auf kleineren Einheiten in der Regel das Hauptkaliber / das Kaliber 10,5 cm wird häufig auch der Mittelartillerie zugeordnet
Mittelartillerie	bis 20-cm-Kaliber	Nahgefecht / Unterstützung der Schweren Artillerie / zur Abwehr kleiner und mittelgroßer Seeziele
Schwere Artillerie	ab 20-cm-Kaliber	Ferngefecht / niederkämpfen des Gegners

benutzte Abkürzungen:

S.A. Schwere Artillerie
M.A. Mittelartillerie
L.A. Leichte Artillerie
i. D. in Dienst gestellt
Anz. Anzahl der Rohre, innerhalb der Schiffsklassen gibt es teilweise Unterschiede bei der L.A. wie auch bei der M.A.
SK Schnellladekanone

Der vordere Zwillingsturm mit den Geschützen 21 cm SK L/40 des Großen Kreuzers »Yorck«. Links sind die Geschütze 15 cm SK L/40 zu sehen. Die Aufnahme entstand während der Bauphase bei der Werft Blohm+Voss in Hamburg. Foto: Archiv Autor

4.5 Artillerieübersicht, Schwere Artillerie, England

Artillerieübersicht, Schwere Artillerie, England					
Bezeichnung	**12 inch Mk X Naval Gun**	**12 inch Mk XI Naval Gun**	**13,5 inch Mk V Naval Gun**	**14 inch Mk I Naval Gun**	**15 inch Mk I Naval Gun**
Kaliber (cm)	30,5	30,5	34,3	35,6	38,1
Rohrlänge (m)	L 45 / 13,725	L 50 / 15,250	L 45 / 15,435	L 45 / 16,020	L 42 / 16,002
Rohrgewicht (t)	57,7	66,7	76,1	86,1	101,6
Geschossgewicht (kg)	385,6	385,6	635,1	719,4	879,0
v_0 (m / sec)	823	861	759	(?)	800
Schussweite (yd / m)	18.630 / 17.035	20.960 / 19.165	23.820 / 21.781	(?)	33.550 / 30.678
Kadenz (Sch / min)	1,5	1,5	2,0	2,0	2,0
Entwicklung - Einführung	1903 - 1908	1906 - 1910	1909 - 1912	1910 - 1915	1912 - 1915
Einrüstungen auf	»Dreadnought«, »Bellerophon«-Klasse, »Invinciple«-Klasse, »Indefatigable«-Klasse	»St. Vincent«-Klasse, »Neptune«, »Colossus«-Klasse, »Argincourt«	»Orion«-Klasse, »King George V«-Klasse, »Iron Duke«-Klasse, »Erin«, »Lion«-Klasse, »Tiger«	»Canada«	»Queen Elizabeth«-Klasse, »Revenge«-Klasse, »Renown«-Klasse, »Hood«

12 inch Mk X Naval Gun

Seeleute sind immer zu einem Spaß aufgelegt. Die junge englische Bulldogge blickt etwas skeptisch aus dem 12-inch-Geschützrohr, scheint sich aber trotz allem darin wohl zu fühlen. Foto: Stuart Thomsen

Das Schlachtschiff »Dreadnought« war mit zehn 12 inch Mk X Naval Gun in fünf Zwillingstürmen ausgerüstet. Auf den Turmdecken sind freistehend 3-inch-Geschütze montiert.
Fotos: Archiv Autor

12 inch Mk X Naval Gun in Zwillingstürmen auf dem Schlachtkreuzer »Indomitable«. Foto: Archiv Autor

12 inch Mk XI Naval Gun

Ein Zwillingsturm mit 12 inch Mk XI Naval Gun auf dem Schlachtschiff »Vanguard«. Foto: Archiv Autor

Das Schlachtschiff »Neptune« hatte fünf Zwillingstürmen mit dem Geschütz 12 inch Mark XI Naval Gun.
Foto: Archiv Autor

Die beiden vorderen Zwillingstürme mit Geschützen 12 inch Mk XI Naval Gun des Schlachtschiffes »Hercules«.
Foto: US Navy

13,5 inch Mk V Naval Gun

Die beiden achteren Zwillingstürme mit Geschützen 13,5 inch Mk V Naval Gun auf dem Schlachtschiff »Thunderer«. Foto: Royal Navy

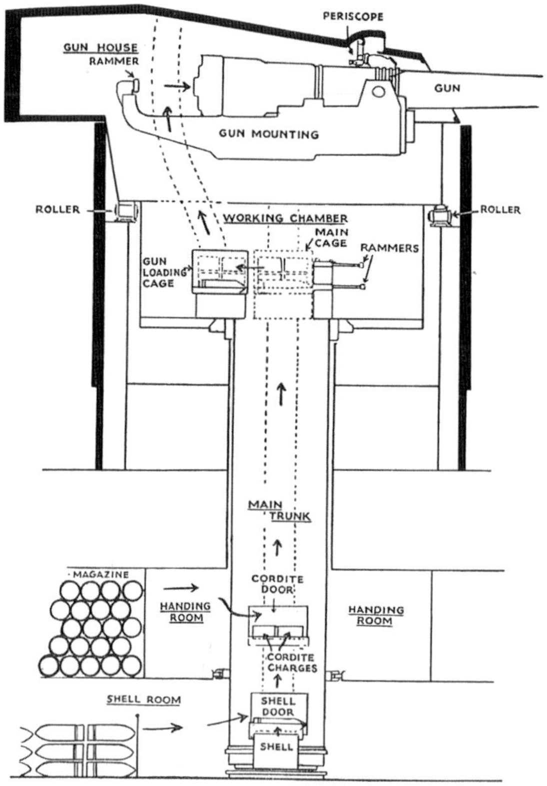

Risszeichnung eines 13,5-inch-Turms. Foto: Archiv Autor

Die beiden achteren Zwillingstürme mit Geschützen 13,5 inch Mk V Naval Gun auf dem Schlachtschiff »Emperor of India«. Foto: Bibliothek für Zeitgeschichte

Ein in der Skagerrakschlacht beschädigter 13,5-inch-Turm des Schlachtkreuzers »Lion«. Foto: War Office UK

14 inch Mk I Naval Gun

Das Schlachtschiff »Canada« wurde nach dem Ersten Weltkrieg von Chile unter dem Namen »Almirante Latorre« weiter in Dienst gehalten. Auf der Abbildung sind die beiden vorderen Zwillingstürmen mit den Geschützen 14 inch Mk I Naval Gun zu sehen. Foto: US Navy

Das Vorschiff mit der Schweren Artillerie (15 inch Mk I Naval Gun) des Schlachtkreuzers »Renown«. Foto: Archiv Autor

Die 15-inch-Türme des Schlachtschiffes »Valiant« in Aktion. Foto: Archiv Autor

Die beiden vorderen Zwillingstürmen mit den Geschützen 15 inch Mk I Naval Gun auf dem Schlachtkreuzer »Renown«. Foto: Archiv Aurtor

Kapitel 5

UNTERWASSERWAFEN

5.1 Torpedos

Im Internetlexikon Wikipedia ist eine kompakte Zusammenfassung über die Wortherkunft sowie über die Ursprünge des Torpedos zu finden. Daraus wird im nachfolgenden Textabschnitt zitiert.

»Das lateinische Wort »torpedo« bedeutet »Zitterrochen« und ist auch der wissenschaftliche Name dieser Fischgattung. Der lateinische Begriff ist eine Bildung zu »torpere«, das mit »betäubt sein« übersetzt werden kann. Dieser Name hat nichts mit der Form der Waffe zu tun, sondern damit, dass Zitterrochen lähmende Schläge austeilen können.

Im Sprachgebrauch der Marine wurde der Begriff zuerst vom US-amerikanischen Ingenieur Robert Fulton benutzt, der ihn 1800 in Zusammenhang mit seinem U-Boot »Nautilus« für eine nachgeschleppte Sprengladung verwandte, die Schiffe von unten angreifen konnte. (Anm.d.Verf.: Torpedo war in der damaligen Zeit ohnehin der generelle Begriff für einen Unterwassersprengkörper). In den allgemeinen Sprachgebrauch ging das Wort torpedieren ein, im Sinne von zerstören.

Die ersten schraubengetriebenen Torpedos wurden von Giovanni (Johann) Luppis, einem österreich-ungarischen Marineoffizier, entwickelt und gebaut. Die Schraube wurde durch Federkraft betrieben, gesteuert wurde mit Seilzügen von Land aus. Die Präsentation erfolgte 1860 in Fiume an der Nordadria im heutigen Kroatien.

Als Vorbild für Prinzip und Aufbau moderner Torpedos gilt aber der sogenannte Whitehead-Torpedo, der nach seinem Erbauer, dem englischen Ingenieur Robert Whitehead, benannt wurde. Whitehead entwickelte zusammen mit Luppis den Torpedo für die österreichische Marine weiter und führte ihn 1866 in Fiume vor.

Dieser Torpedo – wegen des charakteristischen Aussehens auch Fisch-Torpedo genannt - trug eine neun Kilogramm schwere Sprengladung in der Spitze, hatte eine Reichweite von 300 bis 400 Metern und erreichte eine Geschwindigkeit von sechs Knoten. Als Energiequelle für den Antrieb diente auf 40 kp/cm² verdichtete Luft, die in

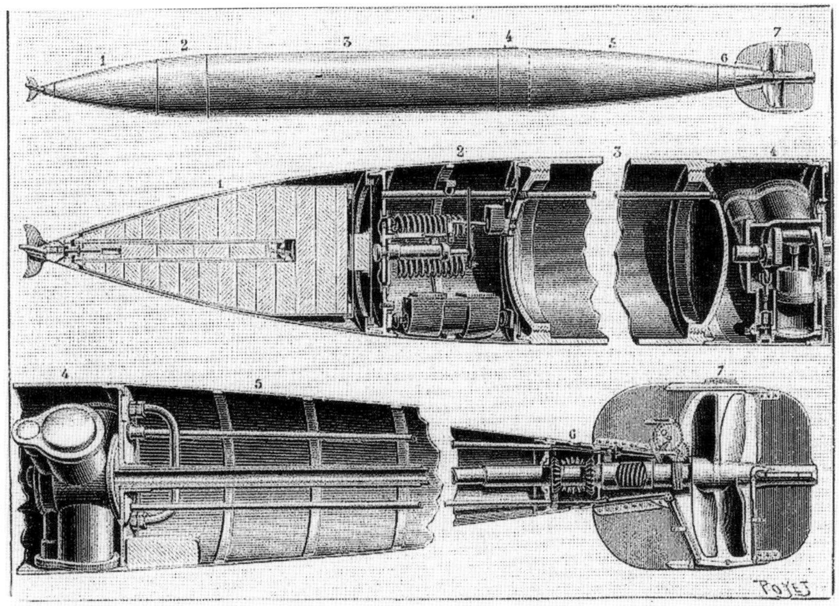

Fig. 1. — Torpille automobile Whitehead. — 1. Magasin. — 2. Chambre à secret. — 3. Réservoir d'air comprimé. — 4. Chambre des moteurs à air comprimé. — 5. Flotteur ou chambre de flottaison. — 6. Mécanisme de commande de rotation des hélices. — 7. Hélices et gouvernails.

Die Abbildung zeigt den Aufbau eines Whitehead-Torpedos. Die Zahlen bedeuten in der Originalbeschriftung:

1. *Torpille automobile Whitehead*
2. *Magasin*
3. *Chambre a secret 3. Reservoir dáir comprime*
4. *Chambre des moteurs a air comprime*
5. *Flotteuro ou chambre de flottaison*
6. *Mecanisme de commande de rotation des helices*
7. *Helices et gouvernails*

Foto: Louis Poyet

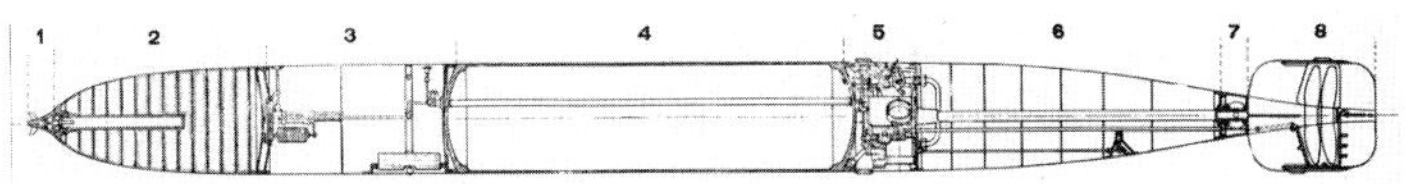

Die Abbildung zeigt den Aufbau eines Schwartzkopff-Torpedos. Die Zahlen bedeuten in der Originalbeschriftung:

1. *War nose.*
2. *War head.*
3. *Immersion chamber.*
4. *Air flask.*
5. *Engine room*
6. *After body*
7. *Bevel gear box.*

Foto: US Navy

Die Bildfolge (1-4) zeigt den Torpedohüllkörper und die ausgebaute Antriebstechnik des im IMMH ausgestellten Torpedos Typ C / 03. Foto: Hans Karr

1

2

3

4

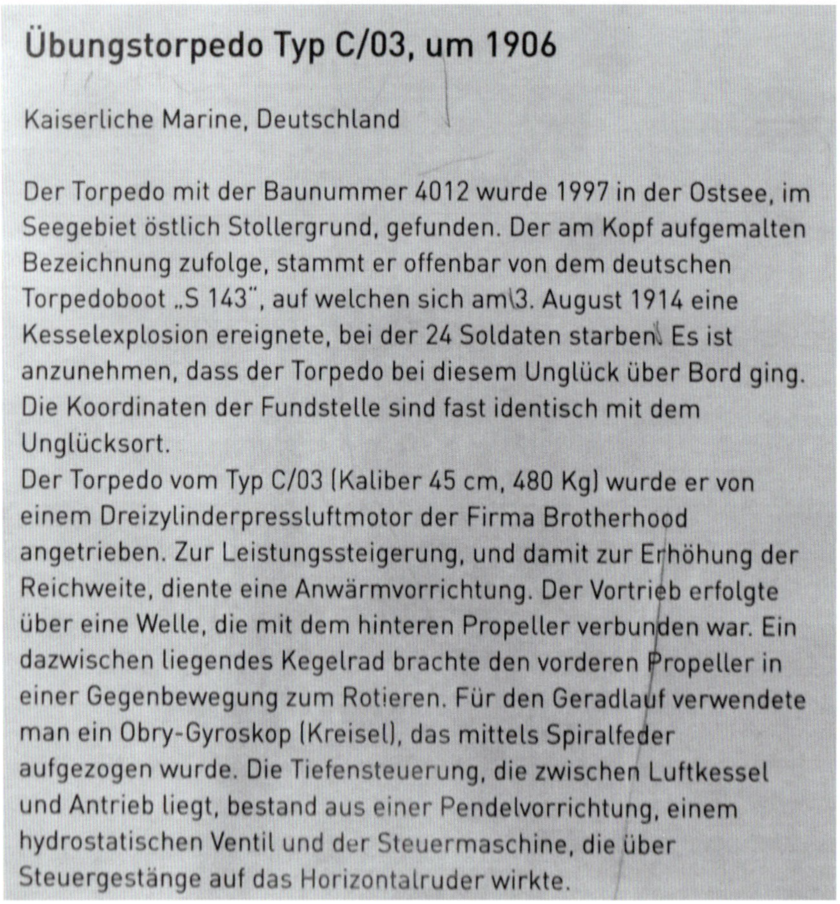

Übungstorpedo Typ C/03, um 1906

Kaiserliche Marine, Deutschland

Der Torpedo mit der Baunummer 4012 wurde 1997 in der Ostsee, im Seegebiet östlich Stollergrund, gefunden. Der am Kopf aufgemalten Bezeichnung zufolge, stammt er offenbar von dem deutschen Torpedoboot „S 143", auf welchen sich am 3. August 1914 eine Kesselexplosion ereignete, bei der 24 Soldaten starben. Es ist anzunehmen, dass der Torpedo bei diesem Unglück über Bord ging. Die Koordinaten der Fundstelle sind fast identisch mit dem Unglücksort.
Der Torpedo vom Typ C/03 (Kaliber 45 cm, 480 Kg) wurde er von einem Dreizylinderpressluftmotor der Firma Brotherhood angetrieben. Zur Leistungssteigerung, und damit zur Erhöhung der Reichweite, diente eine Anwärmvorrichtung. Der Vortrieb erfolgte über eine Welle, die mit dem hinteren Propeller verbunden war. Ein dazwischen liegendes Kegelrad brachte den vorderen Propeller in einer Gegenbewegung zum Rotieren. Für den Geradlauf verwendete man ein Obry-Gyroskop (Kreisel), das mittels Spiralfeder aufgezogen wurde. Die Tiefensteuerung, die zwischen Luftkessel und Antrieb liegt, bestand aus einer Pendelvorrichtung, einem hydrostatischen Ventil und der Steuermaschine, die über Steuergestänge auf das Horizontalruder wirkte.

Ein Torpedo des Typs C / 03 ist im Internationale Maritime Museum Hamburg (IMMH) ausgestellt. Das Beschriftungsschild des Exponats gibt Auskunft über den Torpedo. Foto: Hans Karr

Bei der Torpedoübernahme mussten mit Flaschenzug und per Hand schwere Gewichte zum Teil Zentimeter genau bewegt werden. Foto: Bibliothek für Zeitgeschichte

einem Druckbehälter mitgeführt wurde. (Anm.d.Verf.: Der Torpedo hatte außerdem eine Länge von 3,4 Meter, einen Durchmesser von 0,36 Meter, ein Gewicht von 136 Kilogramm und einen Sprengkopf mit acht Kilogramm Schießwolle). Die Torpedos waren Geradeausläufer und behielten ihren Kurs bei, bis sie ihr Ziel trafen oder ihr Treibstoff aufgebraucht war.« *(https://de.wikipedia.org/wiki/Torpedo)*

In einer anderen Quelle heißt es zu dem Whitehead-Torpedo: »Er benutzte eine Druckluftmaschine als Propellerantrieb und einen Tiefendruckanzeiger, der mit einem waagrechten Ruder verbunden war, um den Torpedo auf der richtigen Tiefe zu halten. Die Sprengladung war im Torpedokopf untergebracht.« (Lavery, Schiffe – 5000 Jahre Seefahrt, Seite 222)

»Nach den ersten wenig erfolgreichen Versuchen mit Federkraft wurden selbstangetriebene Torpedos zunächst von reiner Druckluft angetrieben, die auf spezielle Gasexpansionsmotoren wirkte. Ab dem Ende des 19. Jahrhunderts wurde mit dem Aufkommen kompakter Verbrennungsmotoren aus dem reinen Druckluftantrieb der Dampfgasantrieb entwickelt. Der Dampfgasantrieb nutzt üblicherweise ebenfalls Druckluft als Grundantriebsmittel. Als zusätzlicher Energieträger dient hierbei ein mitgeführter Brennstoff wie zum Beispiel Petroleum. Der Brennstoff wird dabei in einer separaten Brennkammer mit der Druckluft vermischt und verbrannt, hierdurch erhöhen sich Druck und Volumen - und damit der Energiegehalt - der Luft bzw. der Verbrennungsabgase.« *(https://de.wikipedia.org/wiki/Torpedo)*

Robert Whitehead war seinerzeit in der Firma Stabilimento Tecnico Fiumano tätig, zuletzt als Betriebsleiter. Das Unternehmen, das für Kriegsschiffe Dampfkessel und Dampfmaschinen herstellte, ging 1873 in Konkurs. Im Jahr 1875 gründete er in Fiume eine Torpedofabrik, die in den Jahren danach ihre Torpedos in alle Welt verkaufte.

Die Entwicklung des Torpedos mit Eigenantrieb führte bei den Seestreitkräften zu einer neuen Qualität im taktischen Denken und beeinflusste die Entwürfe und die Konstruktionen von Kriegsschiffen. Ende des 19. Jahrhunderts wurden als Träger für diese neue Waffen schnelle Torpedoboote entwickelt, wovon sich die Torpedos von an Oberdeck installierten Torpedorohren (ToRo) mit Druckluft abschießen ließen.

Die Torpedoboote sollten aber nicht die einzigen Marineschiffe bleiben, die über Torpedos verfügten. Um die Jahrhundertwende vom 19. zum 20. Jahrhundert war mit den ersten für die Flottenverwendung tauglichen U-Booten ein weiterer neuer Schiffstyp eingeführt worden, der für diese Waffe geradezu prädestiniert war. Führend in der U-Bootentwicklung und -beschaffung waren hier vor allen Dingen die Amerikaner und die Franzosen sowie zwangsläufig auch in Folge die Briten. Weitere Nationen schlossen sich notgedrungen nach und nach diesem Trend an und begannen mit der Beschaffung von U-Booten für ihre Seestreitkräfte. Auch die Großkampfschiffe - von den Linienschiffen bis zu den Kleinen Kreuzern - erhielten fest installierte Unterwasserrohre eingebaut. Bei den Kleinen Kreuzern kamen Torpedorohre auch auf dem Oberdeck zur Einrüstung.

Hierzu eine kritische Anmerkung: »Die Ausrüstung der Linienschiffe mit Torpedorohren war angesichts der Reichweite der modernen Rohrwaffen recht ungewöhnlich und man fragt sich, warum es diese Ausrüstung überhaupt auf den Großkampfschiffen gab. Ein Grund ist sicherlich in der Tradition zu suchen: es gehörte eben dazu. Zur Nahabwehr reichte doch die zahlreiche Mittelartillerie, und wenn schon, hätte eigentlich das Bugtorpedorohr völlig genügt, um bei Bedarf und zur Vernichtung eines angeschlagenen und manövrierunfähigen Gegners für den »Todesstoß« eingesetzt zu werden.« (Koop / Schmolke, Die Linienschiffe der Bayern-Klasse, Seite 23)

Rückblickend betrachtet erwies sich die Torpedobewaffnung auf den Linienschiffen sozusagen als überflüssig. Sie kam auch auf keinem einzigen Linienschiff der Kaiserlichen Marine tatsächlich in einem Gefecht zum Einsatz.

Im Jahre 1873 kam Robert Whitehead auch nach Wilhelmshaven, um dort seine Torpedos vorzuführen und um die Kaiserliche Marine zu veranlassen eine größere Bestellung aufzugeben, was ihm auch gelang. Die vertragliche Geschäftsverbindung hielt bis in die 1880er Jahre.

Die Kaiserliche Marine führte nun intensive Versuche und Erprobungen mit den erworbenen Torpedos durch. Mit der »Zieten«, am 9. März 1876 bei Thames Iron Works in London vom Stapel gelaufen und bereits am 1. August 1876 als Torpedofahrzeug für die Kaiserliche Ma-

Die Torpedoübernahme, hier auf einem Torpedoboot, war in der Regel immer ein »Alle Mann Manöver«. Foto: Archiv Autor

Matrosen am Lancier-rohr (Torpedorohr) auf einem Torpedoboot. Foto: Bundesarchiv / DVM 10 Bild-23-61-28 / CC-BY-SA 3.0

Torpedoübernahme auf U-Booten. Foto: Archiv Autor

Die Torpedowartung gehörte zum alltäglichen Dienst des Torpedopersonals auf einem Torpedoboot. Foto: Archiv Autor

Die Bugtorpedorohre auf einem U-Boot.

rine in Dienst gestellt, stand ein geeignetes Erprobungsfahrzeug (1170 t, 79,40 m, 16 kn, 6 x 5 cm, 2 x ToRo: 1 x Bug ↓ und 1 x Heck ↓, 106 Mann) zur Verfügung. Der dritte Kommandant der »Zieten« war von Mai 1878 bis Oktober 1880 der damalige Kapitänleutnant und spätere Großadmiral Alfred von Tirpitz, der in dieser Zeit den Auftrag hatte die deutsche Torpedowaffe aufzubauen. Um die Wirkung der neuen Waffe zu demonstrieren, versenkte Tirpitz mit der »Zieten« in der Heikendorfer Bucht am 28. Juli 1880 - im Beisein des Kronprinzen Friedrich und des Prinzen Wilhelm - aus einer Entfernung von 400 Metern die alte Dampffregatte »Barbarossa« mit einem scharfen Torpedo.

Nach Auslaufen des Vertrages mit Robert Whitehead plädierte Tirpitz für eine marineeigene Entwicklung und Fertigung von Torpedos. Die Admiralität entschied sich aber für die Firma Berliner Maschinenbau AG (BMAG). Entwickler und Konstrukteur der nun beginnenden deutschen Torpedokonstruktionen wurde Louis Schwartzkopff. Später kamen während des Ersten Weltkriegs infolge des enorm gestiegenen Bedarfs an der Front weitere Firmen bei der Torpedoproduktion zum Zuge. In der Kaiserlichen Marine gab es bei den Torpedos die vier Größen mit den Durchmessern von 35, 45, 50 und 60 Zentimeter.

Die letzte große Torpedoentwicklung der Kaiserlichen Marine war der Typ H / 8. Der Torpedo hatte einen Durchmesser von 60 Zentimeter, eine Länge von acht Meter, eine Gefechtsladung von 210 Kilogramm und erreichte eine Geschwindigkeit von 30 Knoten. Der Torpedo sollte bei den geplanten neuen Großkampfschiffen der »Bayern«- und »Mackensen«-Klasse zur Einrüstung kommen. Auf den Linienschiffen »Bayern« und »Baden«, den Kleinen Kreuzern »Cöln (II)« und »Dresden (II)« sowie dem Torpedoboot »S 113« kam er dann auch tatsächlich noch an Bord. Ob einer dieser Super-Torpedos noch eingesetzt wurde, ist nicht überliefert, ist aber unwahrscheinlich.

Die gesamte Entwicklungsgeschichte der deutschen Torpedos detailliert darzustellen, würde den zur Verfügung stehenden Platz bei weitem überschreiten. Die deutsche Torpedoentwicklung ab den 1890er Jahren bis zum Ende des Ersten Weltkriegs wird daher in der nachfolgenden Tabelle mit den wichtigsten Daten in Listenform aufgezeigt.

Ein Schutz gegen Torpedos war wegen der hohen Gefährlichkeit dieser Waffe zwar dringend geboten und erwünscht, aber nur im beschränkten Umfang möglich. Beim rechtzeitigen Sichten der Blasenbahn eines anlaufenden Torpedos konnte man nur mit einer entschlossenen Kurs- und / oder Fahrtänderungen versuchen dem Torpedo auszuweichen und darauf hoffen, dass das eingeleitete Manöver auch Erfolg haben möge.

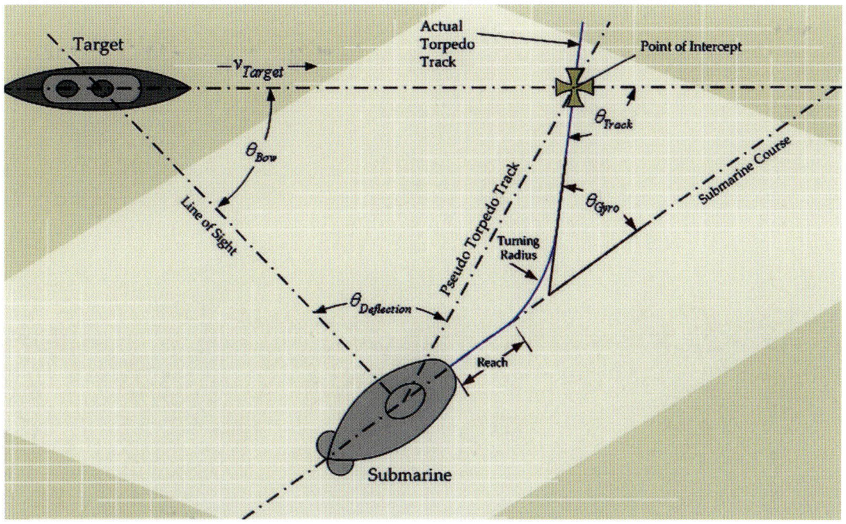

Das sogenannten Torpedoschussdreiecks gibt Auskunft über die wichtigsten Messwerte, die für einen Torpedoschuss erforderlich waren. Zu Zeiten des Ersten Weltkriegs mussten diese Werte geschätzt werden. Das war machbar, aber viel Übung war erforderlich, um hier realistische Werte zu erhalten. Foto: Ziggle

Bei Ankerliegern brachte man Torpedoschutznetze aus. Dies waren Netze aus Stahlringen, die auf den Linienschiffen und Großen Kreuzern mitgeführt wurden und nach dem Ausbringen mit Spieren rings um das Schiff auf Abstand gehalten wurden. So sollte der Schiffskörper vor dem direkten Aufschlag eines Torpedos geschützt und derselbige schon am Netz zur Explosion gebracht werden.

Während der Fahrt waren Torpedoschutznetze natürlich nutzlos und wurden aufgerollt an den Schiffsseiten mitgeführt. Während eines Seegefechts musste man allerdings befürchten, dass durch Granattreffer zerfetzte und abgerissene Torpedonetze in die Schrauben geraten konnten. Um der Gefahr, dass ein Schiff dadurch manövrierunfähig wird, vorzubeugen, verzichtete die Kaiserliche Marine nach der Skagerrakschlacht auf die Torpedoschutznetze in Gänze und ließ sie 1916 auf allen Schiffen ausbauen. Hintergrund dieser Maßnahme war wohl auch ein Vorfall auf dem Schlachtkreuzer »Derfflinger«, der während der Skagerrakschlacht einmal völlig aufstoppen musste, um die Torpedoschutznetze zu klarieren, die in die Propeller zu geraten drohten.

Die Torpedoschutznetze auf den Großkampfschiffen konnten durchaus im Gefecht zur Gefahr für das eigene Schiff werden, wenn sie von einer Granate zerfetzt wurden und ihre Teile dann in die Schrauben gelangten. Die Abbildung zeigt das Einschussloch einer Granate der Schweren Artillerie auf dem Schlachtkreuzer »Seydlitz« während der Skagerrakschlacht. Hier ist es, was das Torpedoschutznetz anbelangt, gerade nochmal gut gegangen. Foto: Archiv Autor

Torpedos, Tabelle 1						
Typbezeichnung	C 35 / 91	C 45 / 91 Br	C 45 / 91 S	C / 03	C / 06	C / 06 D
Durchmesser (mm)	355	450	450	450	450	450
Länge (mm	4751	5111	5100	5150	5650	5650
Torpedogewicht (kg)	318	541	550	631	685	810
Gefechtsladung (kg)	40,5	87,5	98,0	147,5	122,6	122,6
Laufstrecke (m / kn)	500 / 26,0	800 / 26,0	1200 / 27,0	3000 / 26,0	3000 / 26,0	5900 / 27,0
Laufstrecke (m / kn)	400 / 29,0	500 / 32,0	500 / 33,5	1500 / 31,0	1500 / 34,5	1500 / 34,5
Anmerkungen				U	U	

Torpedos, Tabelle 2						
Typbezeichnung	C / 07	G / 6	G / 6 D	G / 7	G / 250	H / 8
Durchmesser (mm)	450	500	500	500	450	600
Länge (mm	6000	6000	6000	7020	5469	8000
Torpedogewicht (kg)	800	(?)	(?)	1365	828	(?)
Gefechtsladung (kg)	110,0	160,0	164,0	195,0	175,0	210,0
Laufstrecke (m / kn)	2000 / 32,0	5000 / 27,0	8400 / 27,0	9300 / 27,0	6000 / 27,0	14.000 / 30,0
Laufstrecke (m / kn)	1500 / 36,0	2200 / 35,0	3500 / 35,0	4000 / 37,0	2500 / 36,0	6000 / 36,0
Anmerkungen		U		S / K	U / K	S / K

U = Verwendung als Standard-Torpedo auf den U-Booten
S = Verwendung nur auf den Schiffen / Überwassereinheiten möglich
K = Kriegsentwicklungen

Ein Torpedo wird an Bord eines Linienschiffs der »Brandenburg«-Klasse (vier Einheiten, 1891 bis 1894 in Dienst gestellt) genommen. Mittig das vordere schwenkbare Backbord-Breitseittorpedorohr. Foto: Archiv Autor

Kapitel 6

QUELLENNACHWEIS

Bauernfeind, Ingo
- Schlachtkreuzer der Royal Navy 1908-1945, Stuttgart, 2015
- Schlachtschiffe der Royal Navy - Großkampfschiffe 1906-1945, Stuttgart, 2014

Bendert, Harald
- Die UB-Boote der Kaiserlichen Marine 1914-1918 - Einsätze - Erfolge – Schicksale, Hamburg, 2000
- Die UC-Boote der Kaiserlichen Marine 1914-1918 - Minenkrieg mit U-Booten, Hamburg, 2001

Breyer, Siegfried
- Die ersten Großkampfschiffe der Kaiserlichen Marine - NASSAU- und HELGOLAND-Klasse, Friedberg, 1991
- Die Kaiserliche Marine und ihre Großen Kreuzer, Wölfersheim-Berststadt, 1997
- Die Schlachtkreuzer der Kaiserlichen Marine, Friedberg, 1988
- Die Schlachtschiffe der BAYERN-Klasse, Wölfersheim-Berststadt, 1994
- Die Schlachtschiffe der KAISER-Klasse, Friedberg, 1993
- Die Schlachtschiffe der KÖNIG-Klasse, Wölfersheim-Berststadt, 1994
- Großkampfschiffe 1905-1970 - Eine Bilddokumentation über die Schlachtschiffe und Schlachtkreuzer aller Seemächte der Welt, Koblenz, 1990
- H.M.S. HOOD - Die unglückliche Gegnerin des Schlachtschiffes »Bismarck«, Wölfersheim-Berststadt, 1999
- Schlachtschiffe 1905-1992 - Band 1 - Von der DREADNOUGHT bis zum Washingtoner Vertrag, Friedberg, 1992
- Schlachtschiffe 1905-1992 - Band 2 - Die Zeit zwischen den beiden Weltkriegen, Friedberg, 1993
- Schlachtschiffe und Schlachtkreuzer 1905-1970 - Die geschichtliche Entwicklung des großen Kampfschiffs, München, 1970

Burr, Lawrence
- Britisch Battlecruisers 1914-18, Oxford, 2010

Donko, Wilhelm M.
- Östereichisch-ungarische Kriegsschiffe 1914 bis 1918, Stuttgart, 2020
- Östrerreich-ungarische Unterseeboote und ihre Werften 1906-1918, Stuttgart, 2022

Dudszus, Alfred / Köpcke, Alfred
- Das grosse Buch der Schiffstypen Band 2, Berlin, 1990

Everitt, Don
- The K-Boats, London, 1973

Fitzsimons, Bernard (Hrsg.)
- Kriegsschiffe 1914-1918, München, 1977

Fock, Harald
- Flottenchronik - Die an beiden Weltkriegen beteiligten aktiven Kriegsschiffe und ihr Verbleib, Hamburg, 2000
- Z-vor - Internationale Entwicklung und Kriegseinsätze von Zerstörern und Torpedobooten 1914-1939, Hamburg, 2001

Freivogel, Zvonimir
- Österreich-ungarische Unterseeboote, Zagreb, 2020

Fröhlich, Michael
- Imperialismus - Deutsche Kolonial- und Weltpolitik 1880-1914, München, 1994

Gibbons, Tony (Hrsg.)
- Die Welt der Schiffe - Von den Anfängen bis zur Gegenwart, München, 2007

Graham, Jan
- 50 Schiffe, die unsere Welt veränderten, Bern, 2018

Greentree, David
- Q-Ship vs U-Boat 1914-18, Oxford, 2014

Greger, René
- Schlachtschiffe der Welt, Stuttgart, 1993

Gröner, Erich
- Die deutschen Kriegsschiffe 1815-1945 Band 1, Koblenz,1989
- Die deutschen Kriegsschiffe 1815-1945 Band 2, Bonn, 1999
- Die deutschen Kriegsschiffe 1815-1945 Band 3, Koblenz, 1985

- Die deutschen Kriegsschiffe 1815-1945 Band 5, Koblenz, 1988
- Die deutschen Kriegsschiffe 1815-1945 Band 6, Koblenz, 1989
- Die deutschen Kriegsschiffe 1815-1945 Band 7, Koblenz, 1990
- Die deutschen Kriegsschiffe 1815-1945 Band 8 / 2, Bonn, 1993

Guttman, Jon
- Zeppelin vs British Home Defence 1915-18, Oxford, 2018

Herzog, Bodo
- 60 Jahre deutsche U-Boote 1906-1966, München, 1968

Hildebrand, Hans H. / Röhr, Albert / Steimetz, Hans-Otto
- Die deutschen Kriegsschiffe - Ein Spiegel der Marinegeschichte von 1815 bis zur Gegenwart Band 1, Ratlingen, o.J.
- Die deutschen Kriegsschiffe - Ein Spiegel der Marinegeschichte von 1815 bis zur Gegenwart Band 2, Ratlingen, o.J.

Howarth, David
- Die Schlachtschiffe, Eltville, 1992

Hutchinson, Robert
- Kampf unter Wasser - Unterseeboote von 1776 bis heute, Stuttgart, 2006

Ireland, Bernard / Grove, Eric
- 100 Jahre Krieg zur See, Stuttgart, 1999

Jackson, Robert
- Die Geschichte der Schlachtschiffe, Erlangen, o.J.

Jordan, David
- Flugzeugträger - Von den Anfängen bis heute, Wien, 2002
- Schlachtschiffe und Schlachtkreuzer, Friedberg, 1989

Jung, Dieter
- Die Schiffe der Kaiserlichen Marine 1914-1918 und ihr Verbleib, Bonn, 2004

Kaack, Ulf
- Deutsche Marineflieger 1913 bis heute, Stuttgart, 2021

Karr, Hans
- Deutsche Kriegsschiffe - Spezial- und Sonderentwicklungen bis 1945, Stuttgart, 2024
- Deutsche Marine-Artillerie - Schiffs- und Küstenartillerie bis 1945, Stuttgart, 2022
- Enzyklopädie deutscher Kriegsschiffe - Grosskampfschiffe, Kreuzer, Kanonenboote, Torpedoboote und Zerstörer bis 1945, Stuttgart, 2017

Kemp, Paul
- Die deutschen und österreichischen U-Boot-Verluste in beiden Weltkriegen, Gräfelfing, 1998

Kliem, Eberhard
- Deutsche Kriegsschiffe - Die Torpedoboote der Kaiserlichen Marine, Stuttgart, 2018

König, Christian
- Flugzeugmutterschiffe der Kaiserlichen Marine und ihre Flugzeuge, Nettetal, 2022

Konstam, Angus
- British Battleships 1914-18 (1) - The early Dreadnoughts, Oxford, 2013
- British Battleships 1914-18 (2) - The Super Dreadnoughts, Oxford, 2013
- Royal Navy Grand Fleet 1914-18 - Britain´s last supreme naval fleet, Oxford, 2025

Koop, Gerhard / Schmolke, Klaus-Peter
- Die Großen Kreuzer KAISERIN bis BLÜCHER, Bonn, 2002
- Die Großen Kreuzer Von der Tann bis Hindenburg, Bonn, 1998
- Die Linienschiffe der Bayern-Klasse, Bonn, 1996
- Kleine Kreuzer 1903-1918 - BREMEN bis CÖLN-Klasse, Bonn, 2004
- Linienschiffe: Von der Nassau bis zur König-Klasse, Bonn, 1999

Köppen, Paul
- Der Krieg zur See 1914-1918 - Die Überwasserstreitkräfte und ihre Technik, Berlin, 1930

Krause, Günter
- U-Boot-Alarm, Berlin, 1998

Lardas, Mark
- World War I Seaplane and Aircraft Carriers, Oxford, 2016

Laverrenz, Victor
- Deutschlands Kriegsflotte (Reprint 2007), Erfurt, 1906

Lavery, Brian
- Schiffe - 5000 Jahre Seefahrt, München, 2012

Marshall, Chris
- Die grosse Enzyklopädie der Schiffe - Technische Daten und Geschichte von über 1200 Schiffen, Erlangen, o.J.

Mau, Hans-Joachim / Scurell, Charles E.
- Flugzeugträger – Trägerflugzeuge, Berlin, 1991

McCartney, Innes
- British Submarines of World War I, Oxford, 2008

Mehl, Hans
- Torpedoboote und Zerstörer, Berlin, 1983

Möller, Eberhard / Brack, Werner / Karr, Hans
- Enzyklopädie deutscher U-Boote, Stuttgart, 2016

Mommsen, Wolfgang J.
- Der Erste Weltkrieg - Anfang vom Ende des bürgerlichen Zeitalters, Frankfurt am Main, 2004

More, John E.
- Jane´s Pocket Book of Submarine Development, London, 1976

Noppen, Ryan K.
- German Commerce Raiders 1914-18, Oxford, 2015

Padfield, Peter
- Waffen auf See, Bielefeld, o.J.

Preston, Antony
- Battleships of World War I, London, 1972
- Die Geschichte der Flugzeugträger - Vom Ersten Weltkrieg bis heute, Erlangen, o.J.
- Die Geschichte der U-Boote, Erlangen, o.J.
- Geschichte der U-Boote, Erlangen, o.J.
- Kreuzer, Stuttgart, 1991

Preston, Antony / Batchelor, John
- Schlachtschiffe 1856-1919, München, 1977
- U-Boote bis 1919, München, 1975

Rehder, Jacob
- Die Verluste der Kriegsflotten 1914-1918, München, 1969

Robinson, Douglas H.
- Deutsche Marine-Luftschiffe 1912-1918, Hamburg, 2005

Röhr, Albert
- Deutsche Marinechronik, Oldenburg, 1974
- Handbuch der deutschen Marinegeschichte, Oldenburg, 1963

Rosentreter, Robert
- Deutsche Kriegsschiffe - Die kaiserliche Hochseeflotte 1914-1918, Stuttgart, 2012
- Deutsche Kriegsschiffe - Die kaiserliche U-Boot-Flotte bis 1918, Stuttgart, 2014

Ross, David
- Die größten Schlachtschiffe der Welt, Bad Aibling, 2024

Rössler, Eberhard
- Deutsche U-Boote 1898-1918, Hamburg, 2011
- Die Torpedos der deutschen U-Boote - Entwicklung, Herstellung und Eigenschaften der deutschen Marine-Torpedos, Hamburg, 2005
- Die Unterseeboote der Kaiserlichen Marine, Bonn, 1997
- Geschichte des deutschen Ubootbaus Band 1, Koblenz, 1986

Schmalenbach, Paul
- Die deutschen Marineluftschiffe - Werden - Wirken – Nachwirken, Herford, 1977
- Die Geschichte der deutschen Schiffsartillerie, Herford, 1968

Schöder, Joachim
- Die U-Boote des Kaisers - Geschichte des deutschen U-Boot-Krieges gegen Großbritannien im Ersten Weltkrieg, Bonn, 2003

Sieche, Erwin
- Die Unterseeboote der k.u.k. Marine, Wölfersheim-Berststadt, 1998

Spindler, Arno
- Der Krieg zur See 1914-1918 - Der Handelskrieg mit U-Booten Band 1, Berlin, 1932
- Der Krieg zur See 1914-1918 - Der Handelskrieg mit U-Booten Band 3, Berlin, 1934

Stephenson, Charles
- Zeppelins: German Airships 1900-40, Oxford, 2010

Thomer, Egbert
- Torpedoboote und Zerstörer - Eine Bildchronik aus zwei Weltkriegen, Oldenburg, 1964

Toeche-Mittler, Siegfried (Hrsg.)
- Die deutsche Kriegsflotte 1914 (Reprint 2011), Berlin, 1914

Trojca, Gregor
- Ubootwaffe 1914-1918, Zweibrücken, o.J.

Völker, Thies
- Lexikon berühmter Schiffe - Spektakuläre Abenteuer von der Arche Noah bis zur Titanic, München, 2005

Weyer, Bruno
- Taschenbuch der Kriegsflotten, München, div.Jgg.

Williamson, Gordon
- U-Boats of the Kaiser´s Navy, Oxford, 2008

Witthöft, Hans Jürgen
- Lexikon zur deutschen Marinegeschichte Band 1 Buchstabe A-M, Herford, 1977
- Lexikon zur deutschen Marinegeschichte Band 2 Buchstabe N-Z, Herford, 1978

Handbuch der Deutschen Marine und der Seestreitkräfte des Auslandes (Reprint 2015), Kiel (?), 1917

Kriegsschiffe - Von ADMIRAL GRAF SPEE bis USS ZUMWALT, Renningen, o.J.

Schiffe - Segelschiffe, Kriegsschiffe, Passagier- und Handelsschiffe, Fränkisch-Crumbach, o.J.

GUNTRAM SCHULZE-WEGENER
Deutschland zur See
175 Jahre Marine
Mittler